蓝色之吻耳环

绿白之恋项链

红黑情调项链

球珠牵挂项链

布艺盘花手链

花珠欣舞项链

珠钻炫彩项链

五彩木珠系列

蓝白相印系列

花带幻彩系列

梅之秀慧系列

雀之花发钗

梅香扇彩胸针

珠之链系列

松石梦幻系列

高等教育部委级“十二五”规划教材

首饰设计基础——串珠、编结篇

陈莹　魏静　郭亚梅　著

電子工業出版社
Publishing House of Electronics Industry
北京·BEIJING

内容提要

本书共九章，内容包括首饰概述，编结基本技法，串珠基本技法，手饰设计制作，颈饰设计制作，头饰设计制作，胸饰、挂饰设计制作，系列首饰设计，首饰搭配艺术。

本书从首饰概述（起源、发展与特征，制作材料及工具）到串珠、编结的基础知识，为学生了解本课程打下必备基础；从单品设计制作到系列首饰设计，全面掌握首饰设计的基本技法与应用技巧。本书内容涵盖面广，时尚新颖，知识系统，图文并茂，具有较强的艺术性、实战性、前瞻性。同时注重知识性、趣味性、审美性，便于读者掌握与应用。

本书可作为高校手工艺类课程（或公选课程）的教学用书，可作为继续教育、素质教育、美育教育等培训的参考用书，还可作为广大首饰爱好者的有益读物。

图书在版编目（CIP）数据

首饰设计基础. 串珠、编结篇 / 陈莹，魏静，郭亚梅著. —北京：电子工业出版社，2016.1

ISBN 978-7-121-27697-2

Ⅰ. ①首… Ⅱ. ①陈… ②魏… ③郭… Ⅲ. ①首饰－设计－高等学校－教材 Ⅳ. ①TS934.3

中国版本图书馆CIP数据核字(2015)第284238号

策划编辑：赵玉山
责任编辑：赵玉山
印　　刷：北京虎彩文化传播有限公司
装　　订：北京虎彩文化传播有限公司
出版发行：电子工业出版社
　　　　　北京市海淀区万寿路173信箱　　邮编：100036
开　　本：720×1000　1/16　　印张：13.75　　字数：253千字　　彩插：1
版　　次：2016年1月第1版
印　　次：2023年8月第8次印刷
定　　价：58.00元

凡所购买电子工业出版社图书有缺损问题，请向购买书店调换。若书店售缺，请与本社发行部联系，联系及邮购电话：（010）88254888

质量投诉请发邮件至zlts@phei.com.cn，盗版侵权举报请发邮件到dbqq@phei.com.cn

服务热线：（010）88258888

前　言

根据教育部全面推进素质教育，着力培养基础扎实、知识面宽、能力强、素质高的人才的精神，结合大学生素质教育及动手能力培养的需求，我们把原来流传在民间的手工部分纳入了高等教育的范畴，先后在温州大学、温州医科大学等高校以及浙江省中小学教师专业发展培训项目、大学生创新创业项目等活动中开设了“首饰设计基础（首饰DIY）”这门通识课程。四年多的教学显示，学生学习本课程的积极性高，学习效果好，为此，鼓励我们编写此书，以提升教学效果与创新创意能力。为什么本课会具有那么大的吸引力？原因还是在内容本身的优势。

1．**美好寓意，品味创意**。爱美之心，人皆有之。三万年前，人类的祖先已懂得将各种物料穿孔，制作成不同形状的首饰来装饰自己。时至今日，欲摆脱工业化束缚和呆板生活的现代人特别崇尚张扬个性和凸显自我。因此，利用基本的串珠与编结技术，通过精巧构思、巧妙搭配，不仅可以制作出各种各样五彩斑斓的精美饰品，也编进了浓浓的情谊和深深的祝福。当今自己动手设计制作饰品已成为时尚的又一亮点。

2．**追求个性，彰显魅力**。任何一件串珠、编结饰品的制作都是一种有趣的创造活动，从材料的选择到制作方法、步骤的确定；从动手制作到不断修改和完善的全过程，充满了创造精神和美的享受。在素质培养上有着其独特的优势，起着其他学科无法替代的作用。在追求个性、追求时尚的今天，属于自己的、适合自己的就是最好的。用智慧设计理想的空间，用双手编织精美的生活，享受自己想象的乐趣，给生活增添更多靓丽的色彩。

3．**学以致用，乐在其中**。本课程不受学科限制，没有性别、年龄的区别，只要你喜欢，有兴趣，愿意动手操作，都可以制作出精美的饰品。不仅提高了学习者的动手能力，而且在文化、修养、审美等方面也得到了提升。倾注了自己想象和激情的首饰作品犹如将自己的梦想变成了触手可及的现实，在自己动手的乐趣之中收获了满满的成就感。你可以独自品味，也可以与人分享，这也许就是首饰制作最大的魅力所在。

本教材力求反映现代教育的教学理念，注重知识、能力、素质的协调发展。在知识体系上贯穿“一个核心、两条主线、三个结合”的原则，即以动手能力培养为核心，以串珠、编结技法为主线，注重“理论与实践结合、普及与提高结合、审美能力与素质教育相结合”。本书遵循“基本理论—实践应用—综合提高”的教学思路，构建了“串珠编结基础知识—单品首饰制作—系列首饰设计制作”的知识体系。读者通过设计制作饰品，激发了学习兴趣及对美的感悟，提升了学习者的服饰文化内涵与审美品位。本书的写作注重知识性、趣味性、审美性、实践性，以使学生真正学有所获。根据本教材注重实践，突出方法及应用的特点，采取了信息化教学设计，部分内容以微视频的形式动态展示首饰制作的全过程，通过扫描书中的二维码，读者还可以阅读“首饰艺术欣赏”等内容。

本教材第一章由魏静编写；第二章由魏静、郭亚梅、邱彩萍编写；第三章由陈莹、郭亚梅编写；第四章由魏静、郭亚梅、李艳燕编写；第五章由陈莹、李艳燕、魏静编写；第六章由陈莹、沈美妍编写；第七章由陈莹、潘赛瑶、夏玉箫、付向南编写；第八章由沈美妍、陈莹编写；第九章由刘扬、陈莹编写；由倪伟伟修图；多媒体课件由魏静、陈莹制作；

本书是高等教育部委级“十二五”规划教材，是温州大学立项建设并资助的教材。

由于作者水平有限，且时间匆促，对书中的疏漏和欠妥之处，敬请首饰界的专家、院校的师生和广大的读者予以批评指正。

作者

2015 年 6 月

CONTENTS 目录

教学目标

（一）知识目标

1. 了解首饰的起源与发展。
2. 了解首饰的分类与现代首饰的特征。
3. 了解首饰制作的材料与工具。

（二）能力目标

1. 提高对首饰材料的性能、特点的辨别能力。
2. 掌握首饰基本配件的类别与使用方法。

第一节

首饰的起源与发展

一 首饰定义

首饰原指戴于头上的饰物，现广泛指用各种材料（金属材料、宝玉石材料、有机材料以及仿制品材料等）装饰人体的（从头到脚全身各部位）各种饰品的总称。首饰一般用于装饰人体，具有表现社会地位、显示财富等意义。

二 首饰的起源文化

（一）起源于生存的需要

在原始社会，人类在同大自然进行抗争的过程中，为了保护自己，避免猛兽的伤害，常常把兽皮、犄角等东西佩挂在自己头部、颈部、腕部或脚部，一方面是为了把自己扮成猎物的同类以迷惑对方，另一方面是因为这些兽皮、犄角本身就是一种防御或攻击性武器。人类为了生存发展，就需要不断地与野兽搏斗，因此佩戴用野兽的骨骼、牙齿以及自然界中美石制成的物品，可以显示自己是战胜野兽的勇士，从而得到强大的精神力量，在生存斗争中更加勇猛、机敏，更有力量。也就是说，这些装饰品最初是作为人类在劳动中的智慧、勇敢和力量而被佩戴的。因此，原始人在制造和使用石制工具的同时，将动物的牙齿、骨骼和自然界的美石稍事切磨、穿孔串在一起而成的串饰，就成了人类历史上最早的首饰。

至于那些挂在脖子上、腰上或手腕上的小砾石、小动物骨头或兽齿，除了人类最早的无意识的装饰行为外，其真正的作用可能是计数或记事。

（二）作为一种力量和权威的象征

勇敢者们往往喜欢将一些鲜艳夺目、便于识别的物件装饰在身上，如轻盈的羽毛、猛兽的牙齿、闪光的贝壳乃至贵重的玉石等，普列汉诺夫在《论艺术》中说:“这些东西最初只是作为勇敢、灵巧和有力的标记而佩戴的。”正是由于它们是勇敢、灵巧和有力的标记，所以开始引起审美的感觉，归入装饰品的范围。首饰不仅成了美化人类自身的一种物质，而且还是一种象征权力、力量、勇敢及财富的标志。

（三）作为一种图腾崇拜

日月星辰，风雨雷电，这些原本都是普通的自然现象；但在原始人看来，这些东西都具有某种神奇的力量。原始人与大自然朝夕相处，与日月星辰、江河湖海及飞禽走兽相依为伴，他们非常崇拜这些大自然赐予他们生存的物品。久而久之，这些物品深深地印在脑海中，成为一种具有神奇力量的图腾。人们将这些物品视为自己的祖先或者保护神，或者看作是本氏族、本部落的血缘亲属而加以膜拜。起初，人类为了使这些图腾能够保护自己，就将自己同化于这些图腾。如穿戴着图腾动物的皮毛或其他部分，或编结毛发、装饰身体等，慢慢地人们把这些图腾融入了自己的首饰中。

（四）作为一种护身符辟邪求安

原始人相信万物都有灵魂，给人类带来幸福和欢乐的是善灵，而给人类带来灾难和疾病的是恶灵。原始人为了使那些恶灵不能近身，同时能够得到善灵的保护，便用绳子把贝壳、小砾石、羽毛、兽齿、树叶和果实等东西戴在身上，他们相信，这些东西具有一种超自然的力量，有了它人就能得到保佑，就会驱走邪恶。这些起保护和驱邪作用的东西后来就以某种装饰品的形式戴在人体上，成了一种专门的首饰。而且，这种习俗与意义也被保留下来，首饰也被人类赋予了更多美好的寄托与神秘的色彩。

（五）作为美饰自身的审美需要

格罗塞在《艺术的起源》一书中说：“喜欢装饰，是人类最早也最强烈的欲望。”原始人之所以用美丽的羽毛、闪亮的贝壳、贵重的美石等装饰自己，很重要的作用就是想使自己更具有魅力。同时在人类进化中，嗅觉敏锐度逐渐减退，视觉敏锐度逐渐增强，人们对于形象、色彩、光的感受能力越来越强，审美感觉逐渐提高。因此，首饰的出现正是人类出于这种审美的需要。作为人体装饰的主要手段，历经千万代而不衰，并随着人类的发展而发展。

三 首饰的发展变化

首饰是传统的艺术，更是时尚的艺术，现代感、时尚感是首饰艺术的生命。首饰的衍变、发展是与社会形态、经济基础、工艺技术等因素紧密相关的，同时也取决于意识形态、生活习俗、流行时尚、文化思潮等因素的变化。基于对此只是一般性的了解，故把首饰的发展归纳为图表的形式加以说明，见图 1-1。

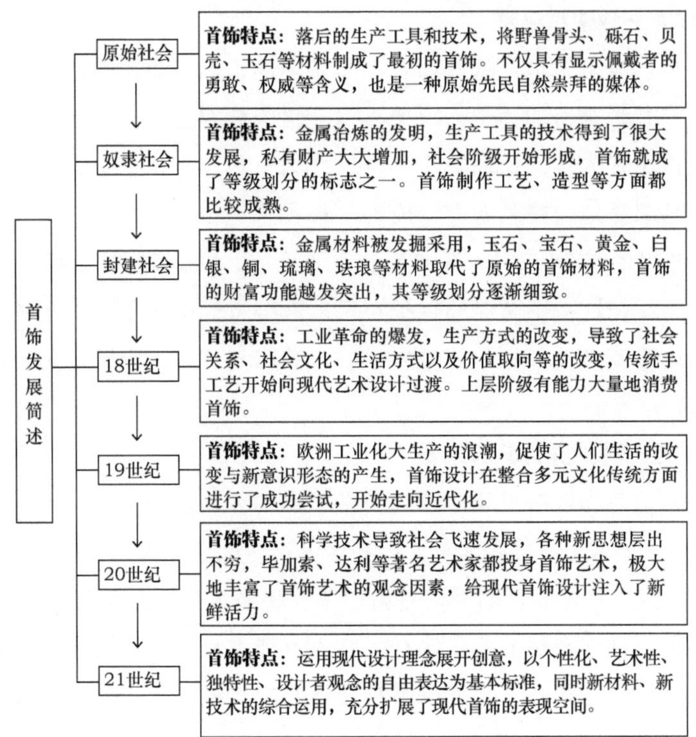

图 1-1　首饰发展简述

四　串珠编结的意义

一般说来，时尚的东西未必会被大多数人接受，而广为流传的东西又未必能称之为时尚。可是现在的串珠编结却将时尚与流行完美地集于一身，别小看了这些小玩意儿，它已渐渐成为那些彰显个性的人们的又一装饰亮点。

串珠编结为什么会有如此大的魅力？看似是一些极普通的珠子，但与不同的人或用不同的方式搭配却总能体现出不同的味道与风格。更重要的是可以自己动手制作，充分展露其灵巧与个性，还可随心所欲，想怎么变就怎么变。如串珠编结饰品可长短不一地配戴在你的胸前；也可以摇曳多姿地点缀在你的耳垂；可以变成一只精巧的蝴蝶飞上你的秀发；还可以是一朵可爱的小花含苞于你的指间；当然更可以是一条挂链，悬挂在你的手机上……

当今是一个呼唤个性的时代，它要求无穷的变化，要求绝对的不同。串珠编结正是在当今这番汹涌的个性风潮下应运而生的，只有它才能满足这种独一无二，这种与众不同。

第二节

首饰的分类与特征

一 首饰的分类

首饰分类的方法较多，综合首饰的多种因素，可以采用按制作材料、工艺手段、装饰部位、首饰用途、表现风格 5 个方面进行分类，并把它总结归纳如下，详见图 1-2。

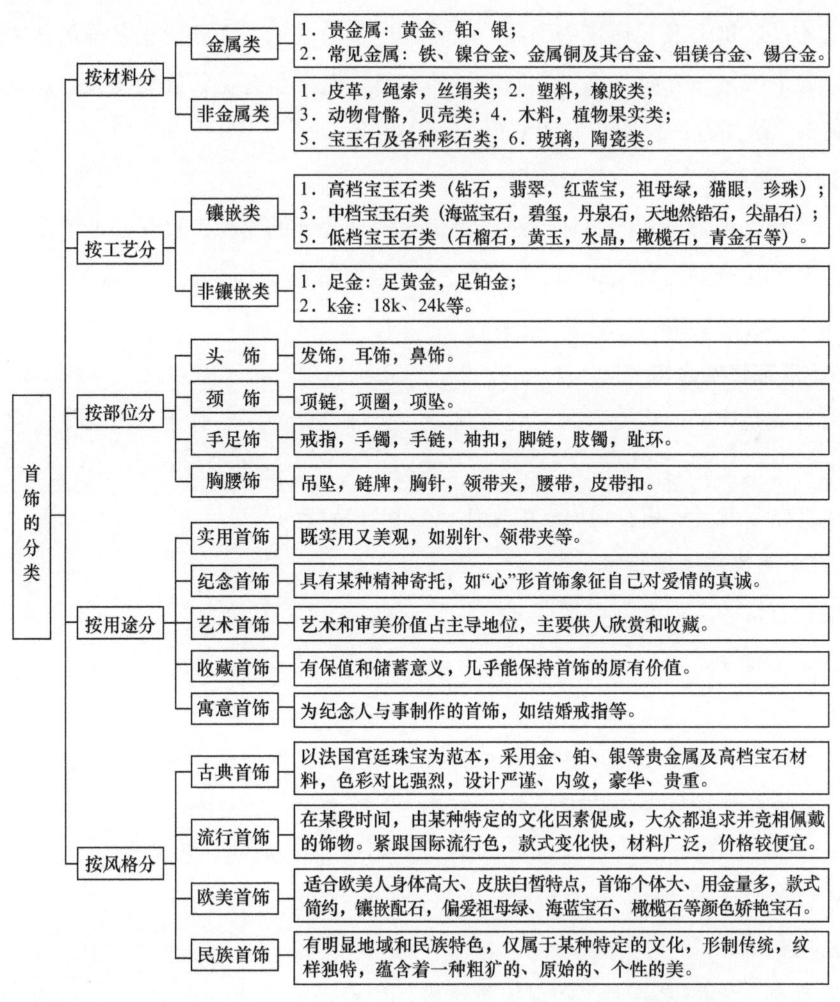

图 1-2 首饰的分类

二 首饰的特征

（一）首饰的设计理念

首饰的设计理念是指导首饰设计和首饰创作的基本思路和设计方向，涵盖对首饰文化的理解，对首饰流行趋势的把握，对首饰风格的定位及对首饰创作方法的掌握。

1. 以人为设计本

首饰的最终消费主体是人，需要在不同层面符合人们的物质和精神需求。现代首饰设计除了要满足商品市场的大众化生产外，还需更多地加入不同个体的喜好，才能设计出更好的具有个性化、人性化的作品。因此，现代首饰设计是艺术、技术与人性的结合。

2. 以装饰美为魂

首饰是装饰人及其环境的饰品，在设计过程中，一方面要突出首饰的装饰功能和美观效果；另一方面首饰自身作为一件产品，也需要有美好的元素或者图案进行主题装饰，达到首饰材质与设计主题的完美结合。

3. 以创意性为源

创新和改良是设计的具体方法，而变化则是设计的本源。制作出能满足消费者需求的个性化产品是创意的首要任务，这需要打破传统概念，挖掘首饰的新材质，引导首饰市场的个性化发展。

4. 以文化性为根

首饰既是产品，也是一种文化载体。在首饰设计中，要善于挖掘传统文化、地域文化、民俗文化、节庆文化及各种人文历史现象，通过首饰的具体形态、符号、图案和纹样等来展示和表现内在的文化属性和独特魅力。

（二）首饰的造型特征

现代首饰的造型要素包括点、线、面、体（空间）几个方面，具有设计新颖性、材料多样性的特点。

1. 点

点是形态构成中最小的构成元素，是形体组成要素的基本单位，在首饰设计中的每一粒宝石、珍珠都可以看成是一个“点”的造型，且有着不同的寓意。看似单调的点经过排列组合运用在首饰上，则形态各异、简洁唯美、错落有序、活泼简练。点的轮廓是相对而言的，其造型往往凝聚了人类的感情。

2. 线

线具有丰富的表现力，在现代首饰设计中是经常运用的元素之一。线有长短、粗细、刚柔、波动等变化，如直线可向四面八方延伸，表现出一种果断、坚定的感觉；曲线的曲折变化，能给人以温和、柔顺之感，环线则可以表现出一种圆满、统一。几何型首饰的流行充分表现了线在首饰设计中的魅力。

3．面

面的表现总是与点、线的变化相伴随，它给人的基本心理印象为平滑、稳定。由几何曲线圈成的几何面，则表现为单纯、简洁、明快之感，但也带有机械、冰冷之感。如圆形的面给人以统一、稳定和和谐之感；椭圆形的面给人以柔和、活泼、静中有动的自我运动之感；方形和由方形演化而成的矩形、菱形等面均给人以方正、安稳、严肃的心理感受。

4．体

点、线、面的有机结合就形成了体（空间），体的构成是首饰设计的灵魂。在构思和设计过程中，体是使首饰造型生动的根本要素。现代首饰的设计首先从无限的空间里构思，到首饰形成有限的心理空间，最后才能对三维空间的首饰形体设计出正确、合理和寓意深远的实用空间。

（三）首饰的风格特征

现代首饰的设计风格很难界定，现代社会文化的多元化和频繁更迭，使首饰设计常常综合了几种风格和手法。大致将这些风格归纳为新古典首饰、自然风格首饰、概念性首饰、后现代首饰等。

1．新古典首饰

主要指造型上吸收了中外传统样式，对古典符号、图式、纹样等进行变体重构。人类对于自身的文明永远无法忘情。复古的潮流几乎几年就卷土重来一次，而且愈演愈烈。其特点是讲求首饰的色彩、图案及其轮廓的精心设计，色彩绚烂华丽，结构繁复精巧。

2．自然风格首饰

指设计中实现原始意味，使佩戴者产生返朴归真，回归大自然的感觉。通过比例均匀的造型，传递安静、和平、纯真的感觉，表现和谐的灵性美。

3．概念性首饰

一般指表达设计师某种观念、意象的首饰。它的特点是追求个性，讲究寓意。作品对思维，形象和寓意的追求，远远胜过形式的创新。如现代材料与传统材料的离奇搭配、贵贱搭配、黑白对照所形成强烈的反差。

4．后现代首饰

指一批后现代设计师主张的以更多的形式美感来满足人们精神上的审美与怀旧情感的需求。首饰设计特点一是复古，复古并不是对古代作品的照搬照抄，而是吸取某些设计片段和元素，并与现代技术和材料相结合。二是重“文脉”，注重地方特色和历史文化传统的继承。三是重装饰，强调“多也是美”，注重细节上的精雕细琢。

（四）首饰的材料特征

现代首饰造型领域内创新的一个重要因素，是现代科学技术的进步推进新物质材料的开发，促进了艺术手段的丰富和更新。首先，合金材料的出现很大程度上节约了贵重的稀有金属，另外诸如陶瓷、塑料、有机玻璃、皮革、纤维织物等，均被运用于首饰设计中，具有很大的可塑性和潜在的力量。巧妙地运用新材料本身所独有的美感，对材料的肌理效应加以艺术处理，开发新材料的审美特性，是现代首饰设计的又一飞跃。

（五）现代首饰的色彩特征

传统的首饰中材料的本色运用最多，比如黄金、铂金等，这是传统首饰的高贵品质决定的。在现代首饰设计中，由于新材料的涌现，可以运用更多不同色彩的材料，甚至可在材料表面进行人为的色彩处理，来满足消费者对个性色彩的追求与需要。钛金属和冷钢的出现，丰富了首饰色彩的谱系，使首饰在材料的选择上更加自主；压克力的晶莹和透明，泛发出乳白的光晕；珐琅和景泰蓝的丰富色彩，让现代首饰更显妖娆。

第三节 制作材料及工具

一 基本工具

（一）钳子（图 1-3）

（1）斜口钳：也称掐线钳，用来剪断一些较细的金属线或长度不合适的针等；

（2）圆头钳：也称打圈钳，用来弯出漂亮的圆形，一般多用于 9 字针、T 字针弯圈等；

（3）平口钳：可以用来夹扁定位珠，把弯了的线或者针弄直，掰开、合并单圈等；

（4）卷针钳：一头是圆头形，一头是凹槽形，用来弯出漂亮的圆形。

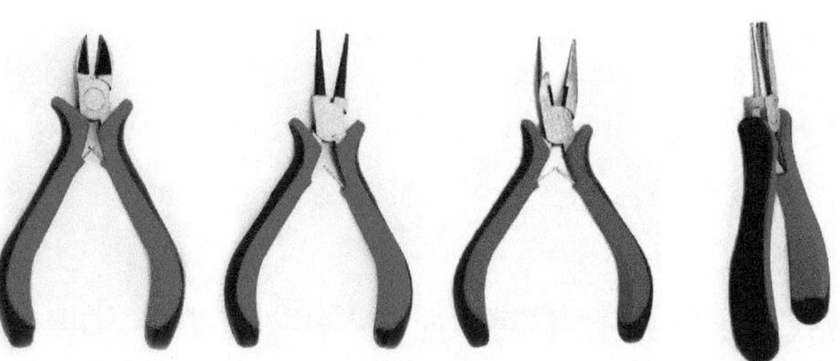

（1）斜口钳　（2）圆头钳　（3）平口钳　（4）卷针钳

图 1-3　钳子

（二）其他工具（图 1-4）

（1）镊子：用来夹一些小配件，粘钻或者粘小东西的时候用。

（2）剪刀：用来剪线和绳子等。

（3）热熔枪与热熔胶：热熔枪是配合热熔胶使用的，适用于粘布料类，粘耳针等。胶条可以用火直接加热使用，但是会使胶液变黑影响制作效果，故配合热熔枪使用效果较佳。

（4）串珠针：串珠时使用，有些线较软，直接用来串珠子会有难度，或珠子太小的时候需要用针来串。

（5）工具戒圈：用于单圈的开合。

（6）收纳盒、储物盒：可以收纳散珠配件等，避免东西太小、琐碎难以保管。

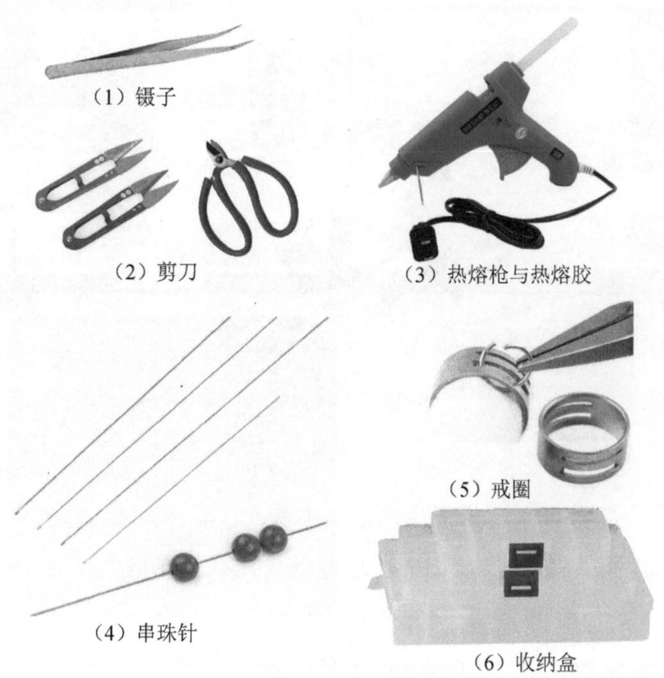

图 1-4　其他工具

二　基本配件

基本配件指的是最常用的、必备的材料，如线材、金属配件、针对性配件（指在特定的情况下必须使用的配件）。

（一）线材

（1）鱼线：透明、不易断，不过打结的时候需要特别注意，因为鱼线表面光滑，如果结未打好，较容易松开。鱼线主要用于花样串珠，一般选用 0.2 ～ 0.4 mm 粗细，编大型的花瓶、纸巾盒要用粗一些的 0.6mm 鱼线（见图 1-5）。

（2）圆形弹力线：透明呈圆形，类似鱼线，不过比鱼线多了弹性；弹力较为一般，可以穿普通圆形手链；在系扣的时候，需要系死扣，建议再滴一滴液体胶，避免线滑开。

（3）丝状弹力线：有多种颜色，呈扁平状，由多根细丝线组合成一根线，常用来穿天然水晶手串，可以配合不同颜色的珠子；在与珠子经常摩擦的情况下，时间久了较容易断，尤其是串水晶、玻璃类，需要常更换。

（1）鱼线　　（2）圆形弹力线　　（3）丝状弹力线

图 1-5　鱼线、弹力线

（4）蜡绳、玉线：主要用于串项链、手链，这类线在水晶串珠中用得并不多，最适合做需要垂感很强的串珠饰品，这种效果是其他线材无法达到的。蜡线先是由纤维单丝精心织成半成品，再经过高温的环保上蜡设备制成，其特点是拉断强度大，耐磨性强，无弹性。棉、丝、涤棉、涤纶等线经过上蜡设备上蜡处理后称为蜡线。玉线是编中国结线材的一种，密度高的玉线分为 A 玉线（直径 1 mm）、B 玉线（直径 1.5 mm）、C 玉线（直径 2 mm）；72 号线是玉线中最细的一种（直径 0.8 mm）；还有编粗手链的 2 号线（直径 4 mm），3 号线（直径 3.5 mm），4 号线（直径 3 mm），5 号线（直径 2.5mm），6 号线（直径 2mm），7 号线（直径 1.8mm），可以和玉器编制在一起佩戴，见图 1-6。

图 1-6　蜡线与玉线

（5）铜丝：质地较软，适合用来造型或固定，不同规格的铜丝粗细不同，效果也不同。不过使用铜丝时不要绕得太紧，否则易断，见图 1-7（1）。

（6）钢丝：质地较硬，一般用来制作手镯圈、项圈等，也可以制作花型。但不能像铜丝那样用来缠东西，用作花型时有较大的局限性。在无折痕的情况下，会自动恢复原状，不能用来编织，见图 1-7（2）。

（1）铜丝　　（2）钢丝

图 1-7　钢丝与铜丝

（二）金属配件（图 1-8）

（1）单圈：也称 O 形环、C 形环，在两个配件之间起连接作用，有多种型号，常用的为4mm、6mm。

（2）T字针：呈T字形，一端为针状，一端为平底，有多种规格，常用长度是2 cm、2.6 cm、3.5 cm、4.4 cm，粗细一般是0.7 mm。在T字针上面穿好珠子后，将其挂在饰品的最下端。

（3）9字针：呈9字形，一端为针状，一端为环状，有各种规格，常用长度是2cm、2.6cm、3.5cm、4.4cm，粗细一般是0.7mm。一般在中间穿好珠子或者其他配件后，把另一头也弯成环形，上下可以再连接其他配件。

（4）包扣：也称线夹、贝壳扣，在配件中起连接作用，一般用于整款饰品的起头与结尾部分，常和鱼线、定位珠配套使用。

（5）定位珠：也称挡珠、定位管，压扁后使用，起固定作用，多用于包扣内，是制作手链、项链等的必备配件。也可外用，如用于流苏，可将珠子固定在指定位置。

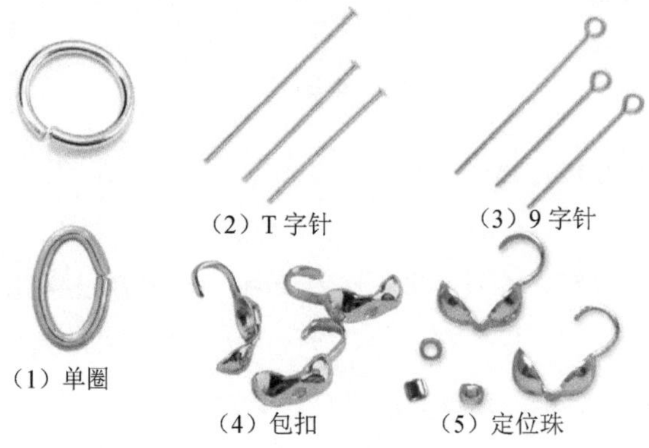

图1-8　金属配件

（三）针对性配件

（1）耳钩：耳饰品必备，有多种款式，另有耳钉、耳圈等，见图1-9。

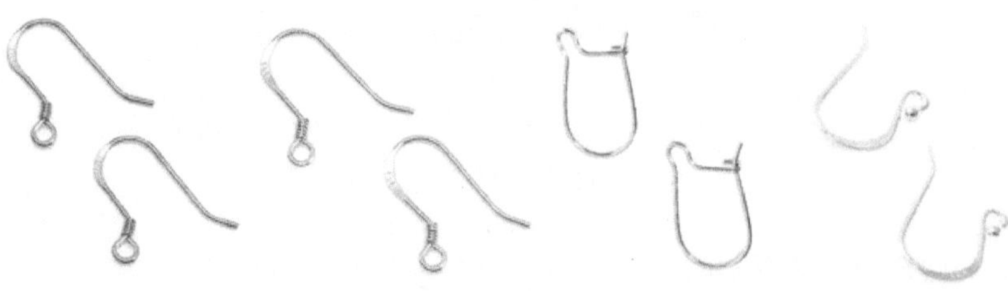
图1-9　耳钩

（2）耳夹：适合没有穿耳洞者，分为塑胶耳夹、普通铁耳夹、纯铜耳夹、螺钉耳夹，时下最流行的是隐形弹簧耳环，佩戴舒适，又有穿孔耳饰的效果，见图 1-10。

图 1-10　耳夹

（3）发簪棍：制作发簪时必备，见图 1-11（1）。

（4）胸针托：制作胸针时用，建议使用热熔胶粘合，见图 1-11（2）。

（5）戒指托：制作戒指需要用的底托，戒托的款式也有多种，根据个人喜好及其他配饰使用方法来选择，见图 1-11（3）。

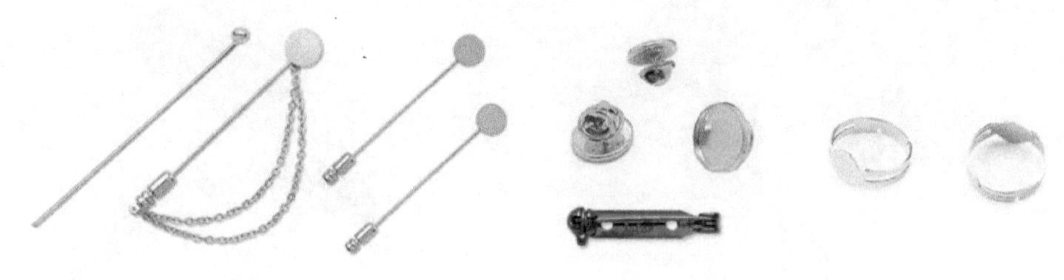

（1）发簪棍　　（2）胸针托　　（3）戒指托

图 1-11　发簪棍、戒指托、胸针托

（6）金属链：用于做项链、手链、流苏等。一般有孔链可以直接配合单圈使用，也可以用 9 字针、T 字针在链上面做造型，用来挂一些珠子、小配件等。无孔链需要配合其他配套的配件使用（如波波链、珠节链要配合贝壳链头使用；而金属链要配合钢丝扣，夹片或者包扣使用），见图 1-12（1）。

（7）调节链：又称延长链，用在链子最末端，用来调节链的长度，建议使用龙虾扣或者弹簧扣，见图 1-12（2）。

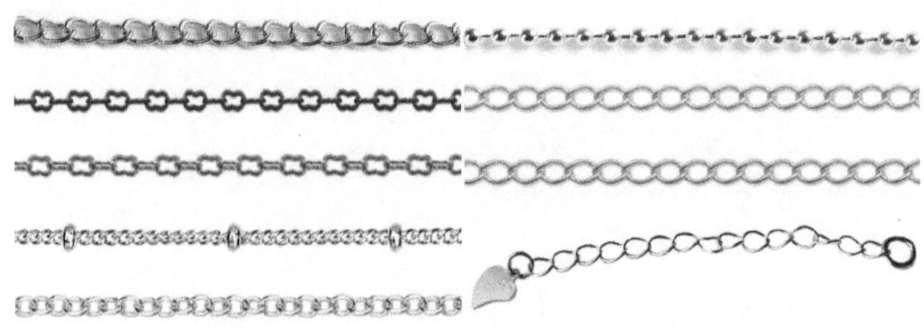

（1）金属链　　（2）调节链

图 1-12　金属链、调节链

（8）链扣：多用于项链、手链的接口部位，分为普通链扣和花式链扣。

①龙虾扣：小到 1.2 cm×0.7 cm，大到 2.8 cm×1.8 cm，见图 1-13。

②磁扣：用磁铁的磁力将其首尾吸附在一起，见图 1-14。

图 1-13　龙虾扣

图 1-14　磁扣

③螺旋扣：相当于螺钉的作用，相互拧在一起，其外观形状各种各样，见图 1-15。

④吊坠卡扣：吊坠有纯铜镶钻等形状，做工精细、新颖，起到装饰与功能的双重作用，专用于各种手链绳、项链绳各种扣头的收尾，方便好用，见图 1-16。

⑤按扣：亦称子母扣，材料为合金、镀银、镀金，有素面与光面，多用于项链接口处，见图 1-17。

图 1-15　螺旋扣

图 1-16　吊坠扣　　　　图 1-17　按扣

⑥ M 形扣：链扣形状如 M 形，是经典链扣，还有 S 形、U 形、龙虾形等形状，大小一般在 10 mm×9.5 mm 左右，也可有铃铛等装饰，可电镀白金、黄金、玫瑰金、藏银、泰银材料等，见图 1-18。

图 1-18　M 形扣

⑦弹簧扣：环内设有一个弹簧，起到开启关闭的作用。一般有金色、银色、K 白金、亮钢（不锈钢）等颜色，大小一般在 4.5 ～ 9mm，见图 1-19。

图 1-19　弹簧扣

⑧ OT 扣：一边为环形，一边为棍状，OT 链扣最适宜做手链或腰链，不适合做项链，见图 1-20。

图 1-20　OT 扣

三　串珠材料

1. 铜

在仿真饰品里面属于较高档的配件，铜料配件的光泽较好，色泽较为均匀，表面较为光滑，手感不错，相对来说不易褪色，不易生锈。但部分款式价格偏高。

2. 铁

仿真饰品里面占有相当大的分量，一般的调节链基本上都是铁的。铁相对铜来说就要逊色多了，光泽、色泽均较差，手感粗糙，易生锈、褪色，但价格便宜。

3．钢

钢的质地较硬，所以一般仿真饰品中没有较大面积的钢配件，常用的钢配件只有钢丝，钢圈（手镯圈、项圈、戒圈等），硬度较高，不易变形，较易褪色。

4．合金

合金的材质较难说明，不同的合金配件在质量方面有很大区别。在购买前可以仔细查看，或者咨询卖家实物的质量如何。合金价格适中，可塑性强。

5．珠宝玉石

珠宝玉石可分为三大类。

（1）玉石：包括大理石、汉白玉、蓝田玉、软玉、硬玉、南阳玉、绿松石、孔雀石、寿山石、萤石等，玉石的颜色、形状较为单一，很多颜色都是人工染色形成的，有的玉石较为易碎，或存在较明显的杂质。

（2）有机石：包括珍珠、珊瑚、琥珀、象牙、龟甲、煤玉、贝壳等。

（3）宝石：包括钻石、红宝石、蓝宝石、堇青石、锆石、祖母绿、欧泊、金绿猫眼、托帕石、尖晶石、橄榄石、磷灰石、碧玺、石榴石、红柱石、水晶、月光石、绿柱石、紫牙乌等。

6．亚克力类

一种介于玻璃与塑料之间的材料，无论是光泽还是硬度都介于这两者之间。可分为透明类、实色类、果冻类。其价格便宜，形状、颜色多样化，适用的范围较广，可用于制作饰品、摆件、包、挂件等，重量偏轻，份量感不足。

7．仿珍珠

仿珍珠又分为塑料仿珍珠、亚克力仿珍珠、玻璃仿珍珠、水晶仿珍珠等。

（1）塑料仿珍珠：以塑料为内胚，外面电镀其他颜色，价格便宜，光泽较差，重量偏轻，没有份量感，易刮花，给人较为低档的感觉。

（2）亚克力仿珍珠：以亚克力为内胚，外面电镀其他颜色。价格便宜，光泽度也不算差，形状、颜色较为齐全，份量感不够，偏轻，不够硬，易刮花。

（3）玻璃仿珍珠：以玻璃为内胚，外面电镀 / 喷漆，有多种颜色，重量近似于真珍珠，价格适中，光泽好，但不能与硬物接触，否则容易刮花。

（4）水晶仿珍珠：以水晶为内胚，外面电镀 / 喷漆，有多种颜色，光泽好，孔两侧处理也较为仔细，价格较为昂贵。

8．玻璃珠

玻璃珠有普通玻璃珠，也有水晶玻璃珠。

1）普通玻璃珠：外表近乎水晶，不过光泽不如水晶，而且内部有气泡存在。

2）水晶玻璃珠：介于水晶和玻璃之间的一种材质，相对来说处理得较好一些，价格也稍微贵一些。

玻璃珠一般分为人工打磨、机磨、半人工打磨几种形式，其中人工打磨最为精致，价格也最高。最差的是机磨玻璃珠，其棱角不够分明，切割面处理得不明显，较为圆滑，但价格较为适中，形状也较为普通，易碎，内部有气泡，不够美观。

9．人工水晶

目前最有名的是施华洛世奇水晶（光泽好，形状、颜色多样，璀璨夺目，价格偏高，易碎）和捷克水晶（价格较平，品质参差不齐，易碎），其中施华洛世奇产于奥地利，也称奥晶。

10．琉璃

目前所知道的有千花琉璃，意大利万花琉璃，还有用来起装饰作用的特色琉璃，以上这些都属于仿琉璃，其优点是颜色鲜艳，相对来说硬度较强，颇具古典色彩，但易碎。

11．软陶花

由彩色黏土制成。形状较为多变，颜色丰富，可塑性强，用途广泛，做工精细，被大家美喻为“奶油花”，但易脏、易裂，可以用洗衣粉洗净。

12．景泰蓝

用红铜做胎，在铜胎上用铜丝粘上各种图案，然后在铜丝粘成的各种形式的小格子内填上色彩，经过炼焊、打磨等工序，最后入窑烧制而成的色彩明丽的手工艺品，非常具有古典气息，极具民族特色。

第二章 编结基本技法

教学目标

（一）知识目标

1．掌握基本结编结的基本原理、基本要求和制作方法。

2．掌握变化结编结的原理、基本要求和制作方法。

3．了解封口的形式与方法。

（二）能力目标

1．掌握基本结的编结技巧，提高基本编结的制作能力。

2．掌握变化结的基本方法，提高编结的制作能力与组合能力。

中国传统装饰结，又称“中国结”。中国结已有两千多年历史，由传统服饰、吉祥挂饰、宗教法物等演变而来。自古以来中国结就是吉祥如意的象征，小小的一个结，凝聚的不止是中华民族的智慧，还有美好的寓意与祝愿。不仅造型独特、色彩美丽，而且渗透着丰富的文化沉淀与文化精髓，不仅在民俗文化中象征吉祥福瑞，寄寓着祝福与吉祥，还映射出了中华民族所特有的传统文化。

中国结是以单线、双线或多线来编结的，运用编线并行或编线分离的变化，做出多彩多姿的结或结组。同时利用编线延展、耳翼延展及耳翼钩连的方法，灵活地将各种结组合起来，完成一组组变化万千的结饰。中国结可分为基本结、变化结及组合结三大类，本章重点介绍前两种结的相关知识。

第一节 基本结编结技法

一 纽扣结

1．款式特点

纽扣结形如钻石，又称钻石结。纽扣结最初用于中国古代的服饰中，是一种既实用又有装饰性的结式。“纽”是带的交结之处，“扣”则为一种可以钩结的结；因此，纽扣应是成对、可以解开、可以钩结的。如再与其他的装饰结相搭配，又可构成一对对美丽的盘扣。纽扣结常用于编制项链、手链的开头或收尾，起到连接首尾的作用，见图 2-1。

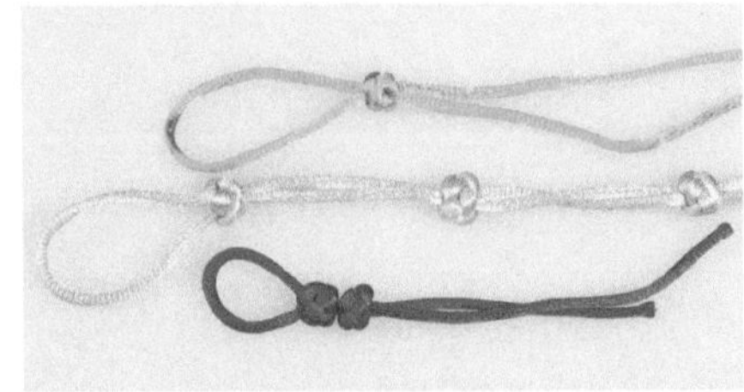

图 2-1　纽扣结

2．制作方法

（1）准备一条 80 cm 长的 5 号线，选择中点处开始编制，将线从上向下绕过食指，见图 2-2（1）。

（2）再从上向下绕过大拇指，见图 2-2（2）。

（3）把大拇指上形成的线环放到食指上，且压住食指的线环，见图 2-2（3）。

（4）将食指环下面的延长线 a 从拇指环下面的延长线 b 的后面拿过来，见图 2-2（4）。

（5）然后穿入食指线环中，形成一个似八字形（称为框底），见图 2-2（5）。

（6）套在拇指上的线环如同筐梁，将其取下并翻转上来，见图 2-2（6）。

（7）a 线如图 2-2（7）顺时针绕过框梁 A，从上往下穿进中间的孔中。

（8）b 线如图 2-2（8）顺时针绕过框梁 B，从上往下穿进中间的同一孔中。

（9）将框梁与 a、b 上下拉紧，把结整理均匀，见图 2-2（9）。

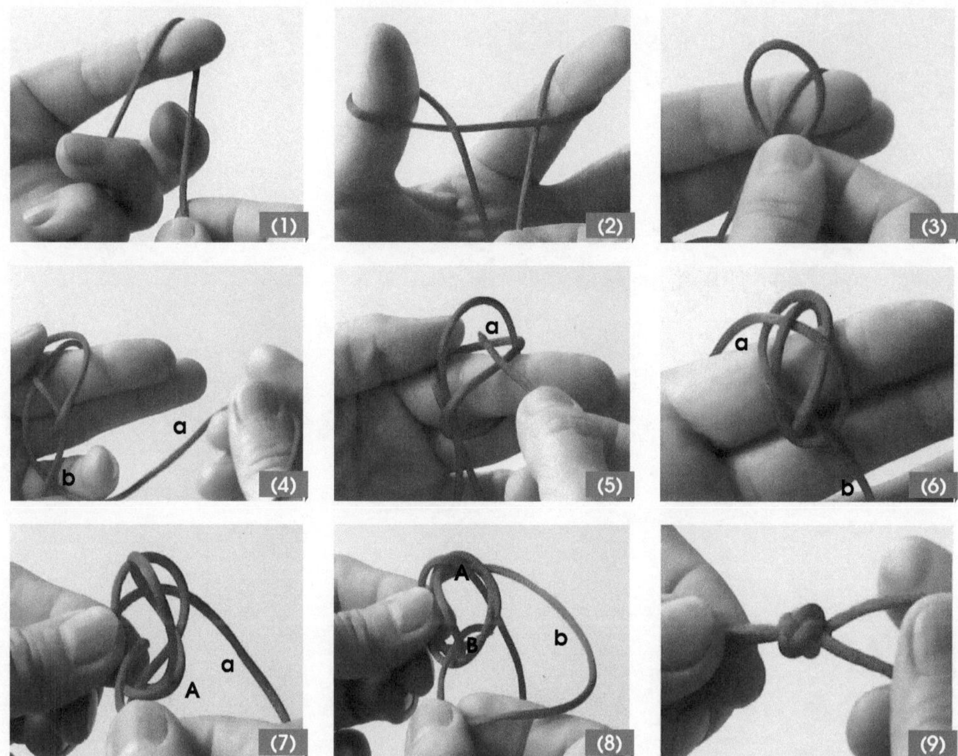

图 2-2　纽扣结的制作方法

二　平结

1. 款式特点

平结是一种最古老、最通俗和最实用的结式，因成型后的形状平整有序故而得名，见图 2-3。平结起源于早期的帆船上，在航海中当风势较大时，水手便把帆收起一部分用绳捆绑，以减少帆的面积，这种卷绕在桅杆上捆绑帆的结叫作平结，给人

图 2-3　平结

以平稳、内敛、平定、平抑之感。平结因编法不同而有单向与双向之分：单向平结的结形是扭转的，呈螺旋状；双向平结的结形扁平笔直，常用来编项链、手链及封口处。

2．制作方法

1）单向平结

（1）准备两条80 cm的5号线（可以是相同颜色，也可以不同颜色），将两条线对折，取其中心处，见图2-4（1）。

（2）取一条线为线柱（本例为棕色线），另一条线编结（本例为浅蓝色线），见图2-4（2）。

（3）将左线a压在线柱上，形成左侧线环，见图2-4（3）。

（4）将右线b线压在a线上，见图2-4（4）。

（5）然后将b线从线柱的下面穿入左环中，见图2-4（5）。

（6）将a、b线拉紧，把结整理均匀，见图2-4（6）。

（7）仿照上面的方法（总是左边线放在线柱上）重复编结，结体形成螺旋状，见图2-4（7）。

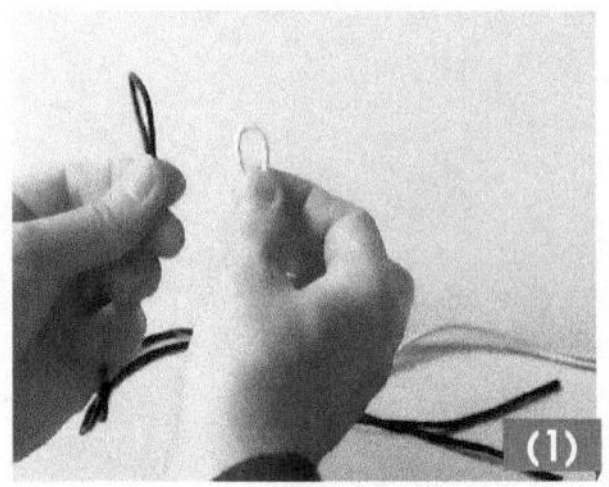

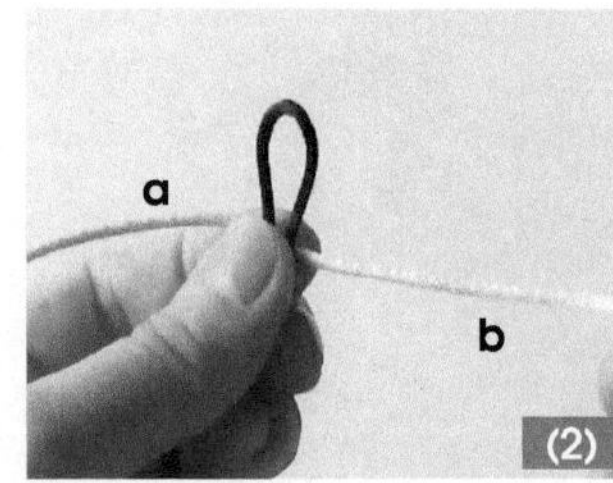

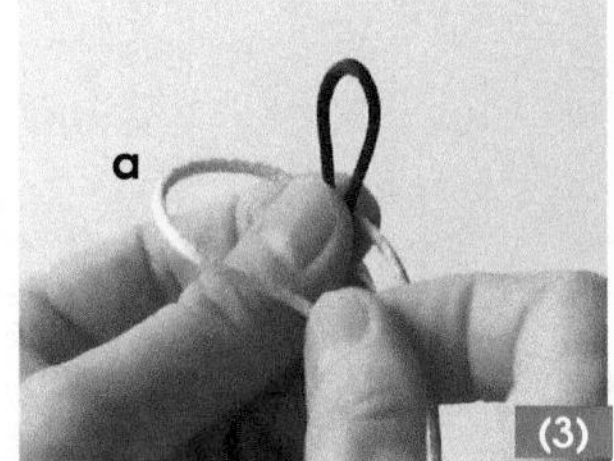

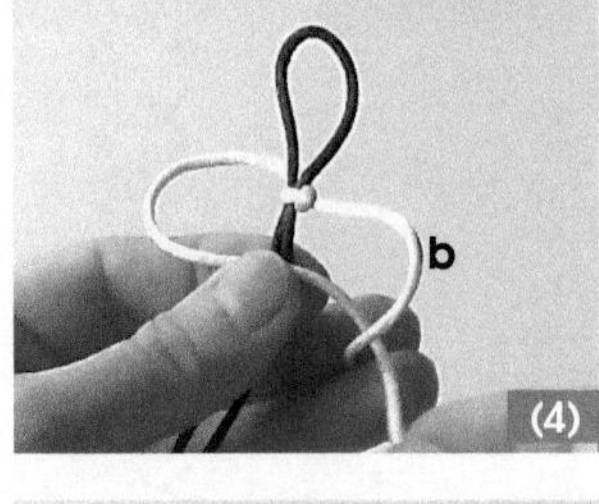

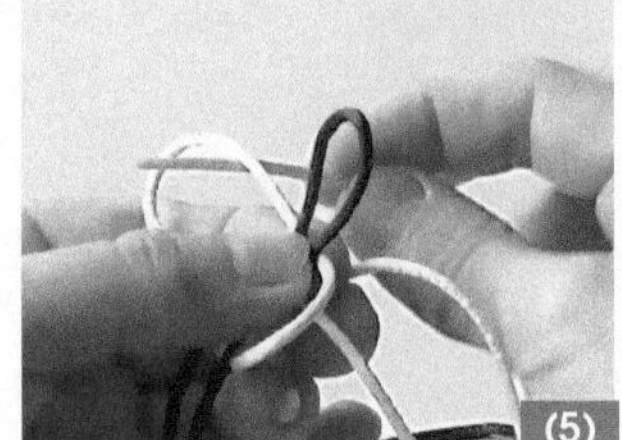

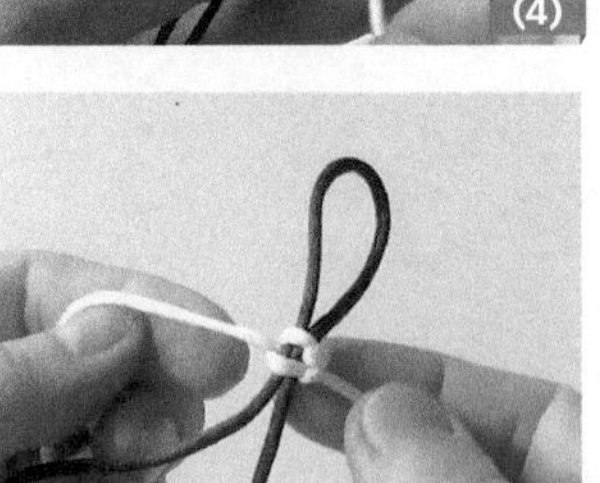

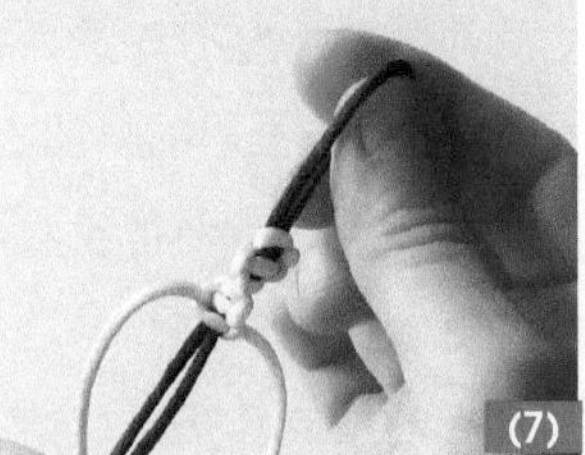

图2-4　单向平结的制作方法

2）双向平结

双向平结的前 3 步与单向平结相同，从略。

（1）将右线放在线柱的上面，见图 2-5（1）。

（2）左线压右线，见图 2-5（2）。

（3）然后右线从轴线的下面穿入右环中，见图 2-5（3）。

（4）拉紧左右线，把结整理均匀，见图 2-5（4）。

（5）按照左右线交替放在轴线上的方法重复编结，结体形成梯子状，见图 2-5（5）。

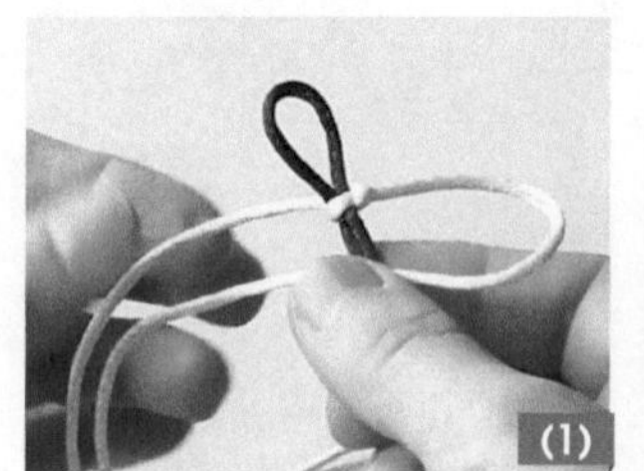

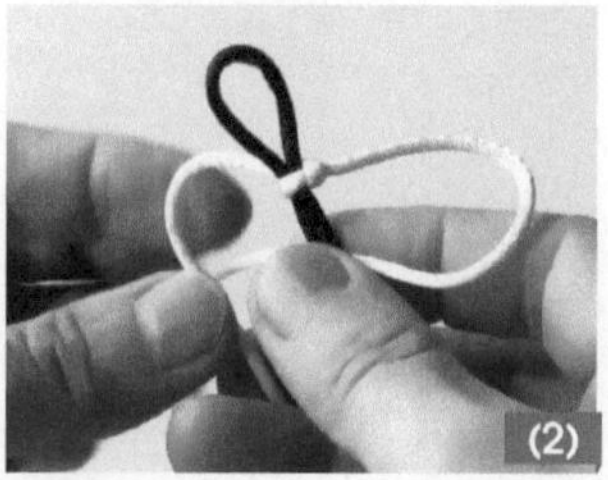

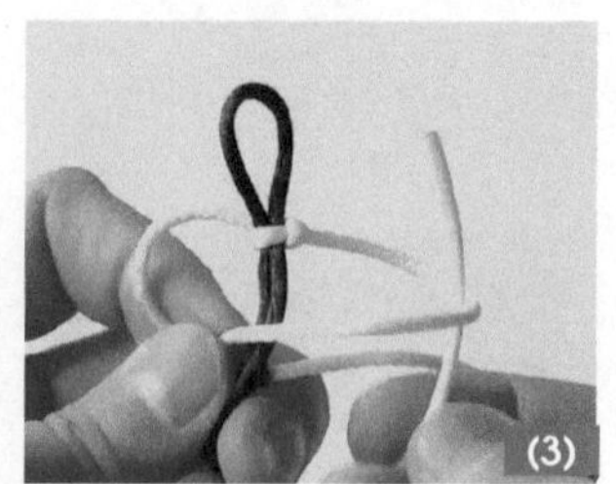

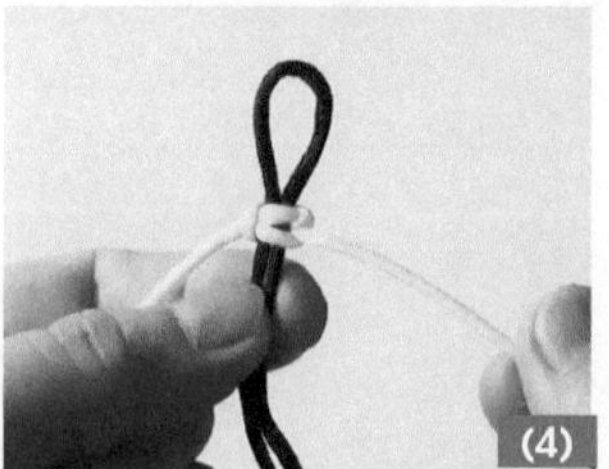

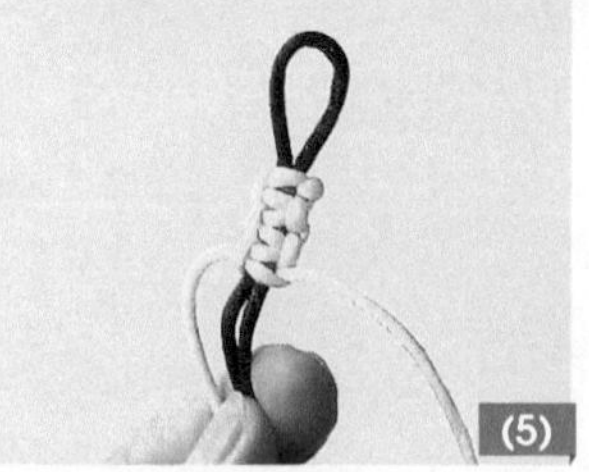

图 2-5 双向平结的制作方法

三 蛇结

1．款式特点

蛇结形如蛇骨体，结体有弹性，可以左右转动，结式排列整齐，简单大方，见图 2-6。

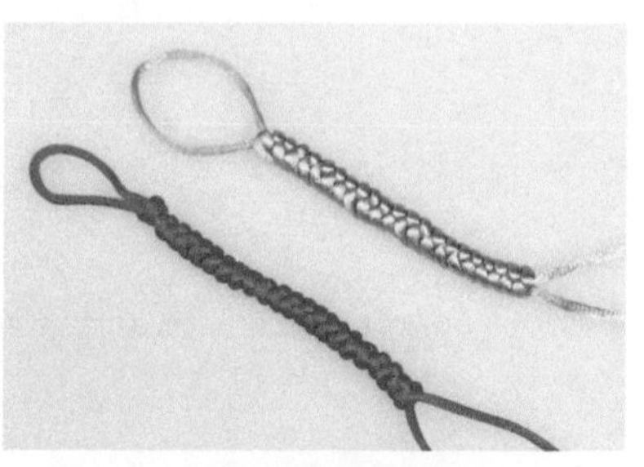

图 2-6 蛇结

2．制作方法

（1）将线对折，用左手拿住对折后的线圈处，见图 2-7（1）。

（2）用 a 线（靠近自己的那根线）做个线环后将线夹在拇指与食指中，见图 2-7（2）。

（3）将b线从a线的下面拿出，见图2-7（3）。

（4）穿入a线形成的线环内，见图2-7（4）。

（5）拉紧a、b两线，调整到结体均匀，见图2-7（5）。

（6）仿照上面的方法重复编结，结体形成相互扭紧、排列整齐的蛇体状，见图2-7（6）。

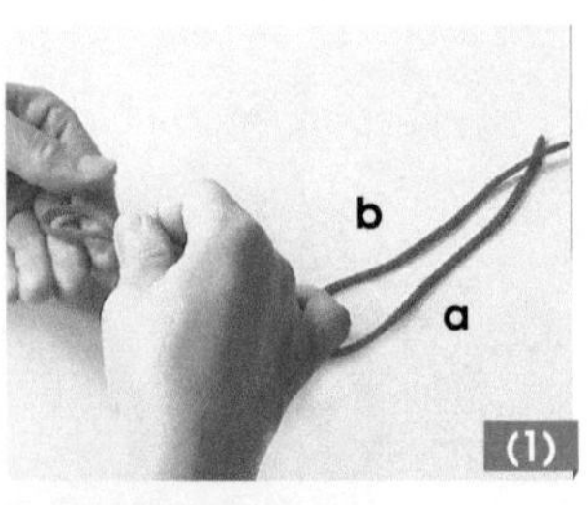

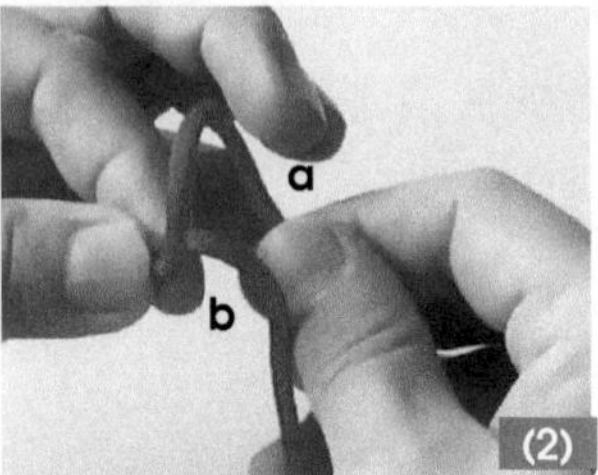

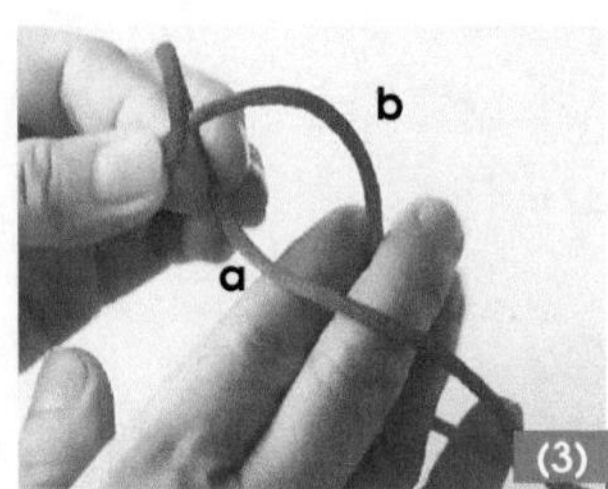

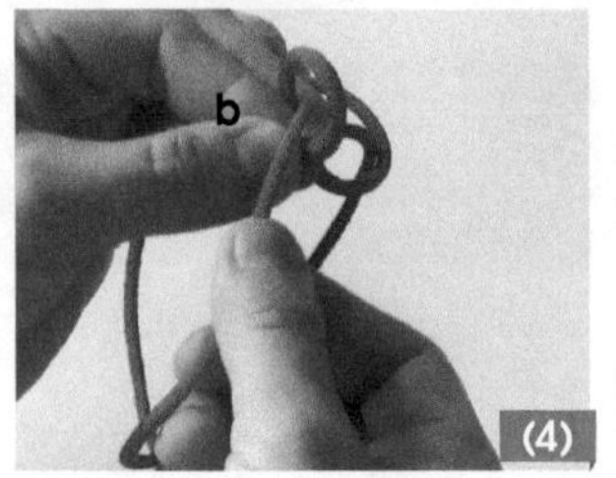

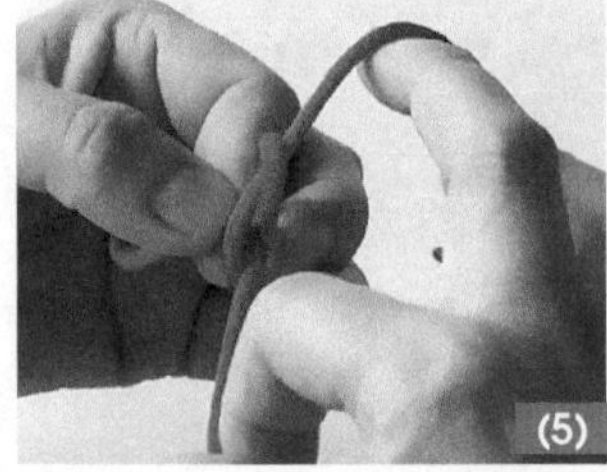

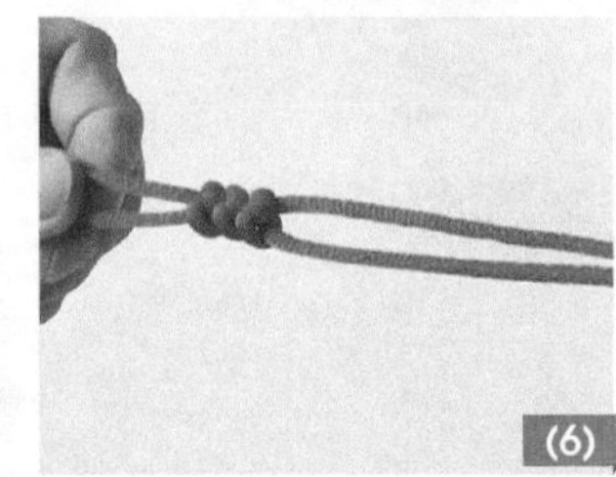

图2-7　蛇结的制作方法

四 金刚结

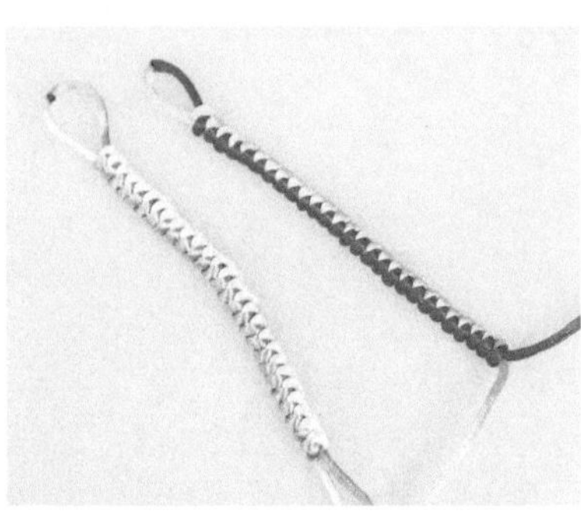

图2-8　金刚结

1. 款式特点

金刚结代表金玉满堂、平安吉祥。其外形与蛇结相似，但蛇结容易摇摆松散，金刚结更牢固、更稳定，见图2-8。

2. 制作方法

（1）将结线居中对折，右手从a线的下面拿住b线，见图2-9（1）。

（2）左手向身内转动，形成一个线环，用右手将其压住，见图2-9（2）。

（3）为操作方便，要将其移到左手上，这时会看到a线向前、b线向右，见图2-9（3）。

（4）将a线绕过食指后，再穿入线环中，见图2-9（4）。

（5）拉紧b线，完成一个单元金刚结的制作，见图2-9（5）。

（6）按住 b 线，将食指上的线环取下来，并将其向外翻转到上面，见图 2-9（6）。

（7）将 b 线绕过食指后，再穿入线环中，见图 2-9（7）。

（8）拉紧 a 线，形成了两个单元的金刚结，见图 2-9（8）。

（9）重复步骤（6）～步骤（8），编制所需要的长度。结体形成相互扭紧、结实整齐的蛇体状，见图 2-9（9）。

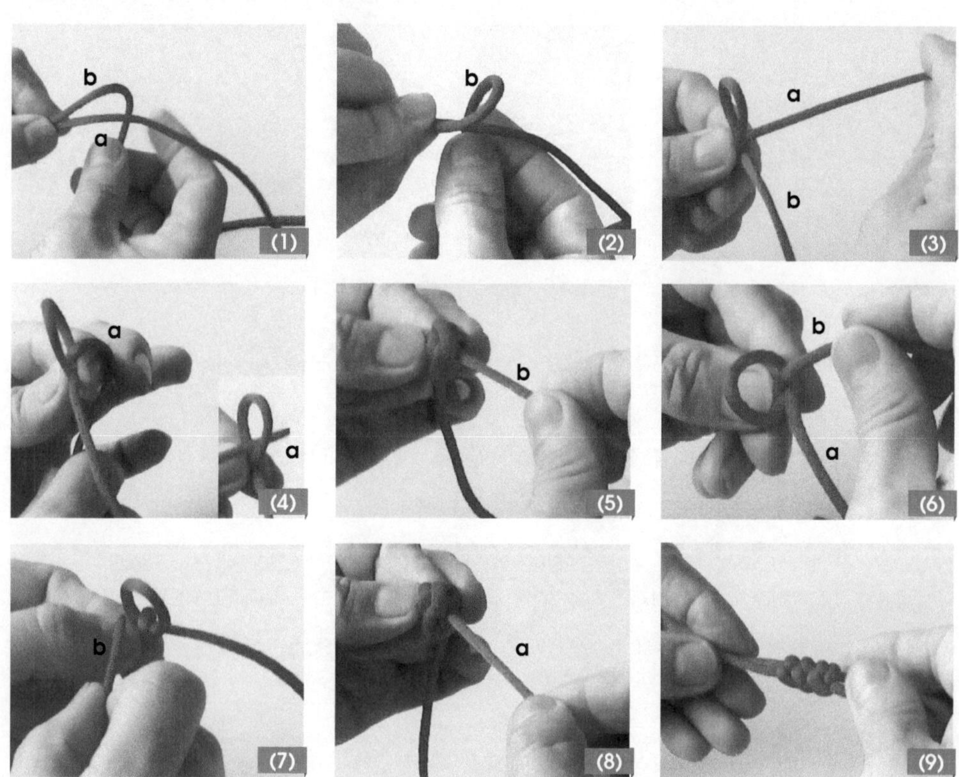

图 2-9　金刚结的制作方法

五　雀头结

1. 款式特点

雀头结是常用的基本结，象征着喜上眉梢、心情愉悦，其结式简单，常应用于结与饰物之间相连或固定线头之用，或作饰物的外圈用，见图 2-10。

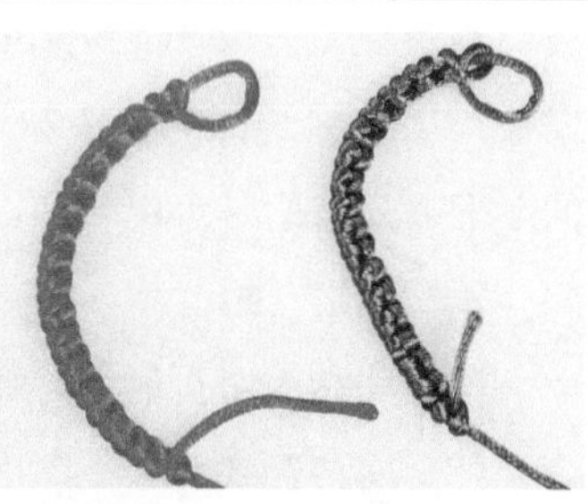

图 2-10　雀头结

2. 制作方法

（1）为了操作方便，可以将线的一端系一个重物，见图 2-11（1）。

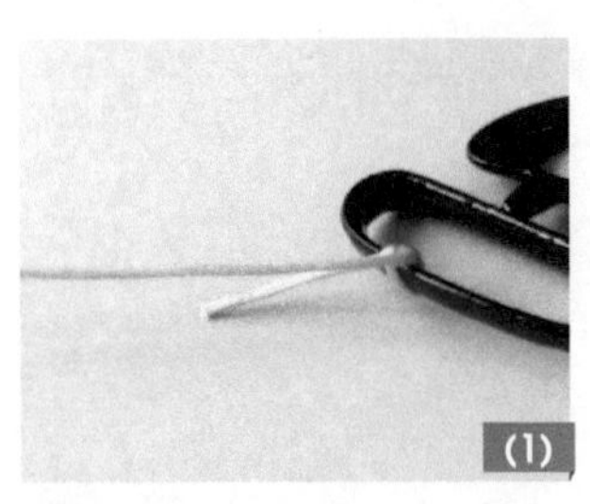

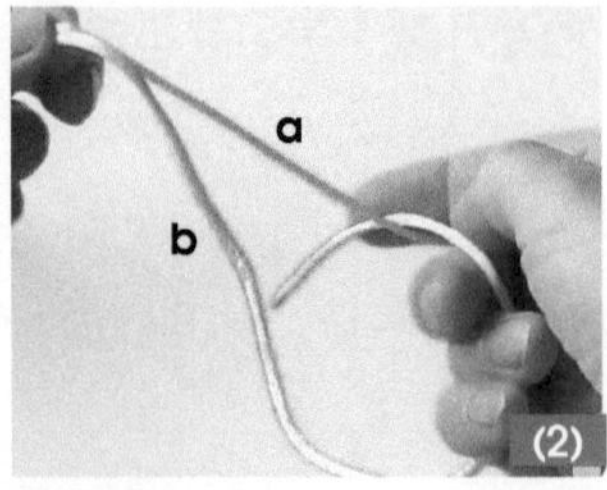

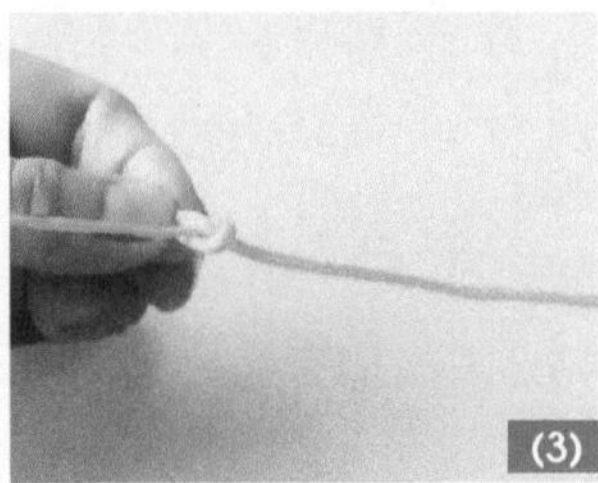

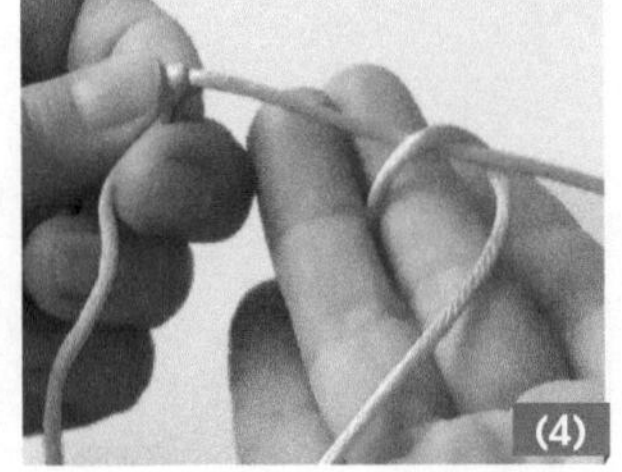

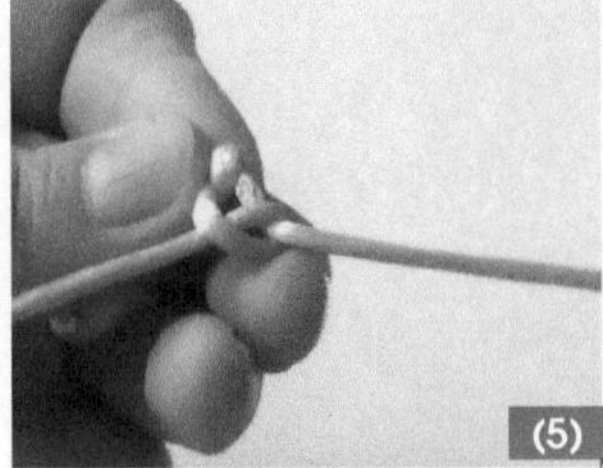

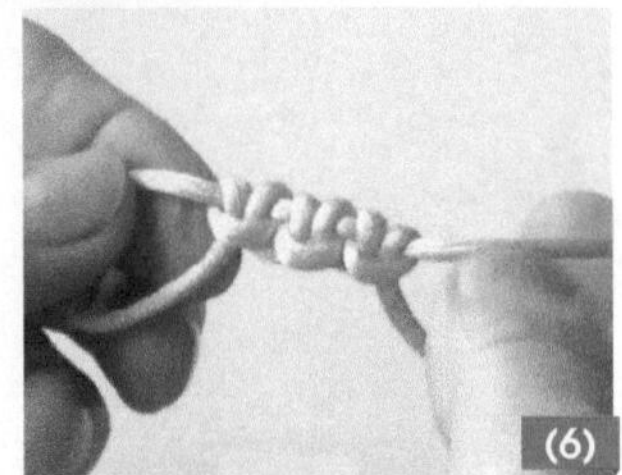

图 2-11 雀头结的制作方法

（2）将结线对折成双线，短线 a 为轴线，长线 b 为编线，将 b 线从上向下绕过轴线，见图 2-11（2）。

（3）拉紧 b 线，并用左手按住成形的结式，见图 2-11（3）。

（4）将 b 线从下向上绕过轴线，见图 2-11（4）。

（5）拉紧 b 线，形成一对结体，调整结体松紧，见图 2-11（5）。

（6）仿照步骤（2）～步骤（5）的方法重复编结（注意一个是从下向上绕轴线，另一个是从上向下绕轴线），结体形成一定是一对一对的抱合紧的线性结体，见图 2-11（6）。

六 双联结

1．款式特点

双联结又名双扣结，联有连、合、持续不断之意。双联结是以两个单结相套连而成，故名双联。其结体浑然小巧，不容易松散，常被用于编制结饰的开头和结尾，固定主结的上下部分，见图 2-12。

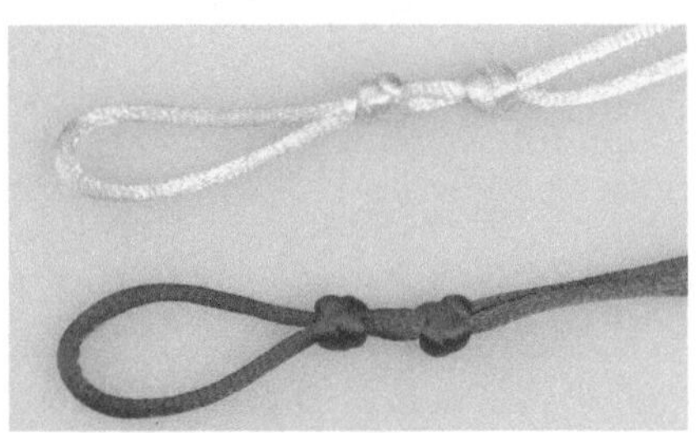

图 2-12 双联结

2．制作方法

（1）将结线对折居中，线环部分拿在左手上，见图 7-13（1）。

（2）将内侧线 a 从上向下做个线环 A，夹在食指与中指之间，见图 7-13（2）。

（3）将外侧线 b 从上向下做个线环 B，夹在中指与无名指之间，见图 7-13（2）（3）。

（4）将 a 线穿入线环 A 中，见图 7-13（4）、（5）。

（5）将 b 线同时穿入线环 A 与线环 B 中，见图 7-13（6）、（7）。

（6）将 a 线与 b 线拉紧，见图 7-13（8）。

（7）整理结式，两面形成交叉的 X 形，见图 7-13（9）。

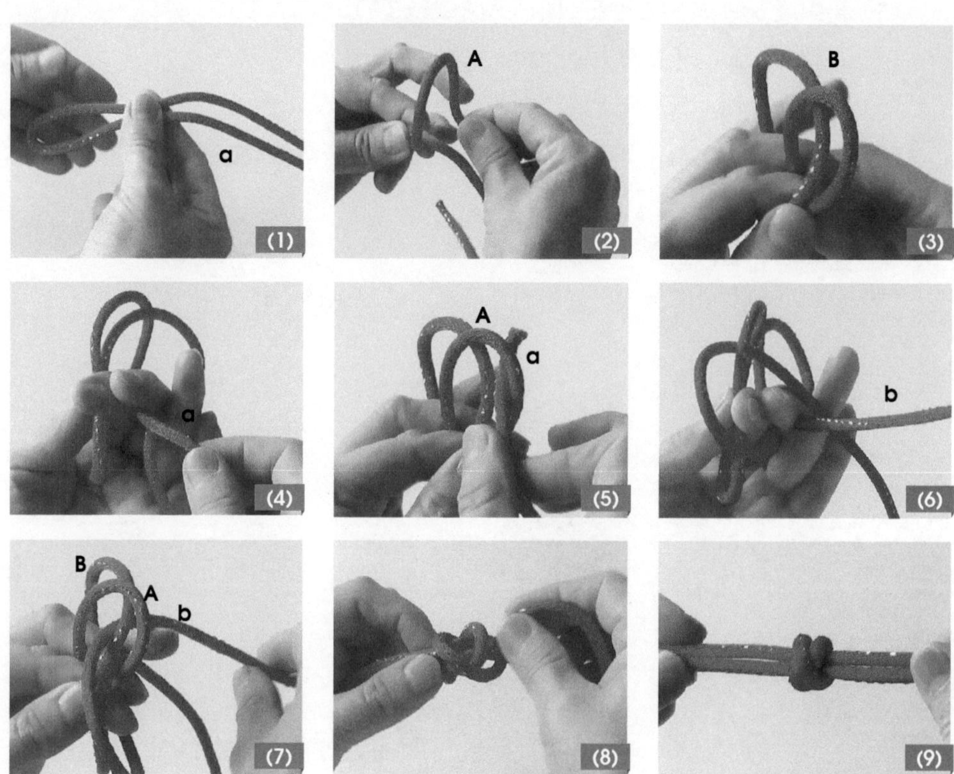

图 2-13　双联结的制作方法

七　凤尾结

1. 款式特点

凤尾结又名琵琶结，因结体似凤凰的尾巴，故而得名。一般用于编线的结尾，起装饰作用。象征着龙凤呈祥、事业发达，财源滚滚之意，见图 2-14。

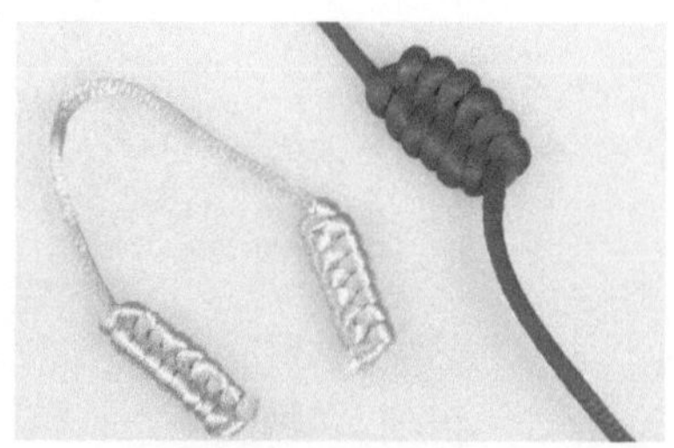

图 2-14　凤尾结

2. 制作方法

（1）将一条线绕成一个环，以环的两边线为左右轴线（设为a轴与b轴）a轴较短。结线压住a轴向下绕，见图2-15（1）。

（2）结线从b轴穿出，见图2-15（2）。

（3）再围绕b轴从下向上绕一圈，见图2-15（3）。

（4）再转向a轴，从下向上绕一圈，见图2-15（4）。

（5）再转向b轴，从下向上绕一圈，见图2-15（5）。

（6）重复步骤（4）与步骤（5），使其围绕左右轴交替绕线，注意结线松紧应适宜，见图2-15（6）。

（7）编到所需要的长度后，向上拉紧a轴，见图2-15（7）。

（8）剪掉b轴多余的结线，烧熔固定即可，见图2-15（8）。

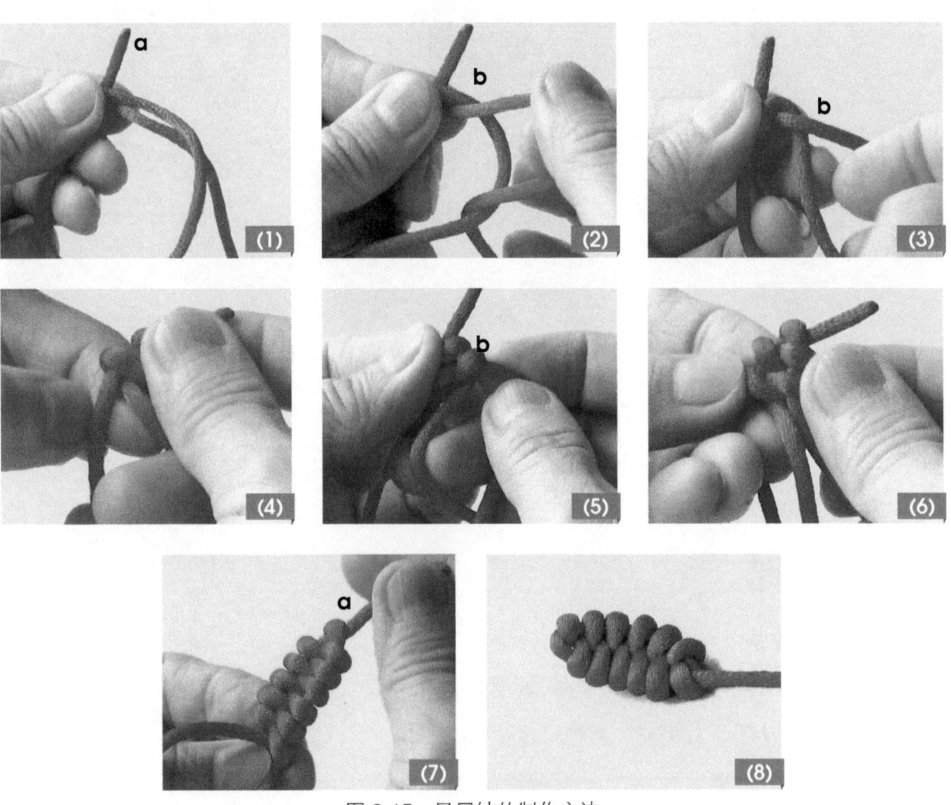

图2-15 凤尾结的制作方法

八 双钱结

1. 款式特点

双钱结又称金钱结，形似两个古铜钱相连，象征“好事成双”，见图 2-16。古时钱又称泉，与全同音，寓意为双全。双钱结外形呈环状，结体大方，利用数个双钱结的组合，可构成美丽的图案，如云彩、十全结。

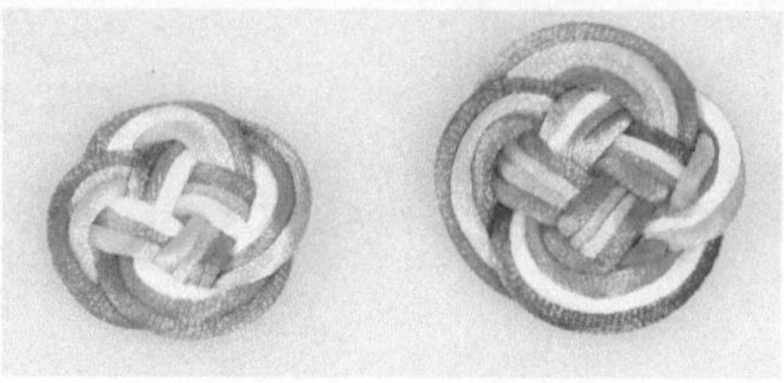

图 2-16　双钱结

2. 制作方法

（1）将 a 线压 b 线，形成一个环 1，见图 2-17（1）。

（2）用 a 线顺时针再做一个环 2，且放到环 1 上，见图 2-17（2）。

（3）用 b 线压 a 线（即 b 线在上，a 线在下），见图 2-17（3）。

（4）a 线沿环 2 与环 1 形成的线，顺时针逐一压一挑一，见图 2-17（4）。

（5）a 线继续压一挑一到环 1 结束，见图 2-17（5）。

（6）b 线压 a 线后，逆时针沿 a 线的路径穿线，并与 a 线挑压穿法保持一致，见图 2-17（6）。

（7）b 线继续沿着 a 线穿第二圈的 2 个花瓣，见图 2-17（7）。

（8）b 线继续沿着 a 线开始穿第三圈，见图 2-17（8）。

（9）b 线穿完第四圈后，调整好结体，剪断 a 与 b 的线头，烧熔粘合，见图 2-17（9）。

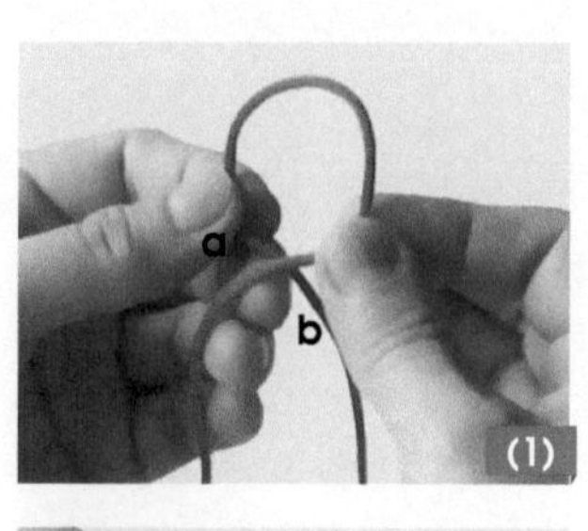

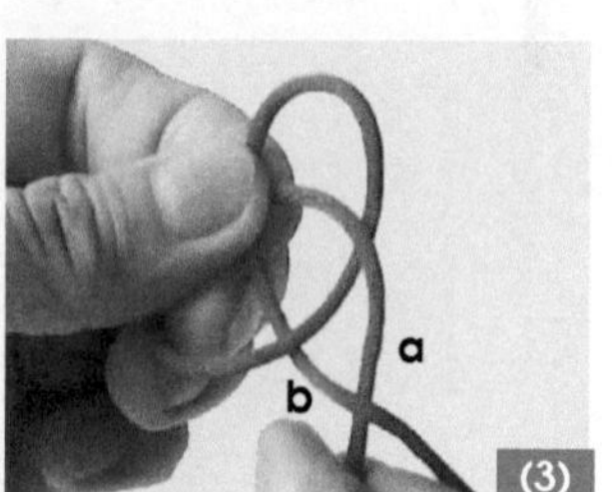

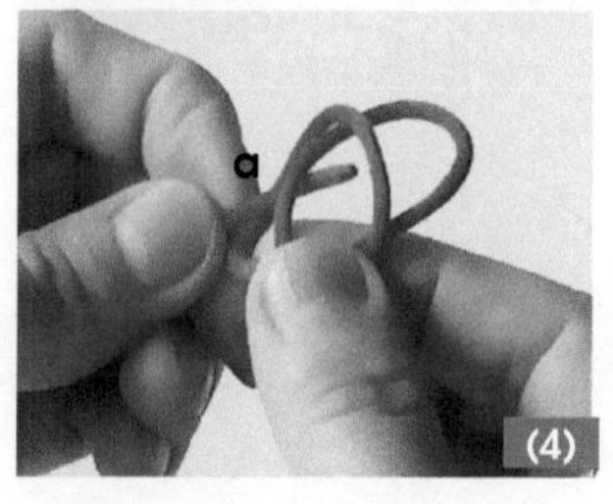

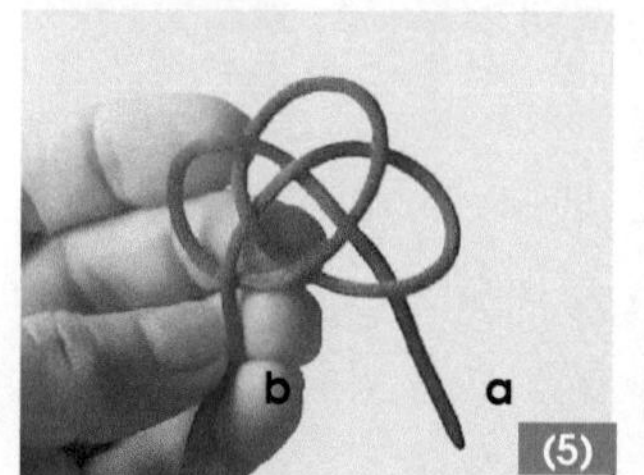

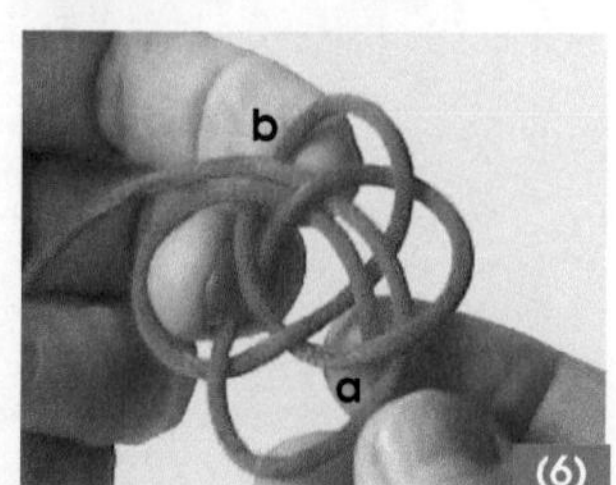

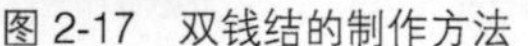

图 2-17　双钱结的制作方法

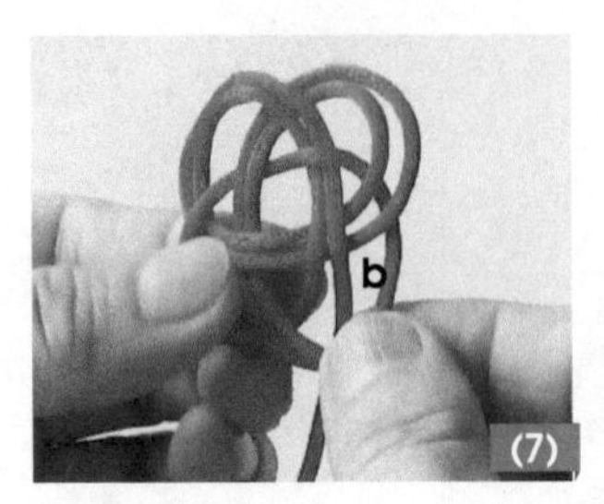

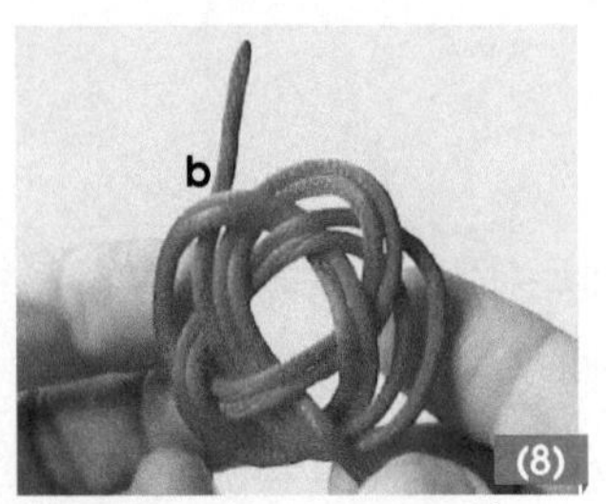

图 2-17　双钱结的制作方法（续）

九　藻井结

1. 款式特点

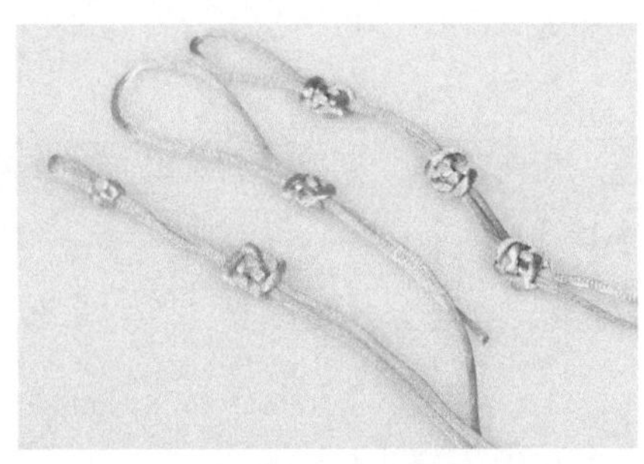

图 2-18　藻井结

藻井结的中央似井字，周边为对称斜纹。中国宫殿式建筑中，涂画文彩的天花板，谓之“藻井”，又称“绮井”，是一种装饰用的图案，在敦煌壁画中就有许多藻井图案，井然有序，光彩夺目。藻井结结形简单，不易松散，可连续编数个制成手链、项链，非常美观，见图 2-18。

2. 制作方法

（1）结线对折取其中心，见图 2-19（1）。

（2）左右线打一个松松的结，见图 2-19（2）。

（3）在下面连续打同样的三个结（左右线的方向要一致），见图 2-19（3）。

（4）左线向上穿过上面的第一个结的中间，见图 2-19（4）。

（5）再向下依次穿过其余的三个结，见图 2-19（5）。

（6）翻转结体，原右线移至左面，见图 2-19（6）。

（7）同样从四个结的中间向下穿，形成两条线平行在同一个孔中穿出的状态，见图 2-19（7）。

（8）把上面与下面的线略收紧，见图 2-19（8）。

（9）分别以下面的两条线为轴线，把最下面结的左右线环分别向上翻至第一个结之上，见图 2-19（9）。

（10）整理放上去的两个线环，见图 2-19（10）。

（11）仍以下面的两条线为轴线，把最下面结的左右圈仿照步骤 8 的方法向上翻，见图 2-19（11）。

（12）逐渐收紧结体，调整均匀，见图 2-19（12）。

图 2-19　藻井结的制作方法

十　玉米结

1. 款式特点

玉米结形似玉米，因编制完成后，其横截面为“十”字，故亦称“十字结”。其结体排列整齐，紧密均匀，有圆形与方形之分，常用于立体结饰中，如鞭炮，十字架等，见图 2-20。

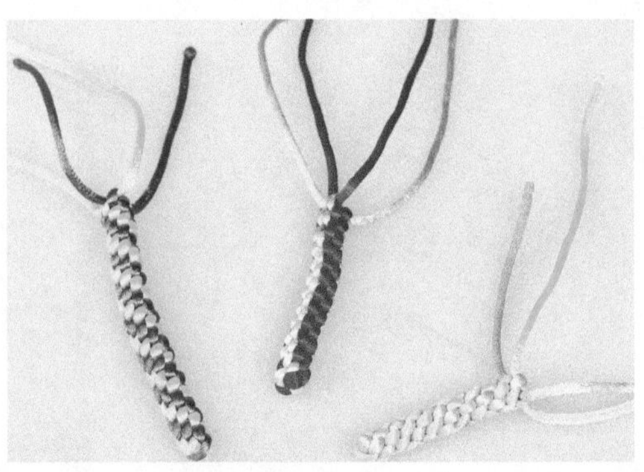

图 2-20　玉米结

2. 制作方法

1）圆形玉米结

（1）取两条线（本例用黄、绿色线）中心处十字交叉，黄色线压在绿色线上，见图 2-21（1）。

（2）绿色线向下压黄色线，形成一个绿线环 A，见图 2-21（2）。

（3）右侧黄色线顺时针压两条绿色线，见图 2-21（3）。

（4）下面的绿色线从下向上压两条黄色线，见图 2-21（4）。

（5）右侧的黄色线从绿色线环 A 中穿出，见图 2-21（5）。

（6）将上下左右四个方向的线拉紧，见图 2-21（6）。

（7）重复步骤（2）～步骤（6）的做法，见图 2-21（7）。

（8）连续编结至适合的长度即可，不难看出两种颜色的线交替旋转，外观呈圆柱状，见图 2-21（8）。

2）方形玉米结

（1）各线按顺时针挑压，见图 2-21（9）。

（2）各线按逆时针挑压，见图 2-21（10）。

（3）按线的挑压方向顺逆交替编织，且同颜色的线沿着一个方向延伸，棱角分明，见图 2-21（11）。

两种玉米结比较后可以看出，一个是浑圆的、螺旋的；另一个是方形的、有棱角的，见图 2-21（12）。

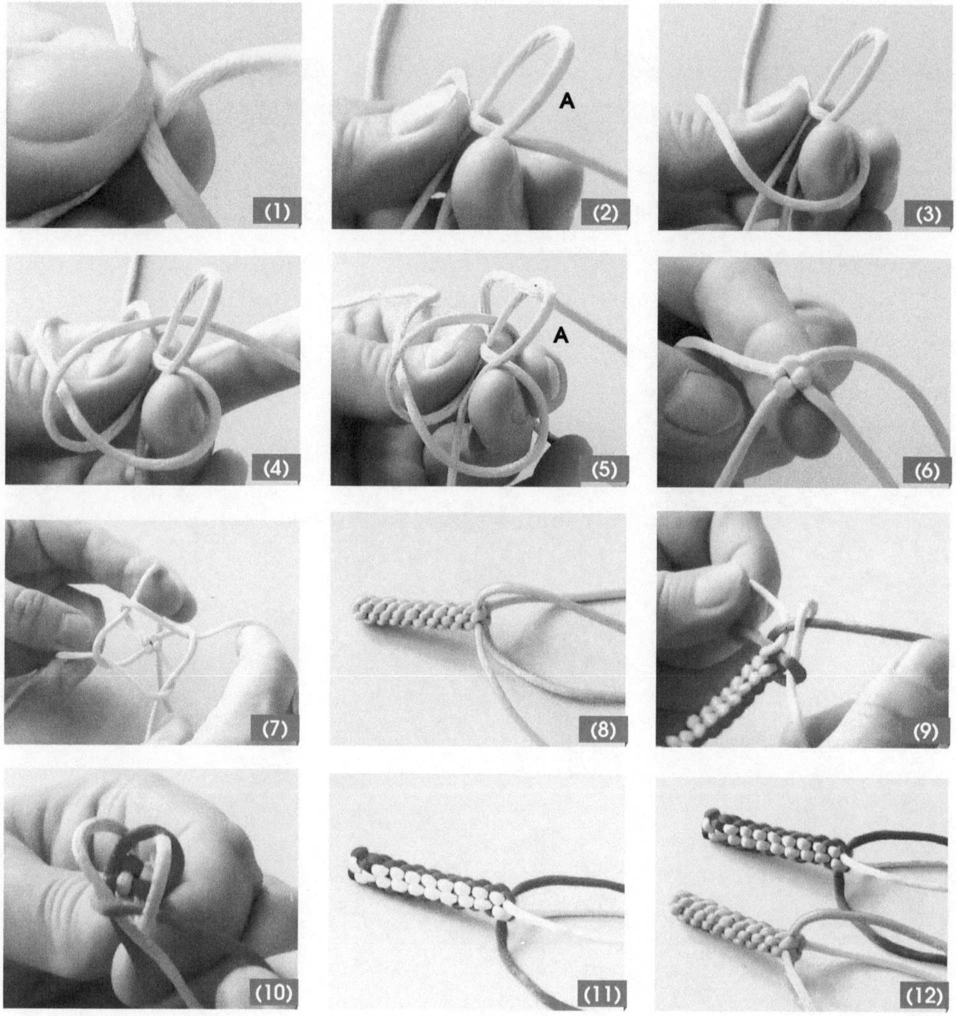

图 2-21　玉米结的制作方法

十一　表带结

1．款式特点

表带结的外形与传统金属表带很相像，一环套一环，形成锁套效果。表带结造型纹理清晰，有弹性，质感美观，见图 2-22。

图 2-22　表带结

2．制作方法

（1）将绳对折取其中心处，右线压左线绕向后面，形成环 A，见图 2-23（1）。

（2）再从环 A 上面穿入该线环，即打一个结，注意留出上面的环 B，见图 2-23（2）。

（3）用其中一条抽不动的结线做一个环 C，见图 2-23（3）。

（4）环 C 穿入环 B，拉紧能活动的一条结线，见图 2-23（4）。

（5）重复步骤（3）～步骤（4），形成第二个单元结式，见图 2-23（5）。

（6）仿照上面的方法重复编结，见图 2-23（6）。

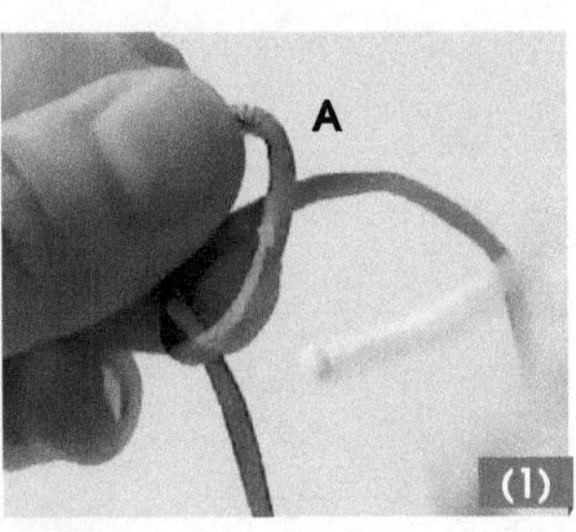

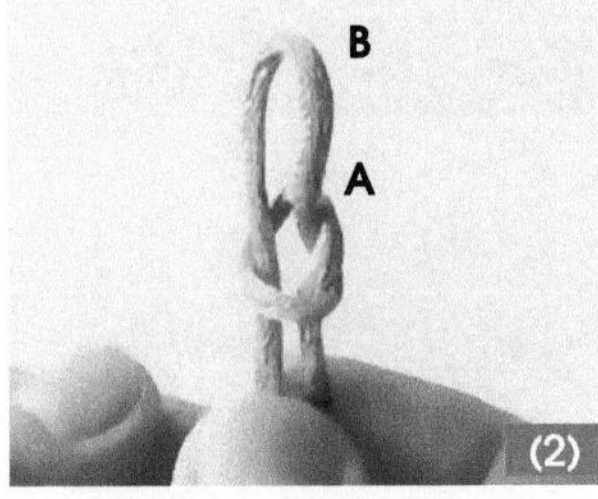

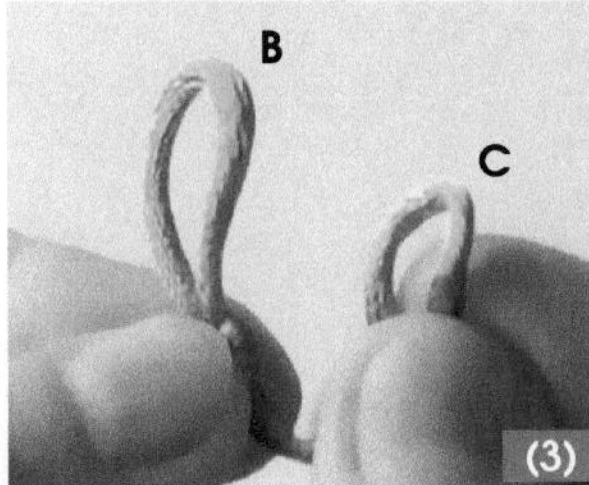

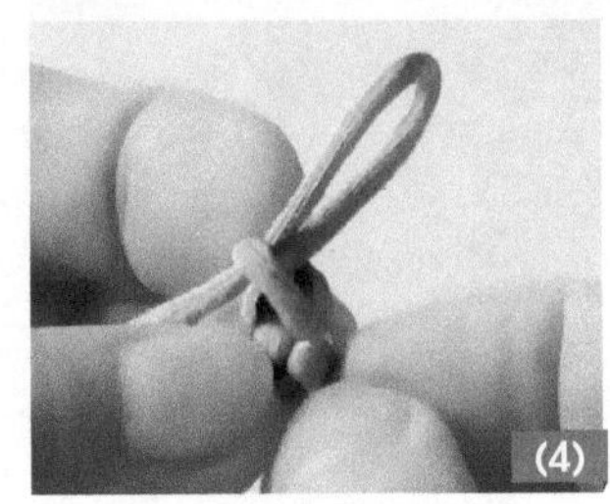

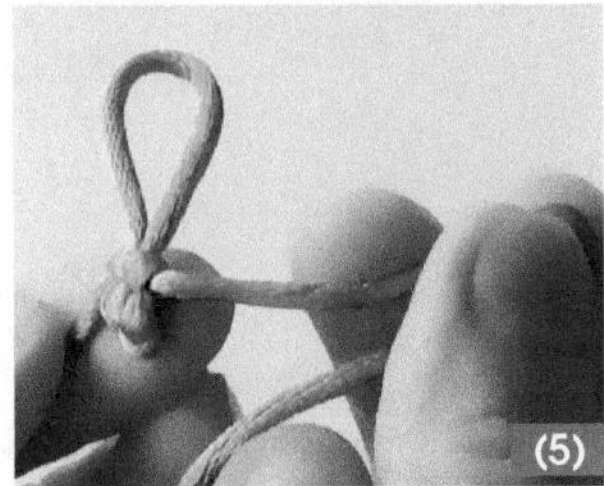

图 2-23　表带结的制作方法

十二　辫子结

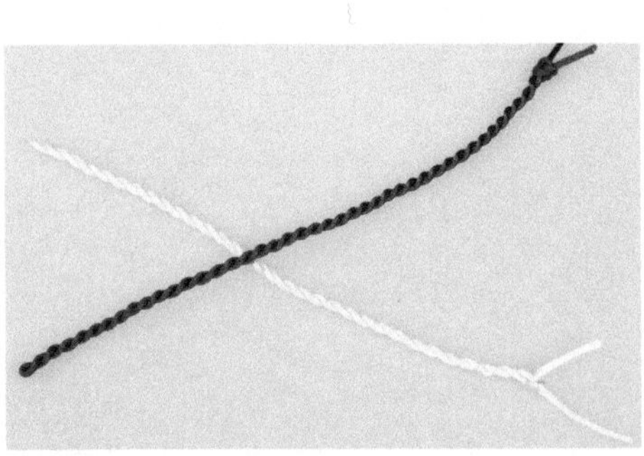

图 2-24　两股辫

（1）两股辫

两股辫也称麻花结，是辫子结中最简单、最常用的结式，多用于编项链、手链中链绳的部分，见图 2-24。

（1）取一条线居中对折，见图 2-25（1）。

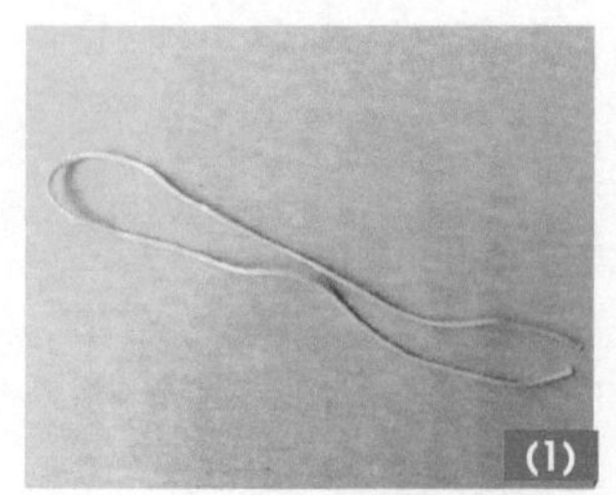
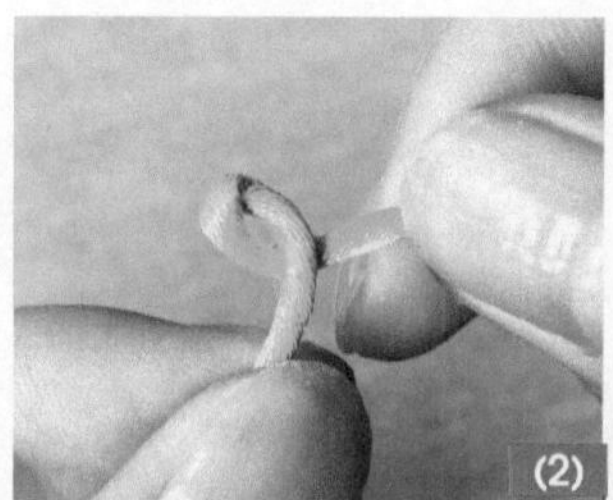
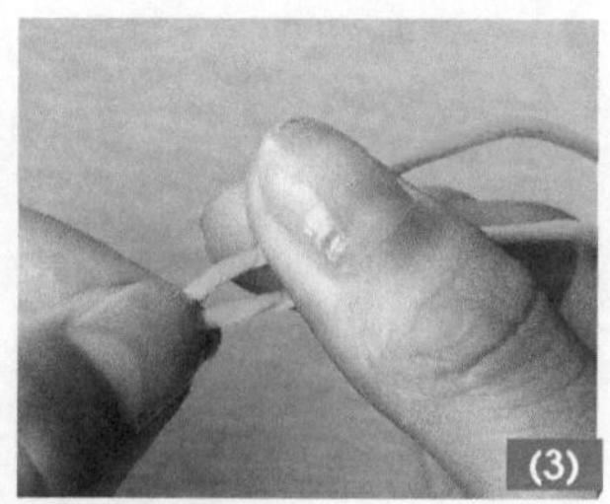
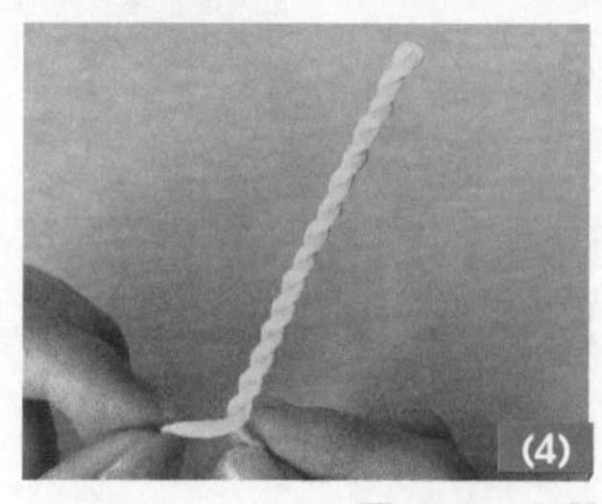
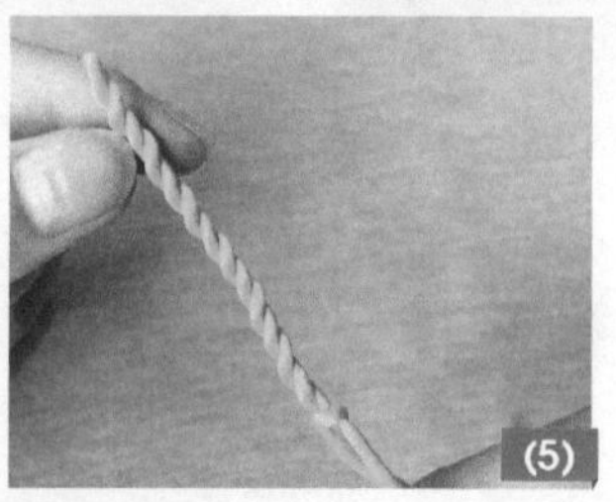

图 2-25　两股辫结的制作方法

（2）左右手食指与拇指捏住各自的一条线，同时向着不同方向捻，每根线都加上了捻劲儿，自然会使其拧在一起，见图 2-25（2）。

（3）或用双手的食指与拇指捏住这两条线，同时向着一个方向捻，像搓麻绳一样，把两股线拧在一起，见图 2-25（3）。

（4）调整结体达到均匀，凹凸一致，见图 2-25（4）。

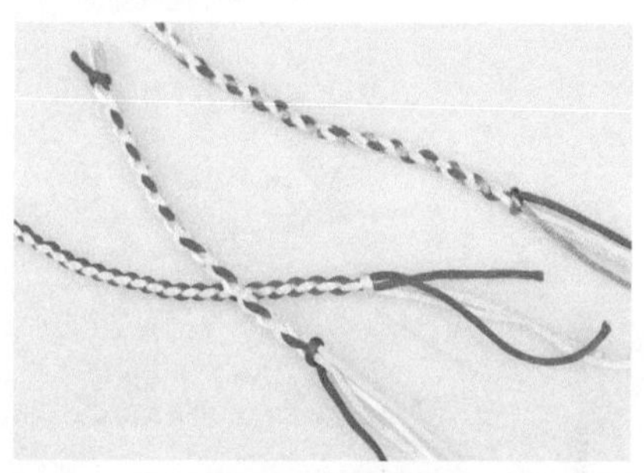

图 2-26　四股辫

（5）在尾端用其中的一条线在另外一条线上打个结锁住即可，见图 2-25（5）。

（2）四股辫

四股辫是以左右线交叉缠绕而成的，多用于编项链、手链的链绳部分，四股辫比两股辫效果丰富，见图 2-26。

（1）准备 a、b 两条线（本例用红、黄色线），对折成四股线，或直接准备四条线，见图 2-27（1）。

（2）在红色线的中心处打个单结，留出需要的线环长度，一般可参考珠子或纽扣结的大小而定，见图 2-27（2）。

（3）将黄色线的中心处插入红色线结的下方，见图 2-27（3）。

（4）红色线在黄色线的下面交叉，并将红色线带紧，见图 2-27（4）。

（5）黄色线在红色线的下面交叉，并将黄色线带紧，见图 2-27（5）。

（6）仿照步骤（3）～步骤（4）的方法，连续编结到所需要的长度，见图 2-27（6）。

（7）用其中一条线包住其余线，打一单结固定完成，见图 2-27（7）。

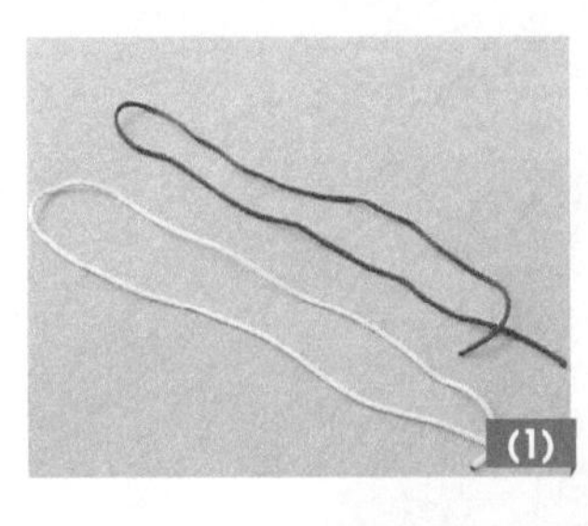
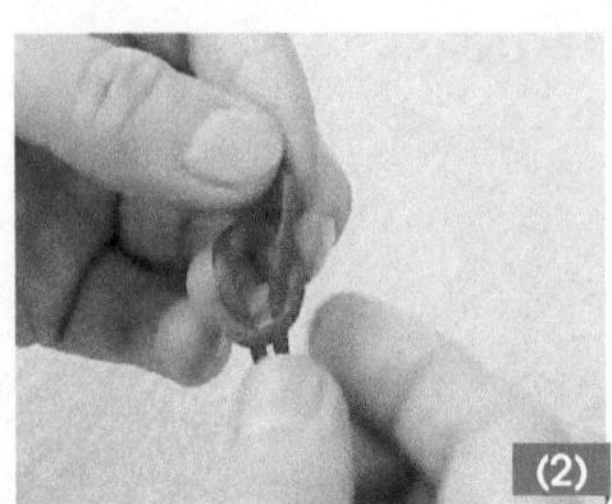
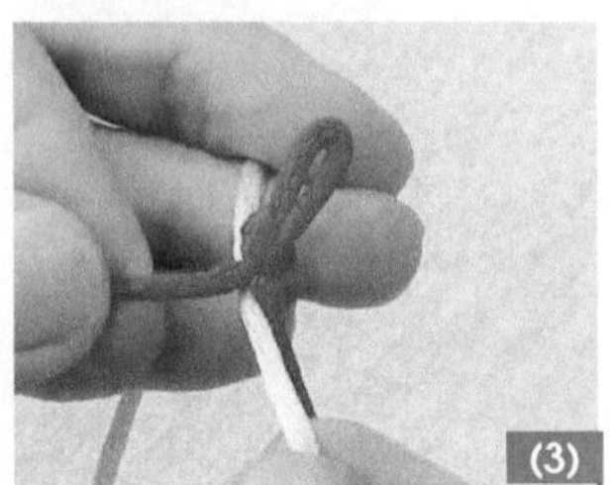
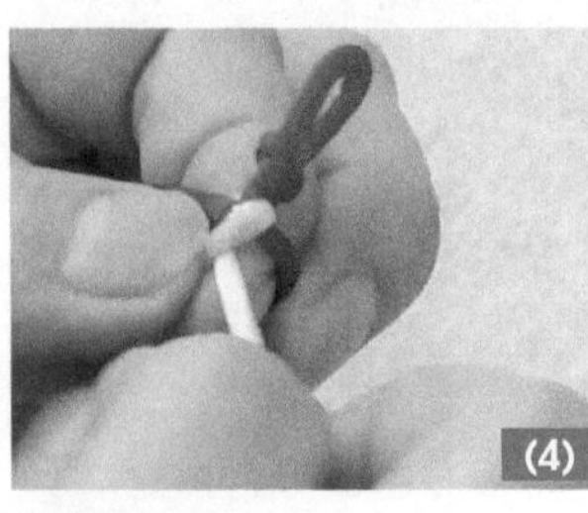
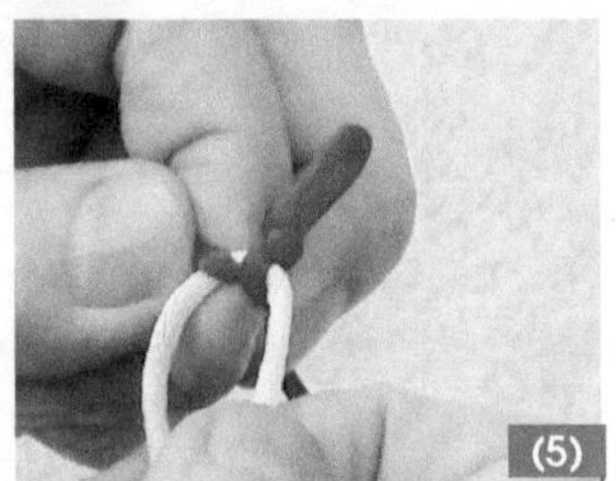
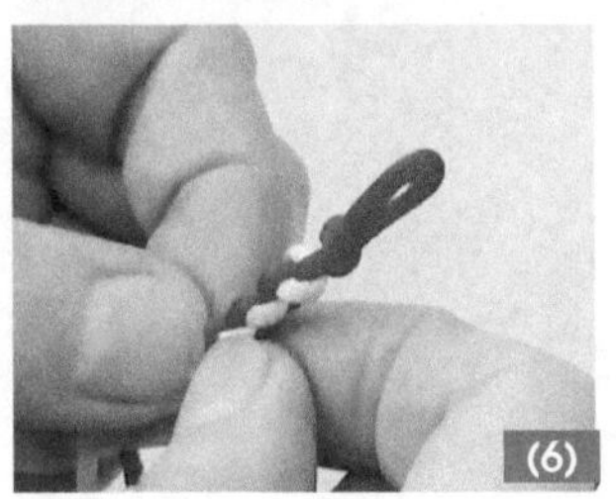
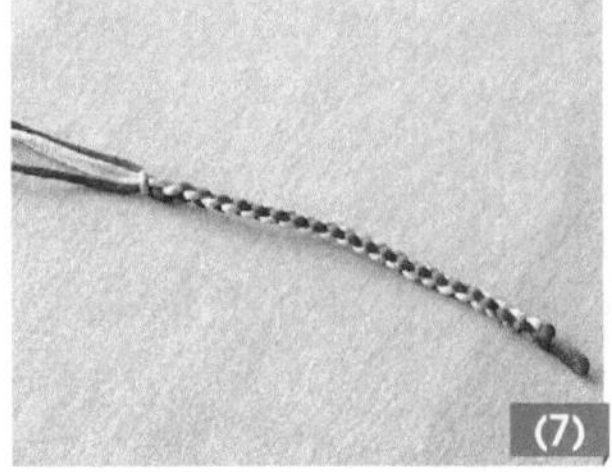

图 2-27　四股辫结的制作方法

十三　斜卷结

斜卷结的结体是倾斜状，故而得名，其编法类似雀头结，结形呈线状，易于变化，可以组合出很多种造型别致的结饰，见图 2-28。

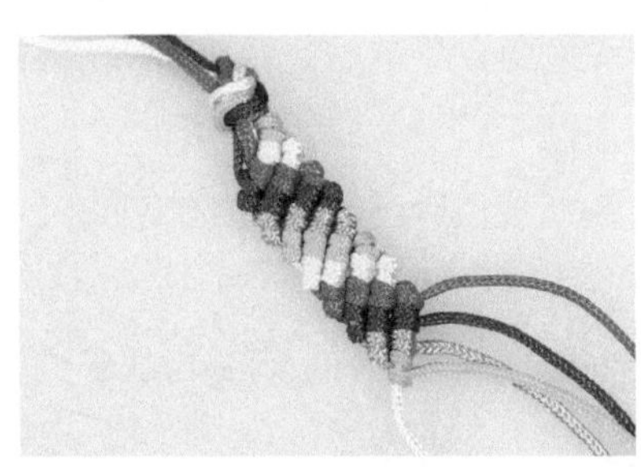

图 2-28　斜卷结

（1）取五条不同颜色的线，可以先打个结，暂时固定五条线，见图 2-29（1）。

（2）右上第一条线为轴线（紫色线），从临近的线（绿色线）开始编起。从轴线的上方向下绕过轴线，再从形成的环里穿出，见图 2-29(2)。

（3）相同的方法编第 2 个，拉紧编线，完成一个斜卷结，见图 2-29（3）。

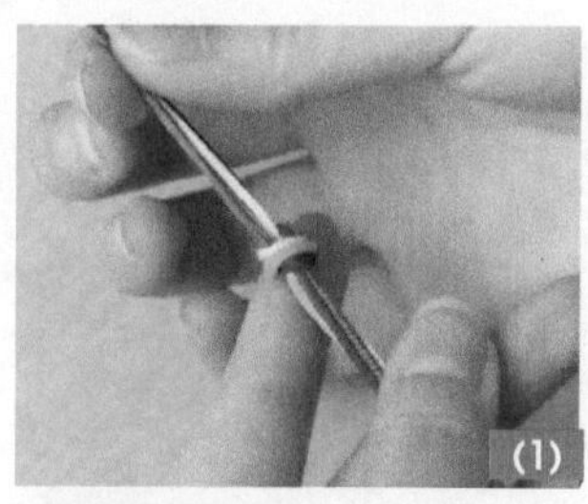

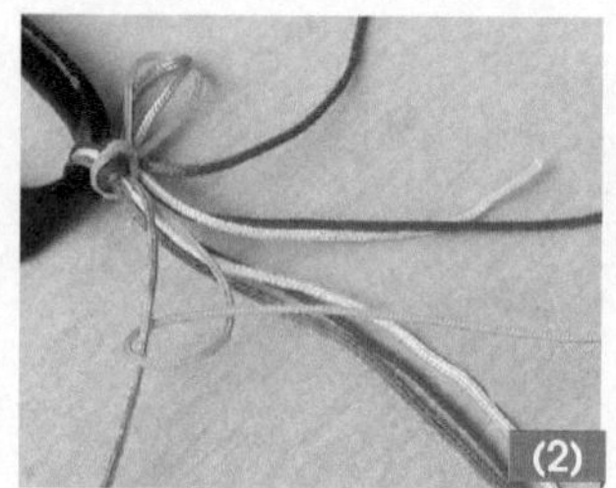

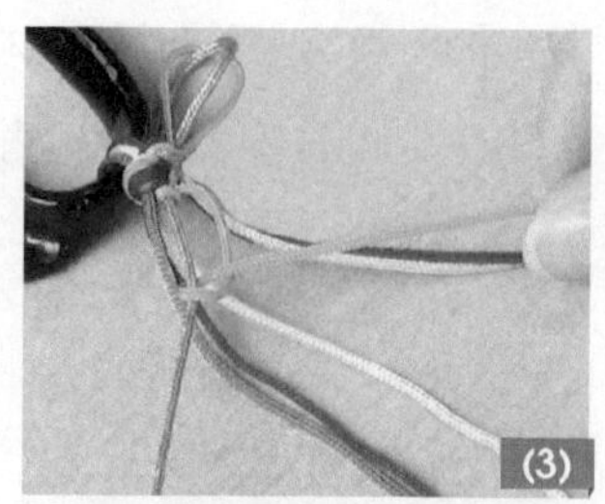

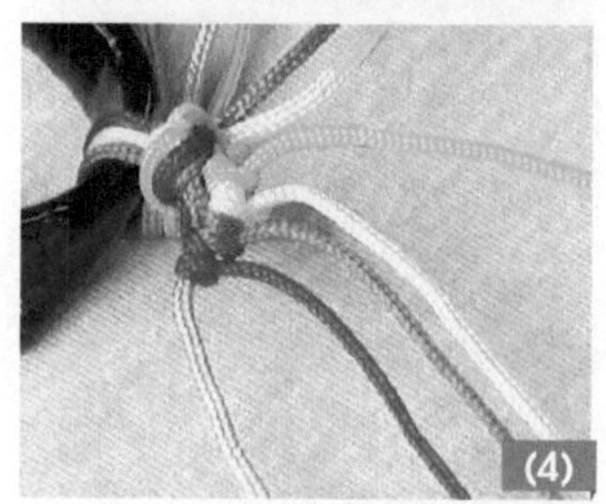

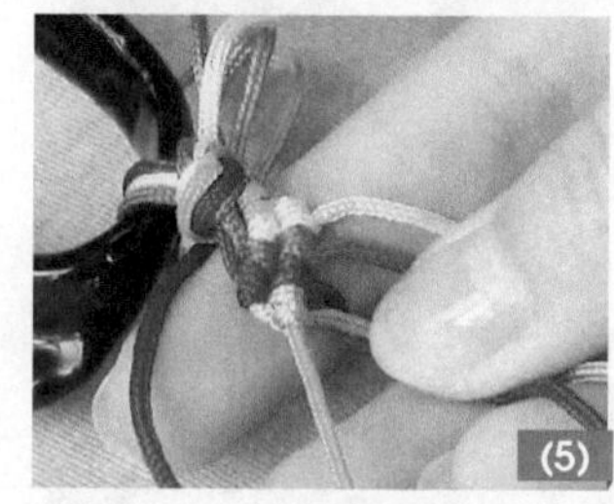

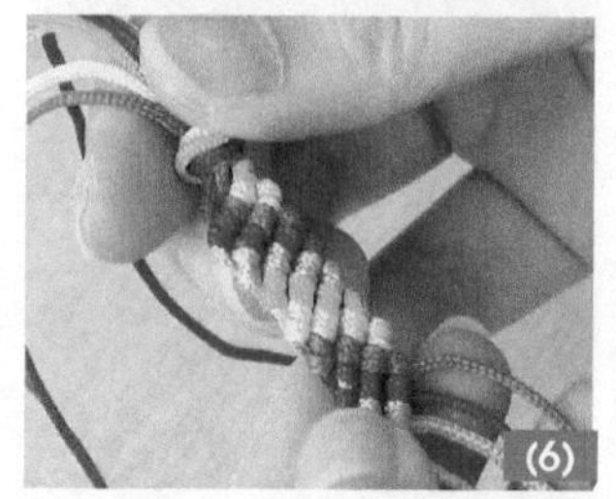

图 2-29　斜卷结的制作方法

（4）每条线以相同的方式，编斜卷结，直到最后一条线编完，形成第一条斜卷结的组合线，见图 2-29（4）。

（5）再以右上面第一条线为轴线（绿色线），临近的线（浅蓝色线）开始编斜卷结，直到最后一条线编完，形成两条斜卷结的组合线，见图 2-29（5）。

（6）按照步骤（2）～步骤（4）的方法，编出多条斜卷结的组合线，五彩缤纷的效果便呈现在你的眼前，见图 2-29（6）。

第二节
变化结编结技法

一　团锦结

1．款式特点

团锦结的耳翼呈花瓣状，又称花瓣结。本结造型美观，自然，流露出花团锦簇的喜气，是一个喜气洋洋、吉庆祥瑞的结饰，如果再在结心镶上宝石之类的饰物，则更显华贵，见图 2-30。

图 2-30　团锦结

2．制作方法

（1）左端预留 10 cm 左右长的线，见图 2-31（1）。

（2）在另一端做出线环 1 与线环 2，也称之为内环 1 与内环 2，见图 2-31（2）。

（3）将内环 2 套进到内环 1 中，形成外环 A，见图 2-31（3）。

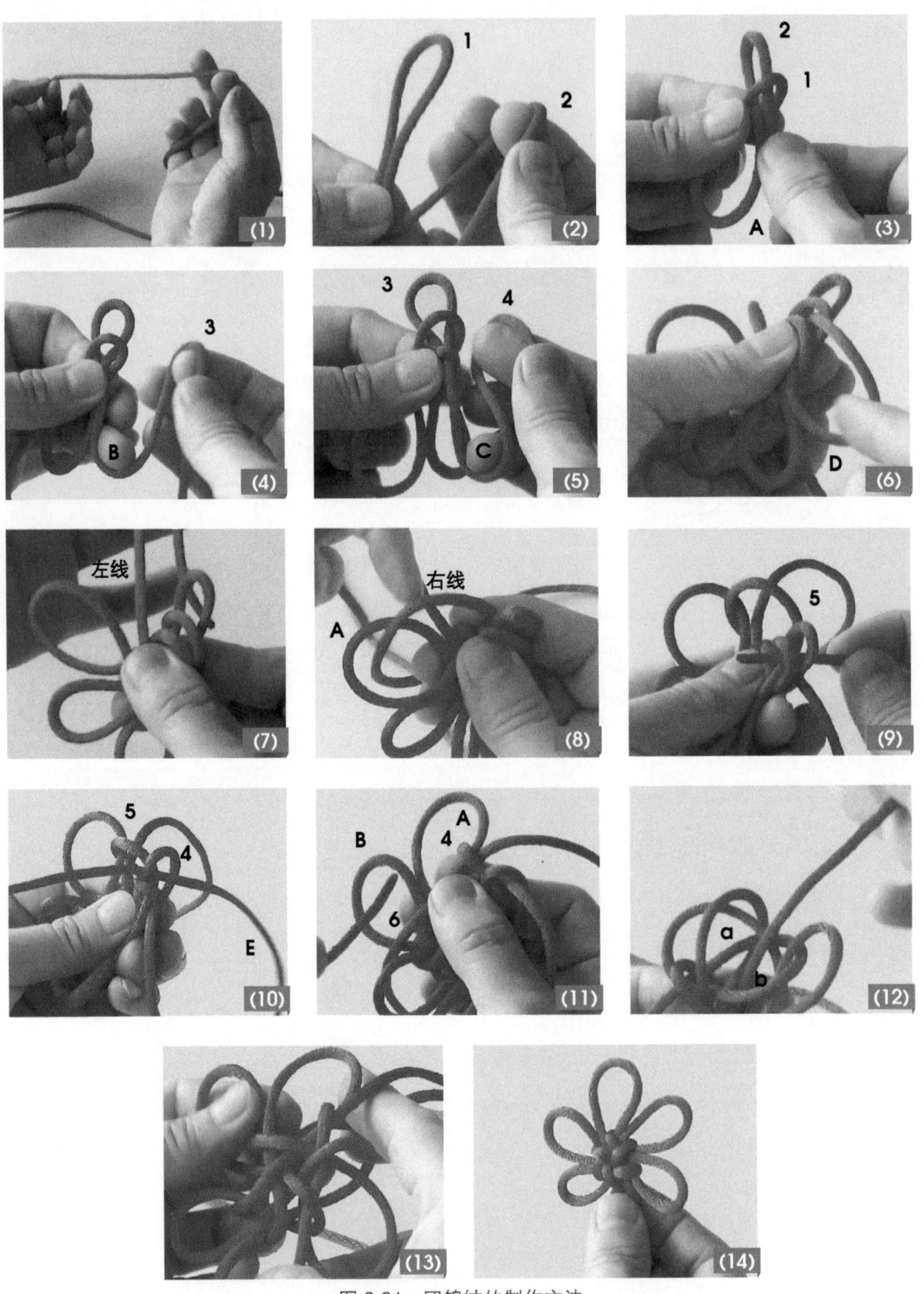

图 2-31　团锦结的制作方法

（4）用右线继续做出内环 3，同时套进内环 1 与内环 2 中，形成外环 B，见图 2-31（4）。

（5）用右线继续做出内环 4，同时套进内环 2 与内环 3 中，形成外环 C，见图 2-31（5）。

（6）将右线同时穿过内环 3 与内环 4 中，形成外环 D，见图 2-31（6）。

（7）为了便于操作，将左线移到上面，见图 2-31（7）。

（8）将右线从左线的下面穿过外环 A 中，即左线压右线，见图 2-31（8）。

（9）再原路返回（即穿过内环 3 和内环 4），返回的线形成内环 5，相当于右线形成的线环把左线包住，见图 2-31（9）。

（10）右线穿过内环 4 与内环 5 中，形成外环 E，见图 2-31（10）。

（11）右线压左线，再穿过外环 B，形成的线环为内环 6，见图 2-31（11）。

（12）将结体翻转过来，穿进左线两侧临近的线环 a 与 b 中，见图 2-31（12）。

（13）形成结的雏形，拉外环 A、B、C、D、E（即五个耳翼），且内环 1 至内环 6 形成中间花芯状，见图 2-31（13）。

（14）调整耳翼，收紧内环（也称内耳），整理好结体完成制作，见图 2-31（14）。

二 吉祥结

1. 款式特点

吉祥结也称四耳吉祥结，结体有四个耳翼，形似多花瓣的吉祥花，常出现在我国僧人的服饰和庙堂的装饰上，是一个古老的、被视为吉祥的结饰。“吉祥”有祥瑞、美好之意，在结饰的组合中，如加上吉祥结，可寓意吉祥如意、吉祥安康、吉祥康泰，吉祥结的耳翼恰为七个，故又称为“七圈结”，见图 2-32。

图 2-32 吉祥结

2. 制作方法

（1）准备一条 80cm 的结线，对折居中形成的环为上耳翼，右侧做出一个与上耳翼长度相等的线环，为右耳翼，见图 2-33(1)。

（2）左侧做出相等的线环为左耳翼，见图 2-33（2）。

（3）将下面的双线部分向上压住右耳翼，形成双线环 a，见图 2-33（3）。

（4）将右耳翼逆时针压在上耳翼上，见图 2-33（4）。

（5）上耳翼压在左耳翼上，见图 2-33（5）。

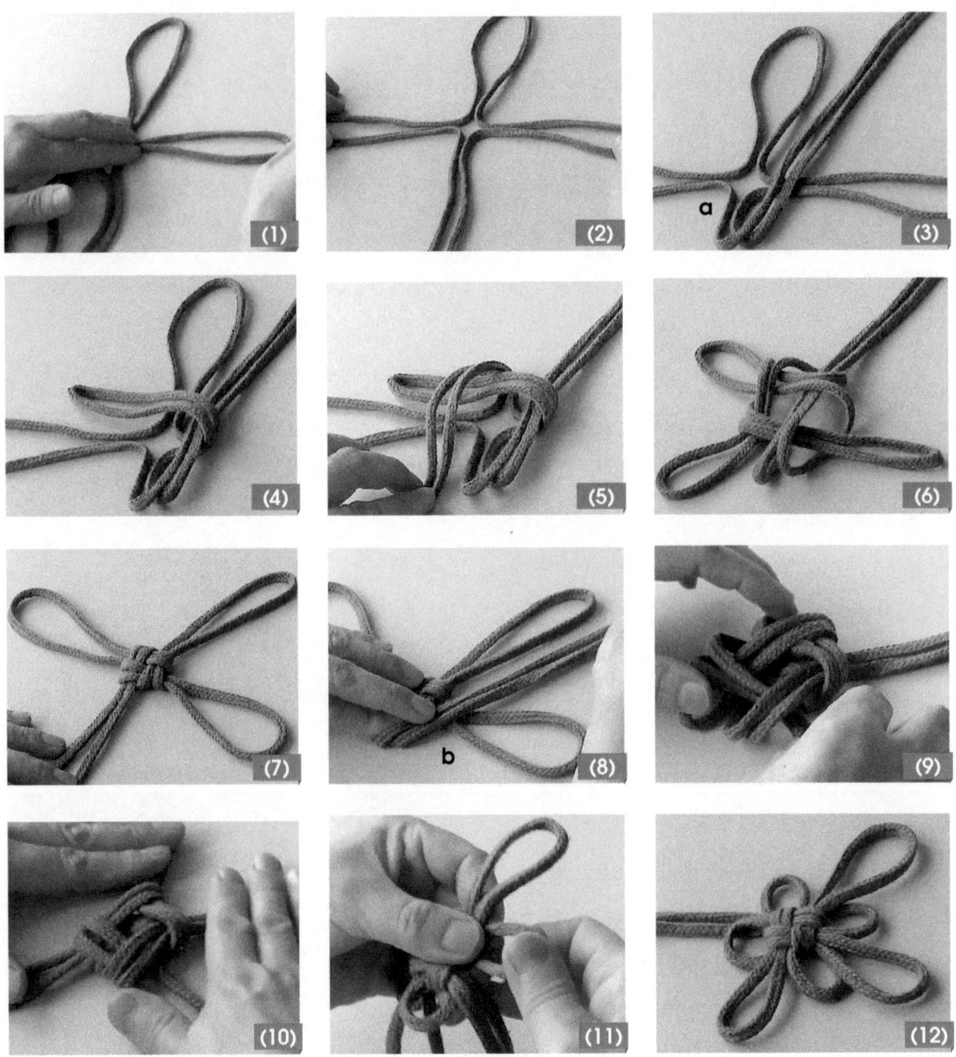

图 2-33　吉祥结制作方法

（6）左耳翼穿过双线环 a，见图 2-33（6）。

（7）然后收紧结体，完成第一层的制作，见图 2-33（7）。

（8）再循环一次，将下面的双线部分向上压右耳翼，形成双线环 b，见图 2-33（8）。

（9）重复步骤（4）～步骤（6），形成第二层，见图 2-33（9）。

（10）收紧结体，调整均匀，见图 2-33（10）。

（11）拉出四个侧面的耳翼至大小适宜，见图 2-33（11）。

（12）整理好结体，完成制作，见图 2-33（12）。

三 酢浆草结

1．款式特点

酢浆草结的外观是由三个圆环相扣（也称耳翼），形如酢浆草的花瓣，因此得名，其结形美观，易于搭配，且有幸运吉祥之寓意，同时可以演变出多种变化结饰，还可以编成四耳、五耳等不同耳翼形式，见图 2-34。

图 2-34 酢浆草结

2．制作方法

（1）右线打两个环（环 1 与环 2），见图 2-35（1）。

（2）使环 2 套入环 1 中，这时形成外环 A，见图 2-35（2）。

（3）右线再打一个环 3，见图 2-35（3）。

（4）使环 3 套入环 2 中，同时形成外环 B，见图 2-35（4）。

（5）右线穿入环 3 后，从左线下面穿入外环 A，这时右线不要拉紧，留出外环 C 的量，见图 2-35（5）。

（6）右线继续从左线上面穿入环 3，上面的线形成环 4，见图 2-35（6）。

（7）最后将外环 A、B、C 拉紧，形成三个耳翼，且环 1 至环 4 形成中间十字花状；整理好结体，完成制作，见图 2-35（7）。

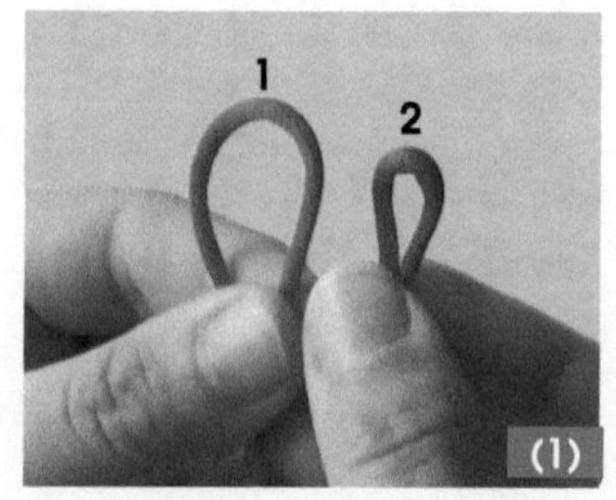

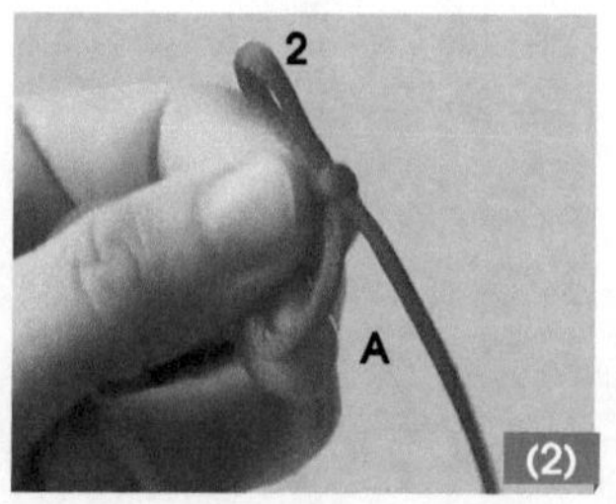

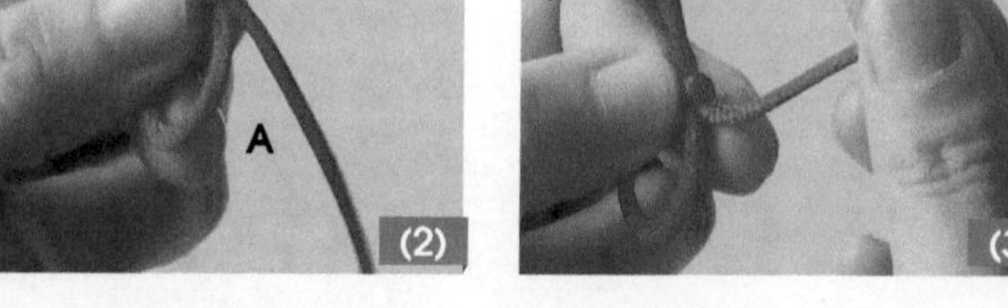

图 2-35 酢浆草结制作方法

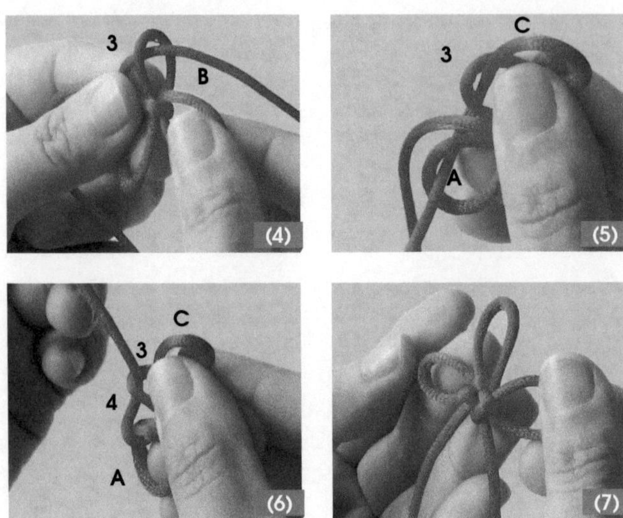

图 2-35 酢浆草结制作方法（续）

教学目标

(一)知识目标

1. 掌握串珠的基本原理、基本要求和制作方法。
2. 掌握鱼线串珠的特点与基本方法。
3. 掌握玉线串珠的特点与基本方法。

(二)能力目标

1. 掌握鱼线串珠的基本技巧，为鱼线串珠饰品打下基础。
2. 掌握玉线串珠的基本技巧，为玉线串珠饰品打下基础。

第一节

鱼线串珠技法

随着手工艺技术的发展，珠子品种的不断增多（材料、形状、色彩等均发生了很大变化），串珠技艺已经悄然走进了我们的生活，走进了大学的课堂，吸引着越来越多的人的关注，不仅让人与人之间有了更多的交流，同时还使人们的生活变得多姿多彩。鱼线串珠技法是首饰设计制作中最基本的方法。

（一）单穿法

单穿法也称加珠法，是指用鱼线直接穿入珠孔内，是最简单、最基本的串珠方法，一般作为加珠之用。注意珠孔的大小应与线的粗细相吻合，若线太细，则穿的珠子不稳定，若线太粗，则穿线不顺畅。

（1）将鱼线穿入珠孔内，见图 3-1（1）。

（2）将鱼线穿出珠孔外，可以重复穿至需要的长度，见图 3-1（2）。

（3）多珠单穿的效果见图 3-1（3）。

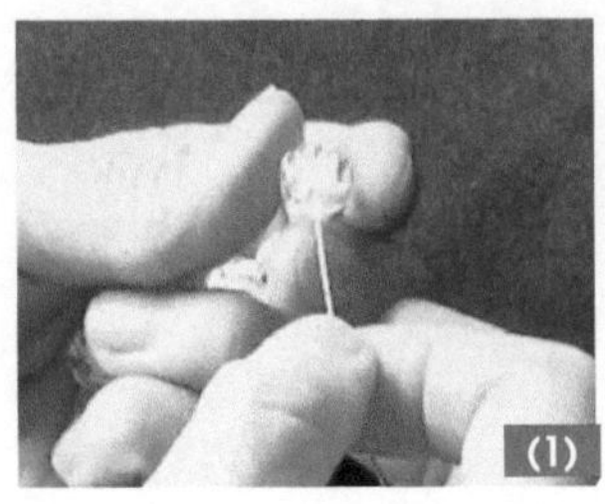

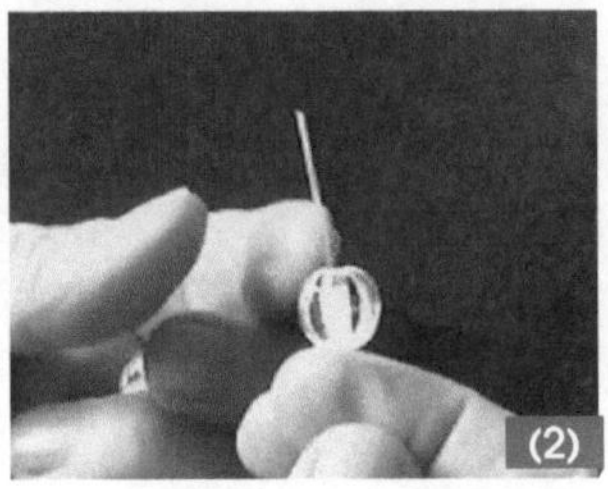

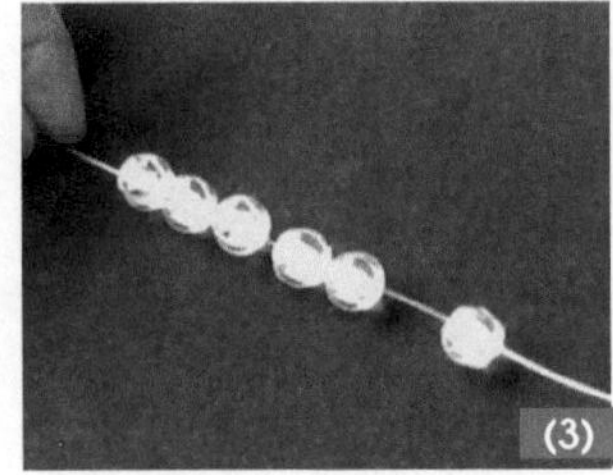

图 3-1　单穿法

（二）对穿法

对穿法是指左右两根线从两个方向穿入同一个珠孔内，常常作为完成一个单元和启动下一个单元之用。

（1）右线从珠孔的左侧穿出，左线从珠孔的右侧穿出，见图 3-2（1）。

（2）在珠孔左右形成交叉状，见图 3-2（2）。

（3）然后将左右鱼线拉紧，见图 3-2（3）。

（三）回穿法

回穿也称卡穿，即在珠孔内形成左右线相互交叉勾住的效果，有卡在珠孔之意，作为加固珠子的稳定性之用。

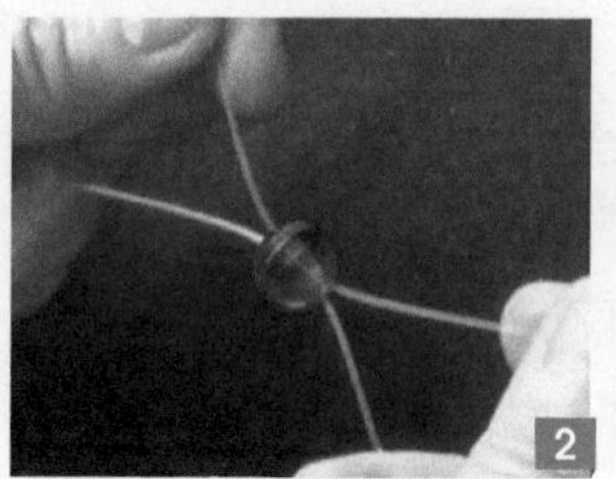

图 3-2　对穿法

（1）右线穿一珠，见图 3-3（1）。

（2）绕左线后再返回同一珠孔内，见图 3-3（2）。

（3）注意可用左手勾住回穿线环，逐渐拉紧鱼线，将扣结拉至珠子孔隙中，见图 3-3（3）。

（4）回穿后的效果，表面上与对穿没什么不同，但实际上珠子之间因“卡住”而稳固多了，见图 3-3（4）。

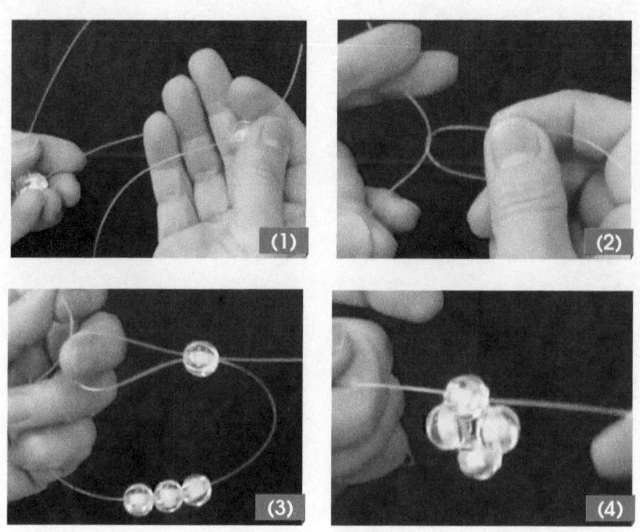

图 3-3　回穿法

（四）进穿法

进穿法是将鱼线二次穿进珠体，有借珠之意或承上启下的作用。进穿的珠子既是原单元的成员，也是新单元的成员，以五珠花为例加以说明，其中步骤（1）、（2）是基础。

（1）打底花：采用五珠花打底（白色珠），见图 3-4（1）。

（2）第二个五珠花形成：右线单穿 3 颗红珠，再对穿 1 颗红珠，见图 3-4（2）。

（3）进穿准备：为形成第三个五珠花，这时需要采取进珠的方式，红色珠的左线做准备，见图 3-4（3）。

（4）进穿：左线进穿 1 颗打底的白色珠，即鱼线二次穿入该珠，目的是借用其构成新的花瓣。这时左右线间已经有了 2 颗珠子，见图 3-4（4）。

（5）第三个五珠花形成：右线单穿 2 颗黄色珠，再对穿 1 颗黄色珠，构成第三个五珠花。若继续起下一花，同样需要进 1 颗白色珠，依此类推，见图 3-4（5）。

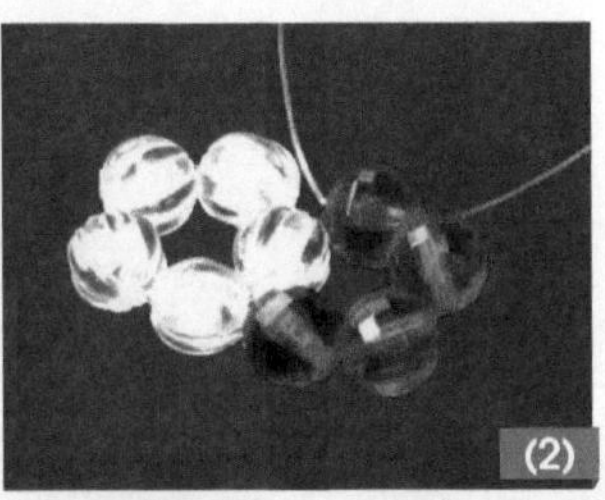

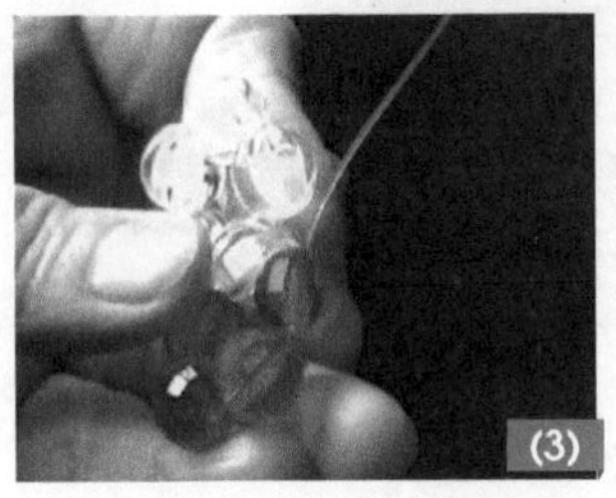

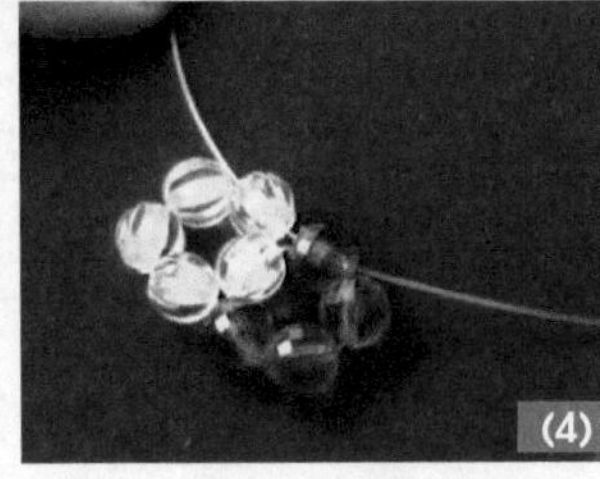

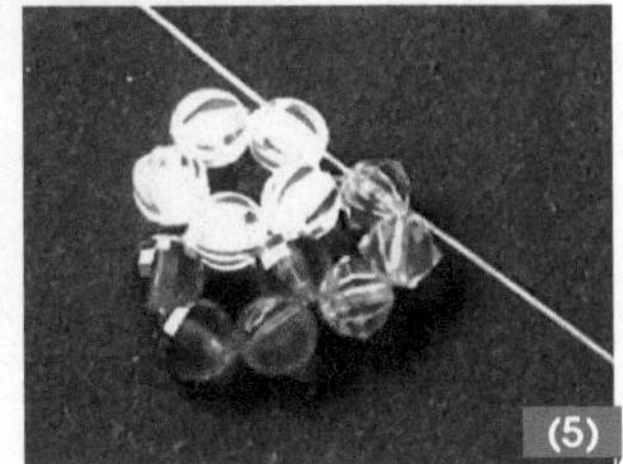

图 3-4　进穿法

（五）回珠法

回珠法是指在花瓣或花形中心处设计交叉珠，似花蕊的作用，以增加装饰性与美观性，下面以六珠花的回珠为例加以说明。

（1）打底花：单穿 5 颗珠，再对穿 1 颗珠，即六珠花底，见图 3-5（1）。

（2）穿中心珠：右线穿 1 颗红色珠，作为中心珠 A，见图 3-5（2）。

（3）放中心珠：将 A 珠放入中心交叉处，注意要确定与左线交叉的方向，见图 3-5（3）。

（4）进穿：右线沿交叉方向进穿 3 颗白色珠，见图 3-5（4）。

（5）成型效果：回珠后红色珠填补了六珠花中间的空隙，因其凸起，且有立体效果，见图 3-5（5）。

（六）一根线加珠法

由于是一根线加珠，因此只能沿一个方向增加，故经常需要伴随进珠的方式才能达到目的，下面以六花珠为例加以说明。

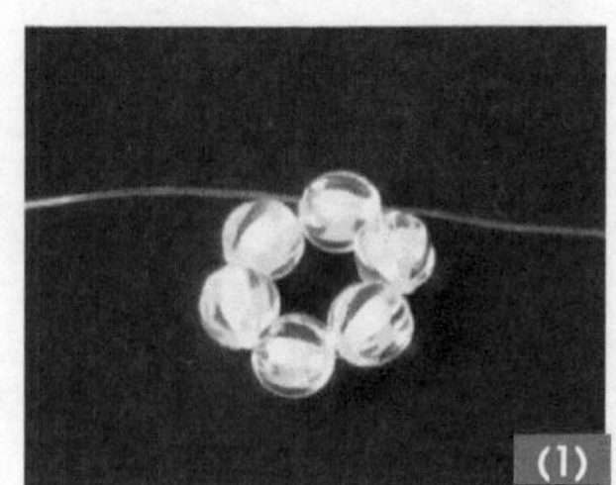
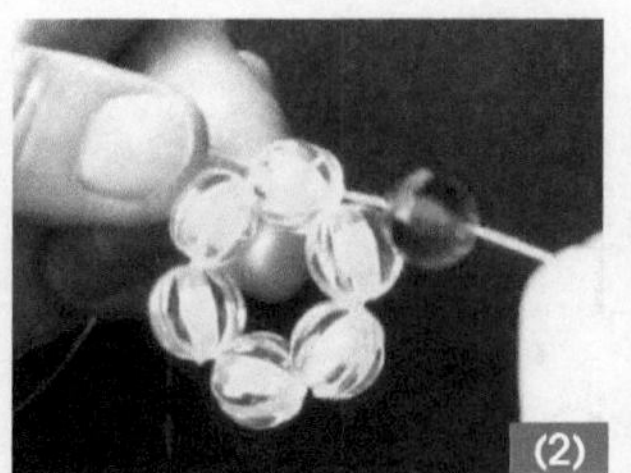
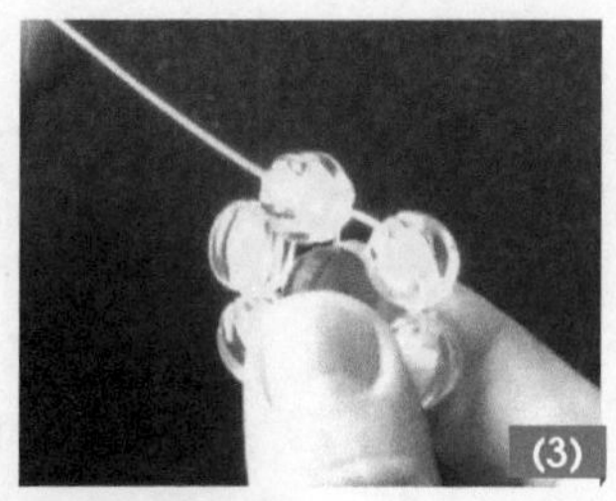
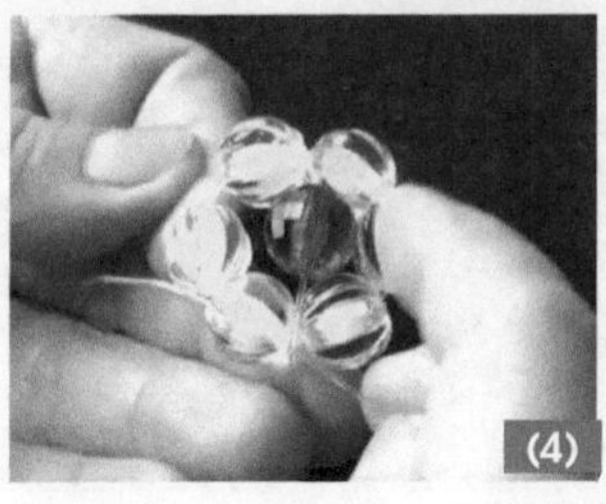

图 3-5　回珠法

（1）打底花：以六珠花打底，采取右加珠法，故左线长度可预留短些，见图 3-6（1）。

（2）加珠：右线穿 5 颗红珠，再进穿 1 颗白珠，构成第 2 个六珠花，见图 3-6（2）。

（3）进穿：右线进穿 1 颗白珠，见图 3-6（3）。

（4）成型效果：再单穿 4 颗黄珠，与原有的 1 颗白珠、1 颗红珠共同构成了第三个六珠花，见图 3-6（4）。

图 3-6　一根线加珠法

（七）两根线加珠法

两根线加珠法比较简单，可以两根线同时穿珠，下面以四珠花为例说明。

（1）打底：以四珠花打底，见图 3-7（1）。

（2）加珠：左右线各穿 1 颗珠，见图 3-7（2）。

（3）对穿：为固定所加的珠子，要对穿珠子才可以，见图 3-7（3）。

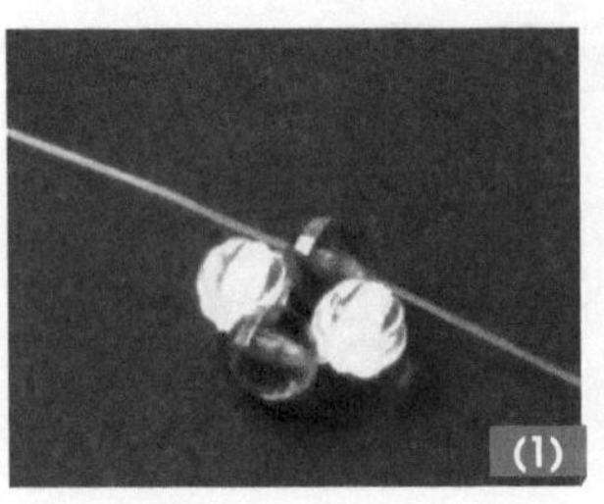
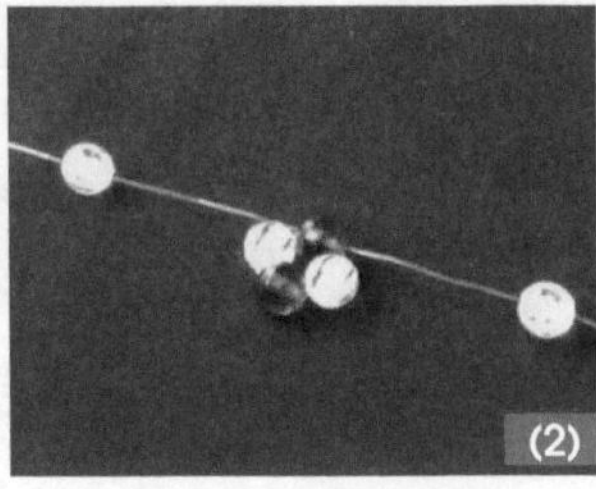

图 3-7　两根线加珠法

（八）打结法

当完成穿珠过程后，收尾时需要将线头打结固定。

（1）左线在上，右线在下交叉后，右线绕过左线，拉紧左右线，见图 3-8（1）。

（2）方向正好相反，右线在上，左线在下交叉后，左线绕过右线，见图 3-8（2）。

（3）拉紧左右线，若需加固，可以重复上述动作，见图 3-8（3）。

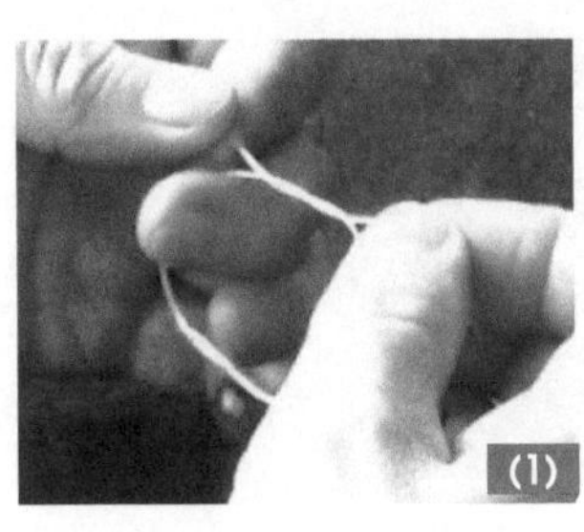
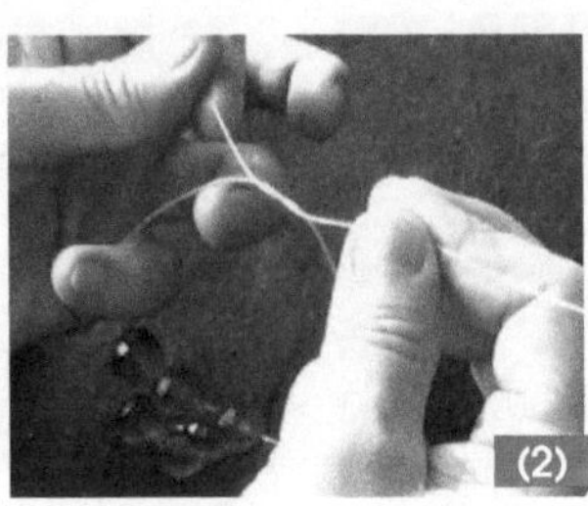
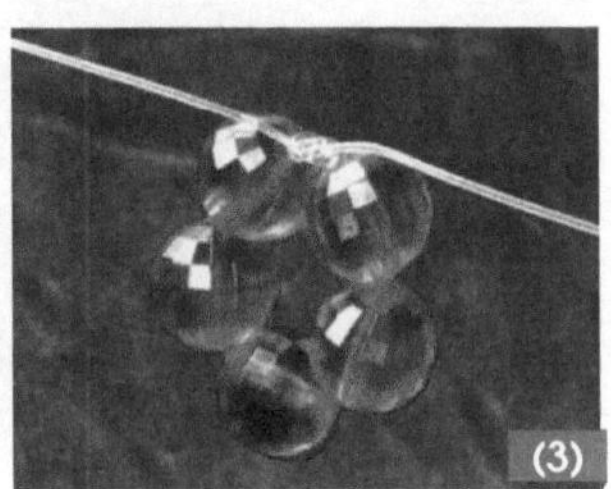

图 3-8　打结法

（九）藏结法

（1）打结后，取其中之一线穿入附近珠孔内，见图 3-9（1）。

（2）拉紧该线并将该结带入珠子的孔内，即把结隐藏起来，使其表面光滑整洁，见图 3-9（2）。

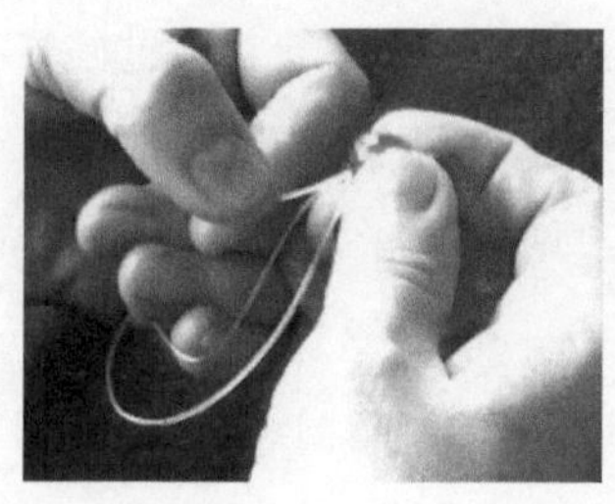
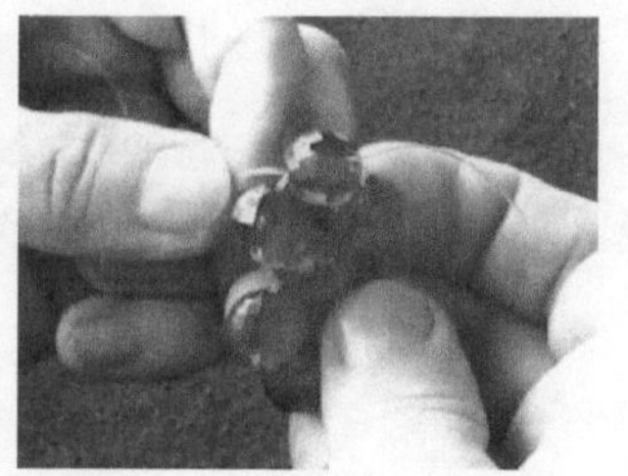

图 3-9　藏结法

（十）单珠接线法

在穿珠过程中，有时会出现鱼线长度不够的情况，需要另加鱼线则采用接线法。因在一粒珠内完成接线过程，称之为单珠接线法。

（1）加新线：从带有旧线的珠子里穿入一条新线，见图 3-10（1）。

（2）回穿旧线：将旧线回穿该珠（即右线绕左线后再返回该珠孔内），见图 3-10（2）。

（3）新旧交替：两条旧线与一条新线同时穿入同一珠孔，见图 3-10（3）。

（4）剪断：用钳子剪断两条旧线，见图 3-10（4）。

（5）完成：新线便正式“上任”了，见图 3-10（5）。

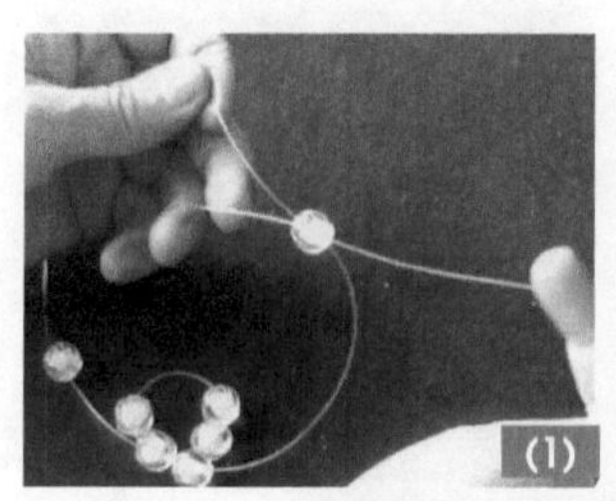

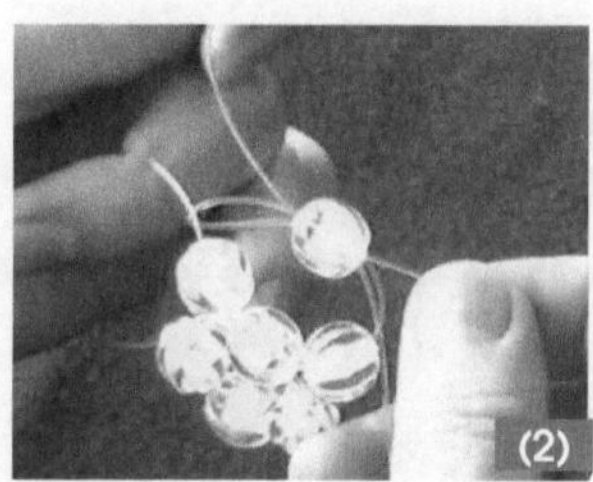

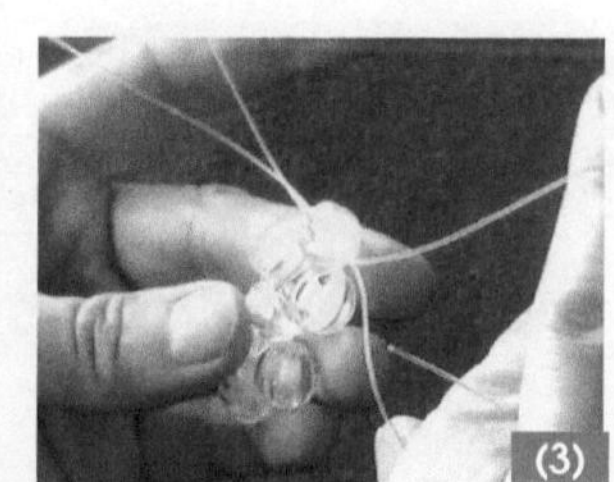

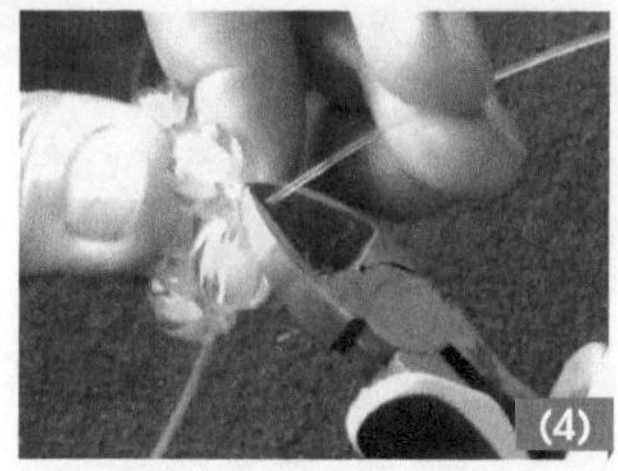

图 3-10　单珠接线法

（十一）多珠接线法

多珠接线法是在多粒珠内完成接线的过程，其目的是使旧线不易松散，新线接得结实自然，外观整洁无接痕，下面以四珠花为例说明。

（1）从三个单元的四珠花的最后 1 颗红珠 A 开始回穿。通过回穿拉紧后，旧线会夹在 A 珠内，见图 3-11（1）。

（2）在 A 珠加新线，且同时穿过 B 珠，见图 3-11（2）。

（3）把 A 珠左侧的旧线也穿入 B 珠，见图 3-11（3）。

（4）这时会看到 A、B 珠同时穿入一条新线与一条旧线，见图 3-11（4）。

（5）为操作方便，可先剪断 A 珠旁的旧线，见图 3-11（5）。

（6）单穿 2 颗白珠 C、D，与 2 颗红珠 A、B 构成新的四珠花，将穿过最后 1 颗白珠 D 的新线同时绕过 B 珠的两条线回穿白珠内，见图 3-11（6）。

（7）拉紧后剪掉另一条旧线，线会紧紧地被卡在白珠 D 的孔内，见图 3-11（7）。

（8）接线完成，见图 3-11（8）。

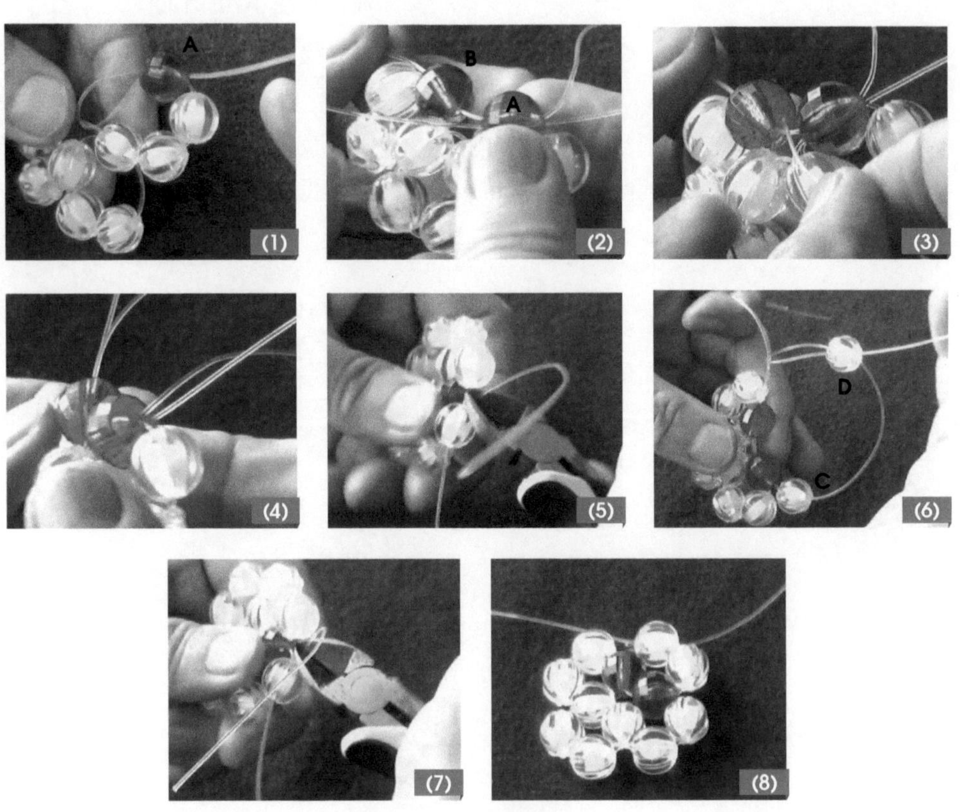

图 3-11　多珠接线法

（十二）平面穿珠法

平面穿珠法是使珠子排列成平面形状，这种穿珠形式主要是在转角处的穿法有所不同，下面以四珠花的排列为例加以说明。

（1）以四珠花为基础开始串珠，见图 3-12（1）。

（2）穿到所需要的长度，最后一组是采取右线单穿 2 颗，再对穿 1 颗的方法，使左右鱼线的位置移到一侧，见图 3-12（2）。

（3）右线单穿 3 颗珠，最后 1 颗对穿，见图 3-12（3）。

（4）左线进穿 1 颗蓝珠，见图 3-12（4）。

（5）右线单穿 2 颗珠，最后 1 颗对穿，见图 3-12（5）。

（6）采用此种方法到本行的边缘处，见图 3-12（6）。

（7）左线进穿 1 棵蓝珠后，单穿 2 颗珠，最后 1 颗对穿，见图 3-12（7）。

（8）使左右鱼线回到侧面，则可开始新一行的穿珠，见图 3-12（8）。

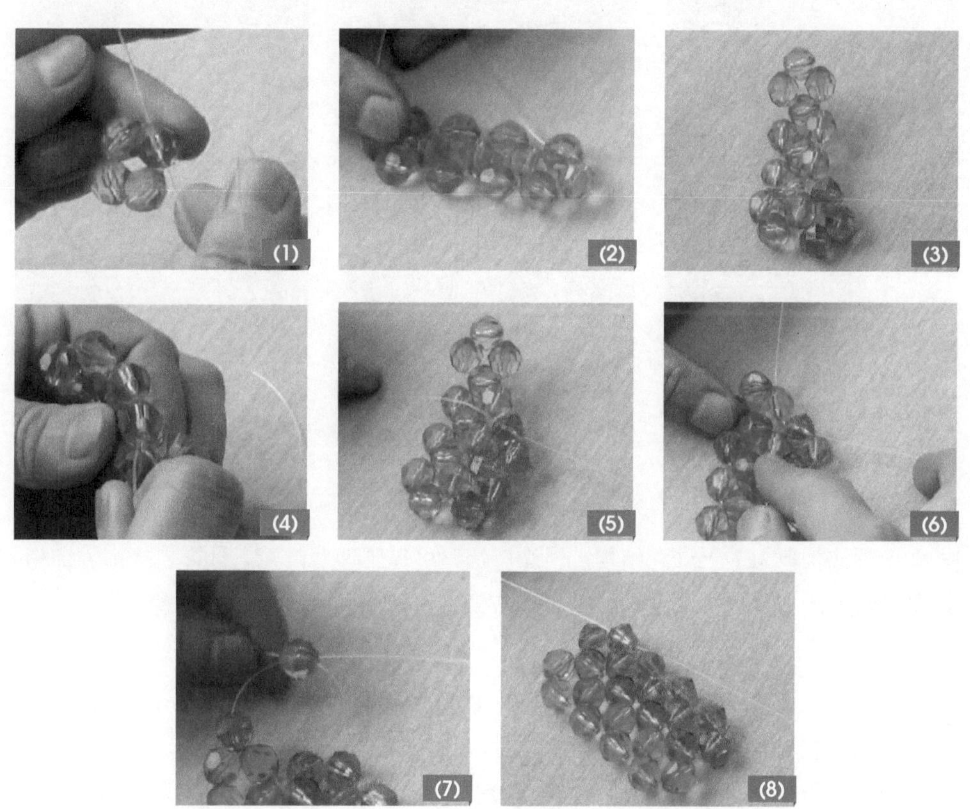

图 3-12 平面穿珠法

（十三）四边球形法

四边球是指从四面看都是四珠花，整体似球形，故称之为四边球形，由 12 颗珠子构成。

（1）单穿 4 颗珠，其中最后 1 颗对穿，形成第一个四珠花，与对穿珠对应的珠设为 A 珠，见图 3-13（1）。

（2）左右线各单穿 1 颗珠，再对穿 1 颗，形成第二个四珠花，见图 3-13（2）。

（3）重复步骤（2），形成第三个四珠花，见图 3-13（3）。

（4）继续左右线各单穿 1 颗珠后，找到第一个四珠花的 A 珠，见图 3-13（4）。

（5）对穿 A 珠，见图 3-13（5）。

（6）拉紧鱼线，形成四边球形，见图 3-13（6）。

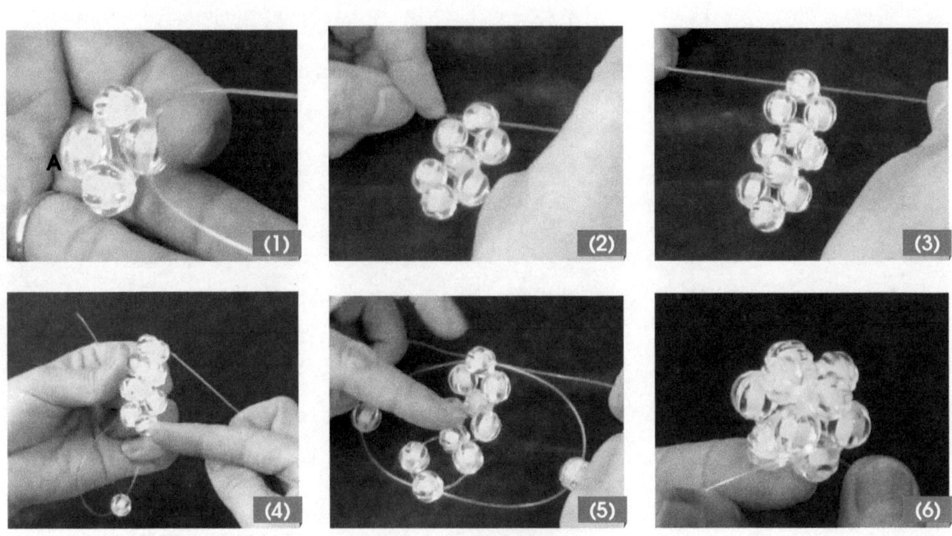

图 3-13　四边球形穿法

（十四）球形法

球形法是典型的五珠花结构，用途广泛，可以延伸至灯笼、耳饰、挂饰等饰物。共需穿四层珠子，第一、四层各为 1 个五珠花，第二、三层为 5 个五珠花，共需 30 颗珠子。

（1）第一层打底：单穿 5 颗珠，其中最后 1 颗对穿，构成第一层的五珠花，见图 3-14（1）。

（2）第二层球形展开：第一个五珠花，右线单穿 4 颗珠，其中最后 1 颗对穿或回穿，见图 3-14（2）。

（3）第二个五珠花：左线进穿 1 颗珠，见图 3-14（3）。

（4）右线单穿 3 颗珠，最后 1 颗珠对穿，见图 3-14（4）。

（5）第三、四个五珠花：重复步骤（3）、（4）两次，见图 3-14（5）。

（6）第五个五珠花：左线进穿 2 颗珠，见图 3-14（6）。

（7）右线单穿颗 2 珠，最后 1 颗对穿，见图 3-14（7）。

（8）二层收尾：左线进穿 1 颗珠，拉紧鱼线，呈现出半个球形，见图 3-14（8）。

（9）第三层球形收缩：进穿珠子的数量增多，加珠的数量减少。第一个五珠花：右线单穿 2 颗珠，最后 1 颗对穿，形成第一个五珠花，见图 3-14（9）。

（10）第二个五珠花：左线进穿 2 颗珠，右线单穿 2 颗珠，其中最后 1 颗对穿，见图 3-14（10）。

（11）第三、四个五珠花：重复步骤（9）两次，见图 3-14（11）。

（12）三层收尾：左线进穿 3 颗珠后，再对穿 1 颗珠，形成第五个五珠花，见图 3-14（12）。

（13）第四层封顶：将最上面的 5 颗珠重复穿一遍后固定，见图 3-14（13）。

（14）封结：回穿鱼线藏在珠子里，见图 3-14（14）。

（15）整理：剪断多余的线，见图 3-14（15）。

（16）效果：形成一个完整的球形，见图 3-14（16）。

图 3-14　球形法

图 3-14　球形法（续）

第二节

玉线、弹力线串珠技法

玉线穿珠与鱼线穿珠的方法基本相同，但由于玉线较软，易松散，需要在一些细节上进行处理（如线头、封结等）。

（一）线头处理

（1）准备好一条玉线和打火机，见图 3-15（1）。

（2）点燃打火机将玉线加热熔化，但不能烧断、烧焦，见图 3-15（2）。

（3）用手把线头拉出成硬丝，注意不要烫伤手指，见图 3-15（3）。

（4）烧过的玉线细而硬挺，便于穿珠，见图 3-15（4）。

（二）封结法

编结到收尾时，如何将多余的线、不用的线固定住以防脱散，最常用的方法就是热融法。下面以蜻蜓结的收尾为例加以说明。

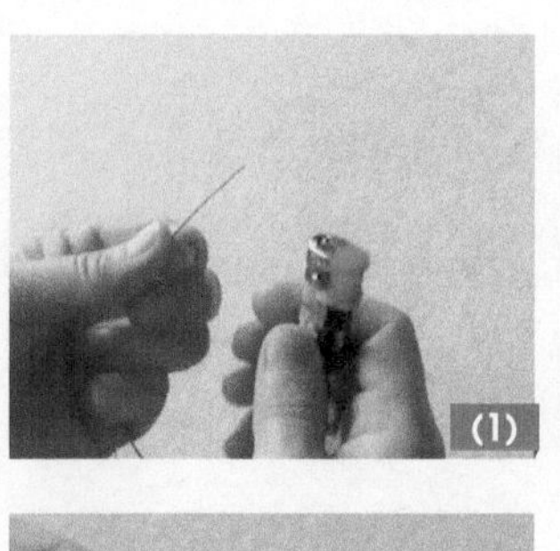
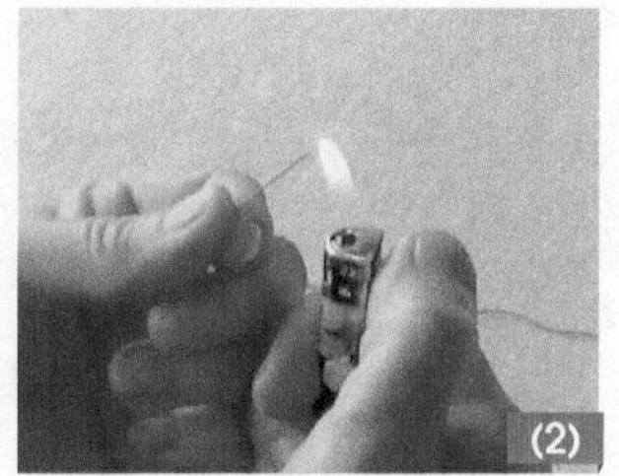
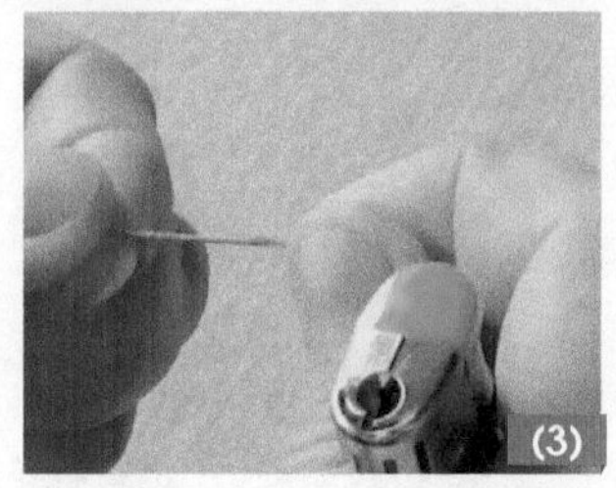
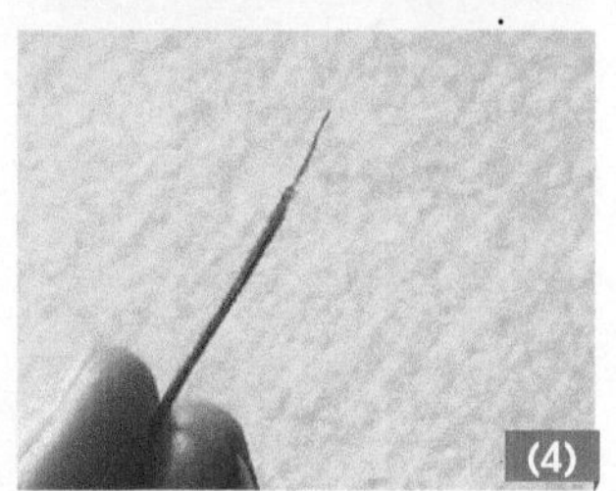

图 3-15　线头的处理

（1）当编结到需要的长度时，接下来要处理多余的线头，见图 3-16（1）。

（2）用剪刀预留 0.3 cm 剪断线头，见图 3-16（2）。

（3）用打火机烧熔线头，注意不能把线头烧黑、烧焦，见图 3-16（3）。

（4）可用打火机按住烧熔的线头固定在结体上，一般不要用手按结线，以免烫伤手指，见图 3-16（4）。

（5）最终的结体干净整洁且稳固，见图 3-16（5）。

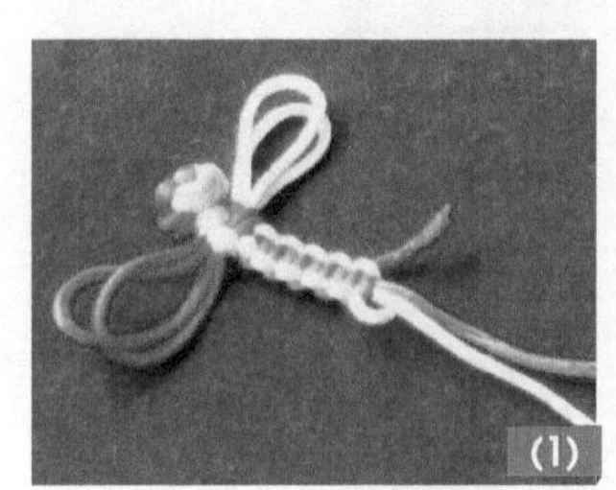
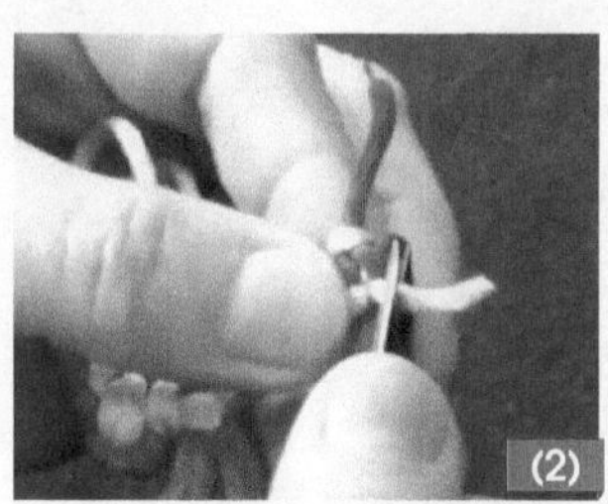
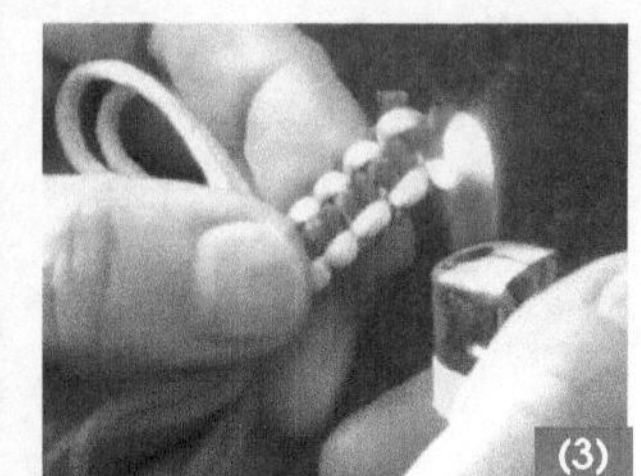
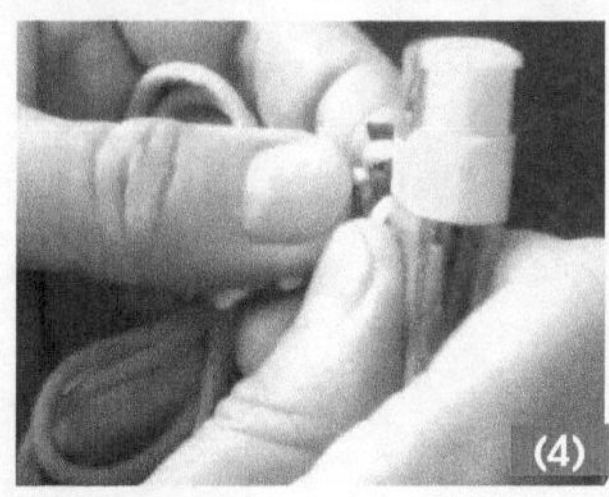

图 3-16　玉线封结法

（三）米珠穿法

米珠是直径非常小的珠子，有的只有 0.1cm，因此一般采用穿珠针穿珠（或用鱼线代替穿珠针）的方法。

1. 直穿法

（1）穿针引线，选用长而细的针，线的粗细要与珠孔大小合适，且线要结实，见图 3-17（1）。

（2）将珠子穿进长针内，见图 3-17（2）。

（3）若想串成一个圆环，可以进穿第 1 颗珠子，见图 3-17（3）。

（4）拉紧编结线，见图 3-17（4）。

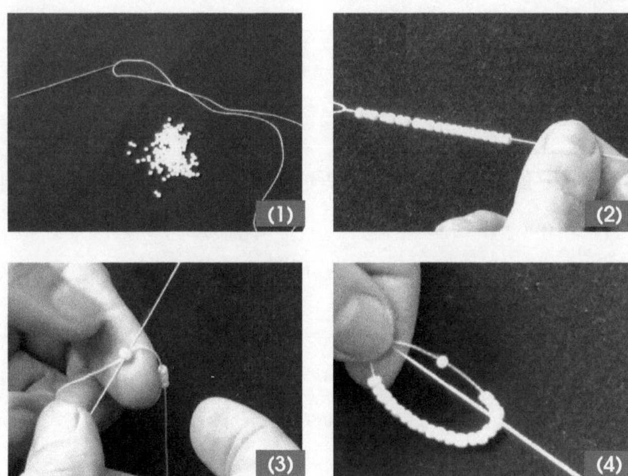

图 3-17　米珠直穿法

2. 排穿法

这种方法适合于平面穿珠，下面采用两种颜色的珠子加以说明。

（1）先后穿入粉色珠与蓝色珠，见图 3-18（1）。

（2）再进穿所有粉色珠，线在珠孔内穿两次，见图 3-18（2）。

（3）拉紧编结线即可，见图 3-18（3）。可以重复上述方法，直至所需的宽度。

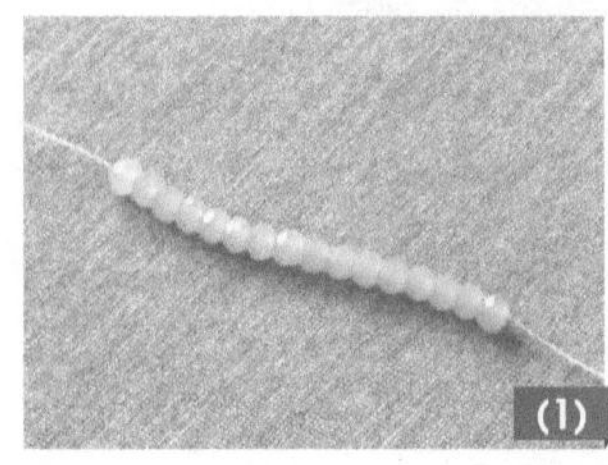

图 3-18　米珠排穿法

（四）弹力线串珠法

弹力线穿珠的最大特点是弹力线具有良好的伸缩性，可以满足长度的需要。因此，可以不必考虑如何封口的问题。

（1）准备好弹力线、珠子、鱼线、金属配件等，见图 3-19（1）。

（2）将弹力线和鱼线对折，鱼线当引线，见图 3-19（2）。

（3）按设计将珠子与配件逐一穿进去，见图 3-19（3）。

（4）穿至需要的长度，见图 3-19（4）。

（5）将尾端弹力线的任意一股线穿入开始对折的弹力线环中，拉紧后打结固定，见图 3-19（5）。

（6）将多余的弹力线减掉，且将线头藏在珠孔内，见图 3-19（6）。

（7）成型状态见图 3-19（7）。

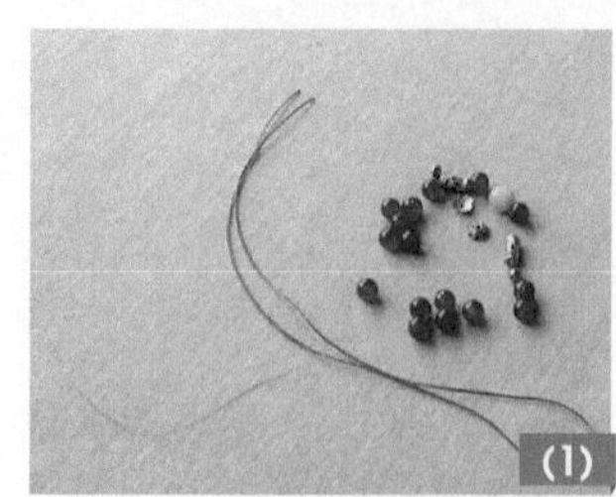
(1)
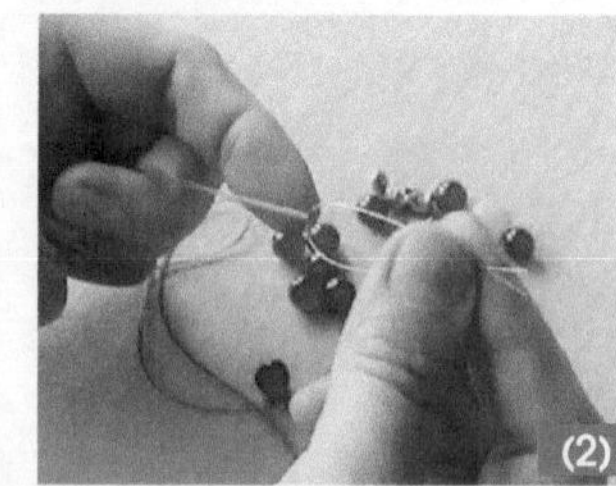
(2)
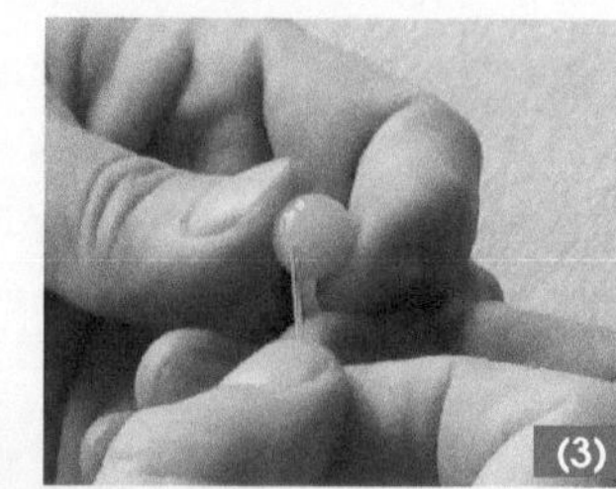
(3)
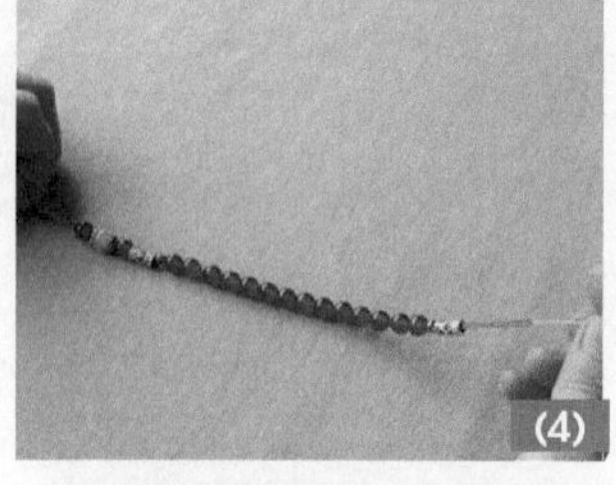
(4)
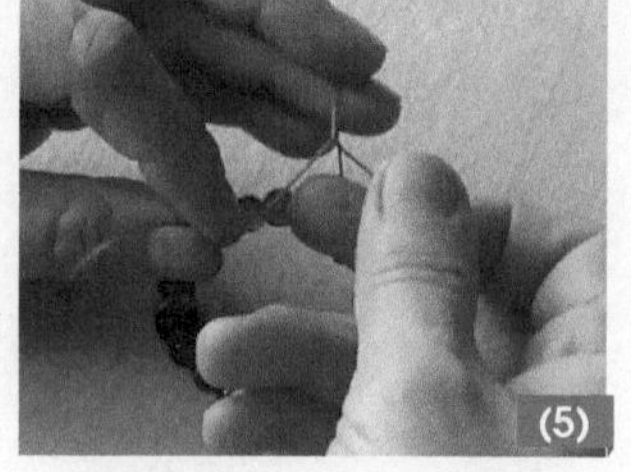
(5)

(6)

(7)

图 3-19　弹力线串珠法

第三节

金属配件使用方法

（一）T 字针的使用方法

T 字针一端起固定作用，另一端起连接作用，具有固定与连接的双重功能。

（1）准备：准备 1 个 T 字针与 1 颗珠子，见图 3-20（1）。

（2）穿 T 字针：将 T 字针穿入珠孔内，使 T 字端紧贴珠孔底部，见图 3-20（2）。

（3）预留长度：用剪钳按需要的长度将 T 字针多余的部分剪掉，见图 2-20（3）。

（4）折成直角：可用圆嘴钳子贴着珠子先将 T 字针折成直角，见图 2-20（4）。

（5）弯成圆环：再将 T 字针弯成圆环状，见图 2-20（5）。

（6）成型效果：见图 3-20（6）。

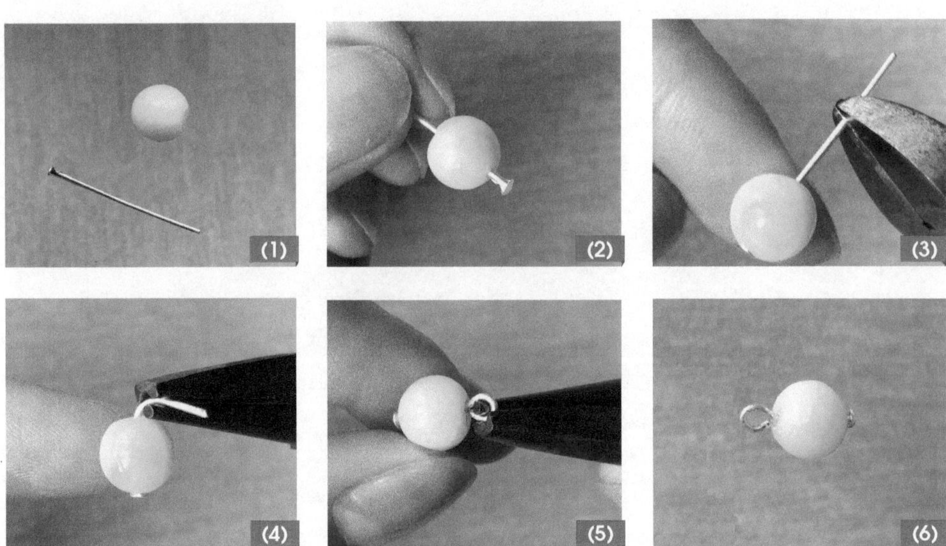

图 3-20　T 字针使用方法

（二）9 字针的使用方法

9 字针两端均起连接作用。

（1）准备：准备 1 个 9 字针与 1 颗珠子，见图 3-21（1）。

（2）穿 9 字针：将 9 字针穿入珠孔内，使 9 字端紧贴珠孔底部，见图 3-21（2）。

（3）预留长度：用钳子按需要的长度将 9 字针多余的部分剪掉，见图 3-21（3）。

（4）折成直角：用圆口钳子先将 9 字针弯成直角，见图 3-21（4）。

（5）弯成圆环：再弯成圆环状，见图 3-21（5）。

（6）成型效果见图 3-21（6）。

（7）连接效果见图 3-21（7）。

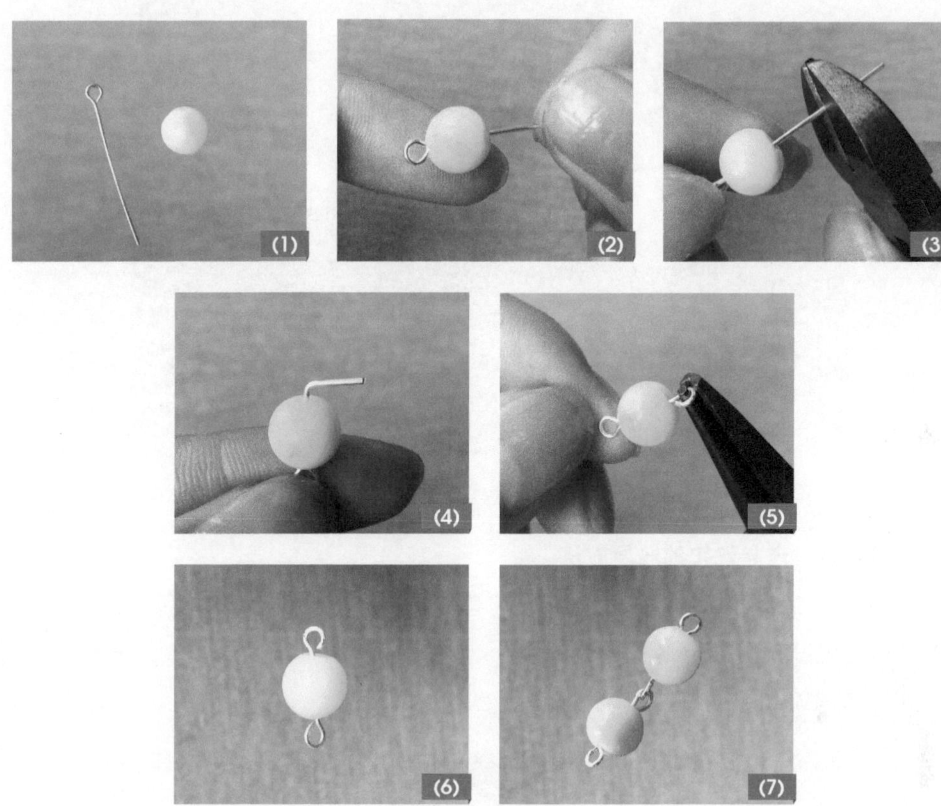

图 3-21　9 字针使用方法

（三）定位珠与包扣的起头方法

定位珠主要作用是用来阻挡珠子的滑落，还可以阻挡线的脱散。包扣主要是将定位珠包含在其中，两者搭配使用，也可配合调节链、鱼线等使用。

（1）穿定位珠：先用鱼线穿定位珠，见图 3-22（1）。

（2）移定位珠：把定位珠移到鱼线中间，见图 3-22（2）。

（3）穿包扣：将鱼线双线穿入包扣中，见图 3-22（3）。

（4）压扁定位珠：将鱼线拉紧，使定位珠正好移到包扣之中，然后把定位珠压扁，见图 3-22（4）。

（5）闭合包扣：将包扣闭合，见图 3-22（5）。

（6）成型效果：鱼线从包扣中自然接出来，就可以开始穿珠了，见图 3- 22（6）。

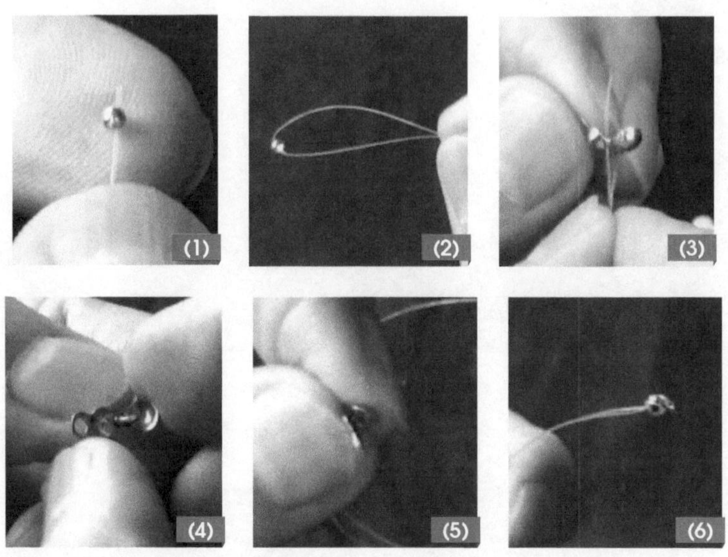

图 3-22　定位珠与包扣起头方法

（四）定位珠与包扣的收尾方法

穿珠到一定长度后，需要收尾，如何将鱼线固定呢？可用定位珠与包扣进行收尾。

（1）穿包扣：鱼线从包扣的底部穿入，见图 3-23（1）。

（2）穿定位珠：再穿 1 颗定位珠，见图 3-23（2）。

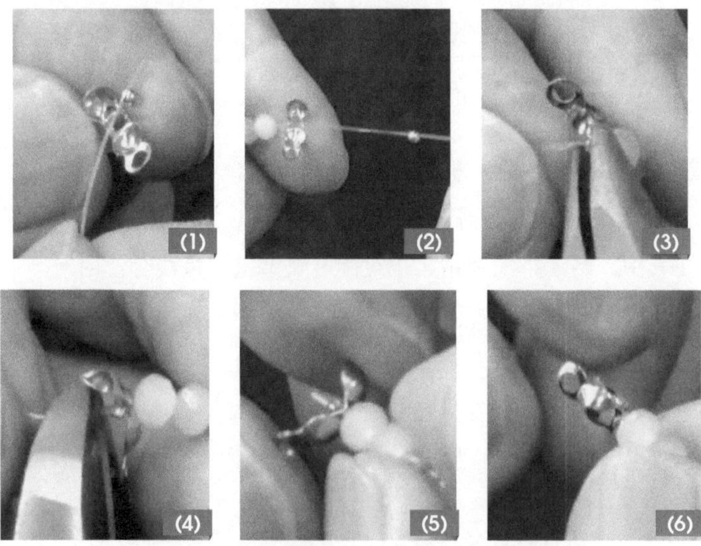

图 3-23　定位珠与包扣收尾方法

（3）压扁定位珠：压扁定位珠后，将鱼线打个结，见图 3-23（3）。

（4）剪鱼线：将多余的鱼线剪掉，见图 3-23（4）。

（5）闭合包扣：将包扣闭合包住定位珠，见图 3-23（5）。

（6）成型效果：将鱼线与定位珠均藏在包扣之内，使外表干净无痕，见图 3-23（6）。

（五）单圈的使用方法

单圈起连接作用，可以直接穿在珠子上，也可以配合 T 字针、9 字针、调节链等使用。

（1）准备 1 个单圈，见图 3-24（1）。

（2）将单圈封口处前后分开，这样才不会变形，见图 3-24（2）。

（3）穿入做好的包扣环里，见图 3-24（3）。

（4）再将单圈对合好，见图 3-24（4）。

（5）也可以用同样的方法穿入龙虾扣，见图 3-24（5）。

（6）再将单圈对合好，见图 3-24（6）。

（7）龙虾扣两端连接单圈，单圈两端连接包扣，包扣连接手链主体部分，构成完整封闭的手链。不难看出，单圈起桥梁纽带作用，见图 3-24（7）。

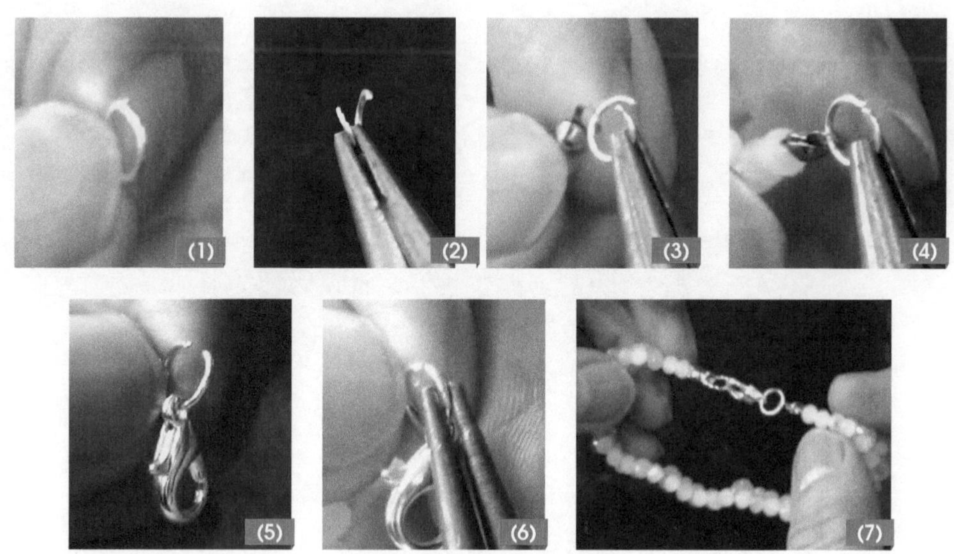

图 3-24　单圈使用方法

教学目标

（一）知识目标

1. 掌握手饰单品（手链、戒指）的基本知识与特征。
2. 掌握串珠手链、编结手链的特点与制作方法及步骤。
3. 掌握串珠戒指的制作方法与步骤。

（二）能力目标

1. 掌握手链、戒指的制作技巧，提高其设计制作能力。
2. 掌握设计、色彩及搭配的知识，提高手饰的组合及应用能力。

第一节

手链设计制作

手链是戴在手腕上的链形装饰品，以祈求平安和装饰美观为主要用途。手腕是体型中较为细致的部位，随着手部的动作，很容易引导旁人的视线，并引起注意，同时影响别人对佩戴者的印象。手链的长度一般为 20 cm 左右，太紧了会影响美观和舒适，太松了又会滑向手部，故应掌握好佩戴时的尺寸。在选择手链时，一是要看手链本身的款式与质量；二是要看手链的色彩与自己的肤色是否相适宜；三是看手链的色彩与服装的色彩是否搭配。

一 编结手链设计制作

编结手链是指以结线材料为主、其他材料（如串珠、配件等）为辅的手链。

（一）纽扣结手链（两款）

1．款式特点

本款手链是以传统纽扣结为主要载体，款式一是与辫子结、铃铛组合；款式二是将纽扣结视为“珠子”,配以多条线进行纽扣结的组合（相当于线与“珠”的结合），结饰既经典美丽，又活泼大方，见图 4-1。

图 4-1　纽扣结款式图

2. 学习要点

学习纽扣结的编制方法以及纽扣结的搭配组合及应用。

3. 第一款材料准备

粉色线：25 mm（直径）×90 cm（长），1 条；

铃铛：25 mm（长）×20 mm（宽），1 个；

单圈：6 mm，1 个

4. 第二款材料准备

红色线：25 mm（直径）×90 cm（长），1 条；

木珠：10mm，1 颗

5. 第一款手链的制作方法

（1）粉色线对折取中心处，先编两股辫 7 ～ 8cm，再编纽扣结，见图 4-2（1）。

（2）一共编 4 个纽扣结，每个结相距 0.8 cm 左右，见图 4-2（2）。

（3）继续编两股辫，尾端编纽扣结，剪断余线，线头烧熔、黏合。注意分配好两股辫与纽扣结的距离，使其左右对称，见图 4-2（3）。

（4）用单圈连接一个铃铛，再挂在纽扣结的中心处作为装饰，其成型效果见图 4-2（4）。

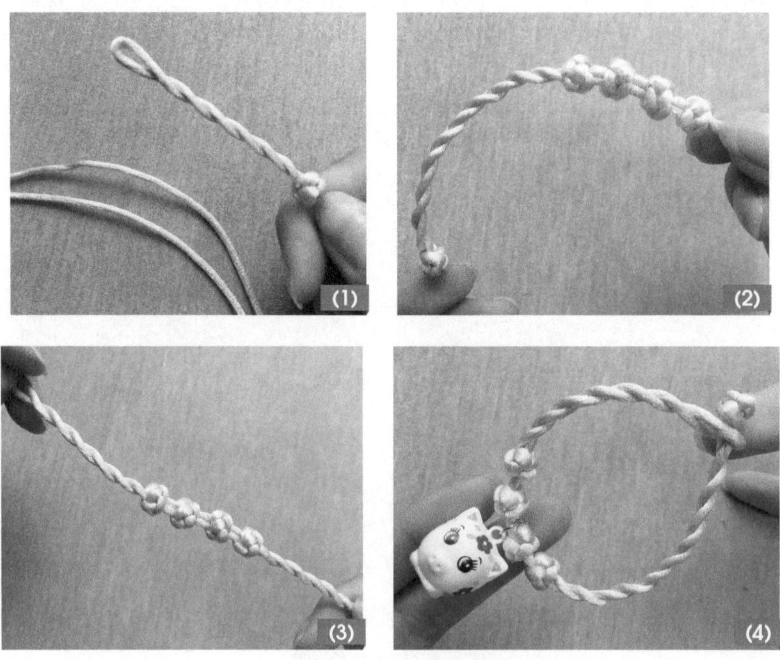

图 4-2　纽扣结手链一制作

6. 第二款手链制作方法

（1）根据木珠的大小预留扣眼环，用红色线编两个双联结，编线设为a、b线。在双联结中插入一条线c（加线），将其烧熔固定，见图4-3（1）。

（2）在a、b线上分别编一个纽扣结，且将这两根线用双联结固定，见图4-3（2）。

（3）在线c上编两个纽扣结，在线b上编一个纽扣结，且线b、c用双联结固定，见图4-3（3）。

（4）在线a上编两个纽扣结，在线b、c上各编一个纽扣结，编两个双联结固定后，剪掉一条线，将其烧熔固定，见图4-3（4）。

（5）用一条线穿过纽扣后，与另一条线打结固定，将线头烧熔黏合，见图4-3（5）。

（6）调整好各纽扣结的位置，使其排列美观，见图4-3（6）。

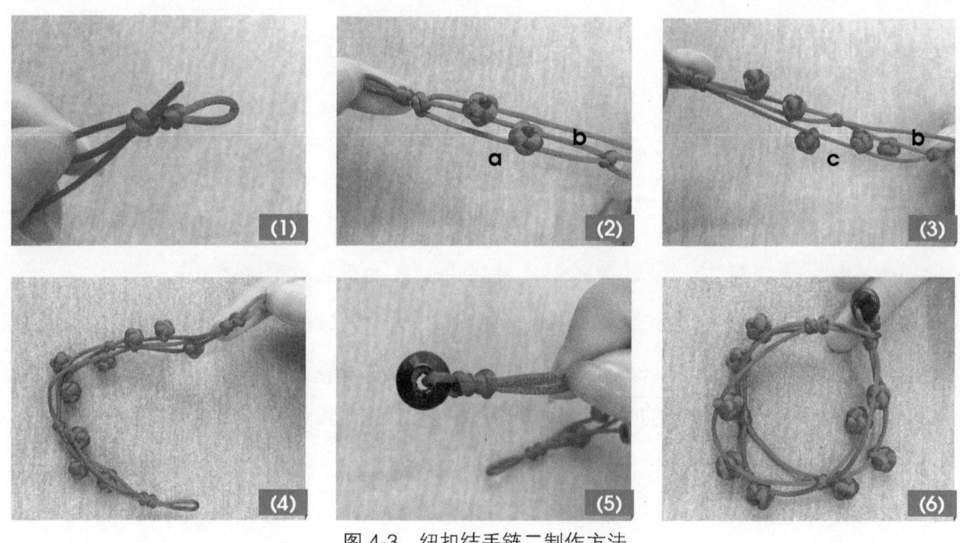

图4-3　纽扣结手链二制作方法

（二）双钱结组合手链

1. 款式特点

本款手链在中心处设计双钱结（形似两个古铜钱相连），并加黄色线增加其装饰性，链绳部分平结搭配，寓意平安吉祥、富贵满满，见图4-4。

2. 学习要点

熟悉平结的编制方法；学习平结与双钱结的组合及色彩线的搭配。

图 4-4 双钱结组合手链款式图

3. 材料准备

红色线：15 mm×90 cm，2 条；

15 mm×25 cm，3 条；

黄色线：15 mm×70 cm，1 条；

黄色贝壳珠：6 mm，4 颗。

4. 制作方法

（1）取黄色线对折一次后再对折，确定四分之一处，见图 4-5（1）。

（2）可用双线打一个双钱结，也可以在四分之一处打纽扣结的 8 字部分（框底部分），然后剪断筐梁部分，构成左右各两条线的双钱结，见图 4-5（2）。

（3）取一根 25 cm 长的红色线，再沿着黄色线的轨迹，编半个“8 字”部分，见图 4-5（3）。

（4）再取另一根 25 cm 长的红色线，沿黄色线的另一侧编完另外半个“8 字”部分，左右内侧编完整的一圈，见图 4-5（4）。

（5）取两条 90cm 长的红色线，用（3）、（4）所述的方法，分别在黄线外侧编完整的一圈，调整结的大小，拉紧线且排列整齐；挑编不便时可以用镊子帮助，见图 4-5（5）。

（6）取最外面的两根红色线，由中间向两端编平结，将其中四条线包住（相当于四条轴线）。为方便起见，可固定在泡沫板上编平结，见图 4-5（6）。

（7）编到合适的长度后，将中间轴线剪掉、粘合，左右两条尾线交叉后，用 25 cm 的红色线编平结封口，见图 4-5（7）。

（8）左右尾端各穿 2 颗黄色贝壳珠，打结后烧熔固定，见图 4-5（8）。

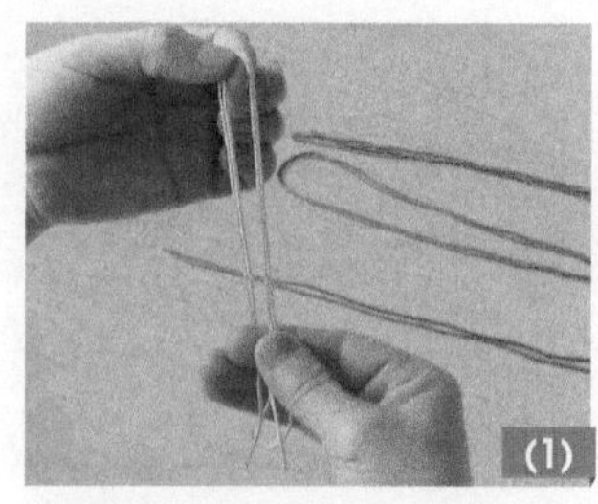

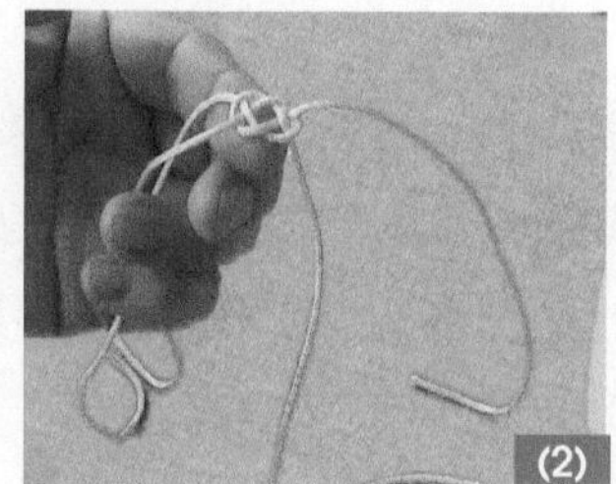

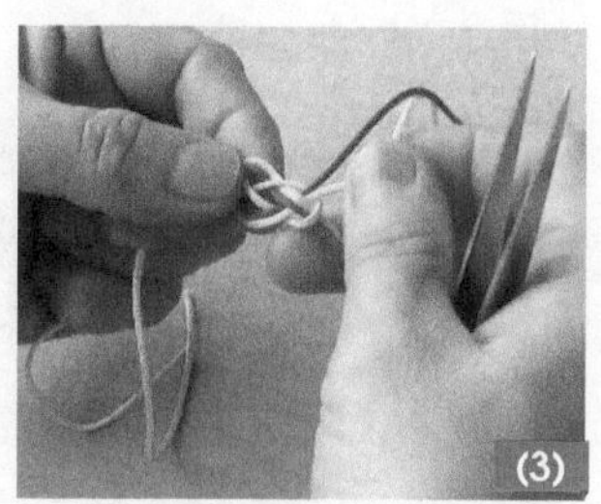

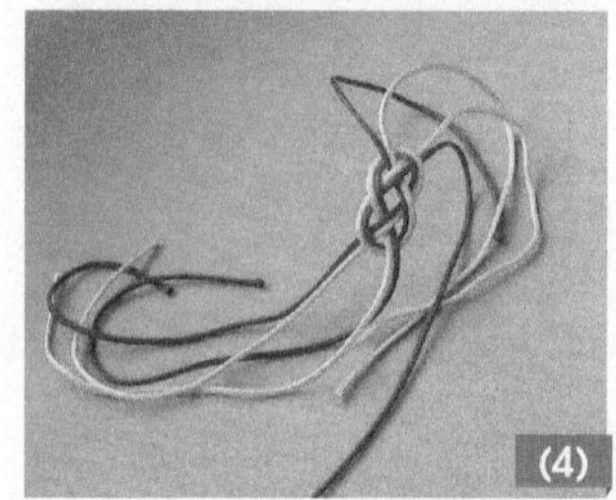

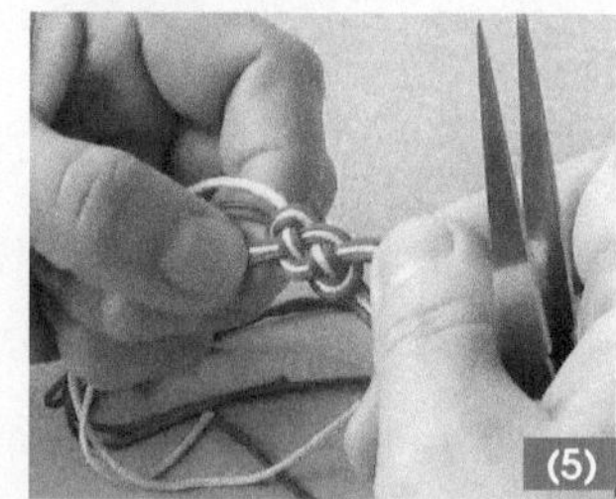

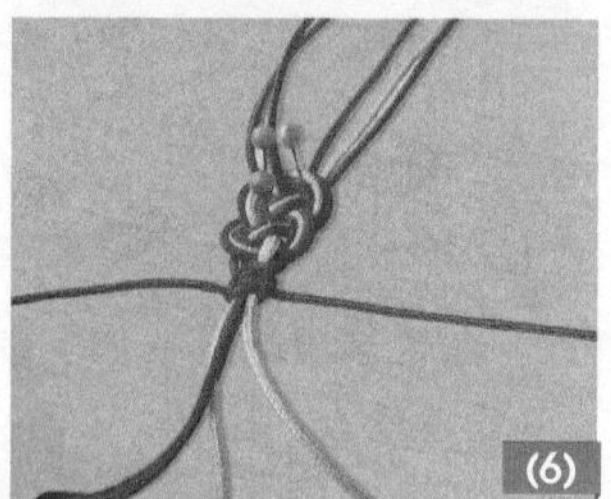

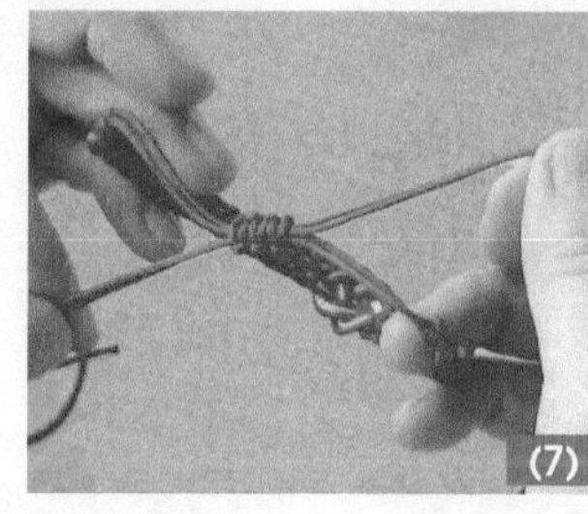

图 4-5 双钱结手链制作方法

（三）蛇结组合手链

1. 款式特点

本款手链在中心位置有一个横向双钱结，打破了蛇结结体单一的表现形式，加之黄红双色线的采用，增加了主体部位的装饰性，见图 4-6。

图 4-6 蛇结组合手链款式图

2. 学习要点

熟悉蛇结的制作方法；双钱结与蛇结的组合设计与技巧。

3. 材料准备

红色线：2.5 mm×120 cm，1 条；

黄色线：2.5 mm×20 cm，1 条。

4．制作方法

（1）红色线预留扣眼环后编 7 cm 左右长的蛇结，编线应松紧适宜，见图 4-7（1）。

（2）从中心处开始编双钱结，左线逆时针绕个环，见图 4-7（2）。

（3）右线从其环的下面拉向左边编，且压住左线，见图 4-7（3）。

（4）右线从后面穿进中间上面的环，见图 4-7（4）。

（5）再从上向下穿入临近的线环中，见图 4-7（5）。

（6）最后从下向上从右面的环中穿出，即压一挑一，整理双钱结的松紧，见图 4-7（6）。

（7）接着用红色线继续编 7cm 左右的蛇结，尾端编纽扣结，见图 4-7（7）。

（8）用黄色线沿着双钱结中一根红线的轨迹开始穿起，见图 4-7（8）。

（9）穿完双钱结，调整到松紧适宜后，剪断线头，在背面烧熔粘合，完成整体制作，见图 4-7（9）。

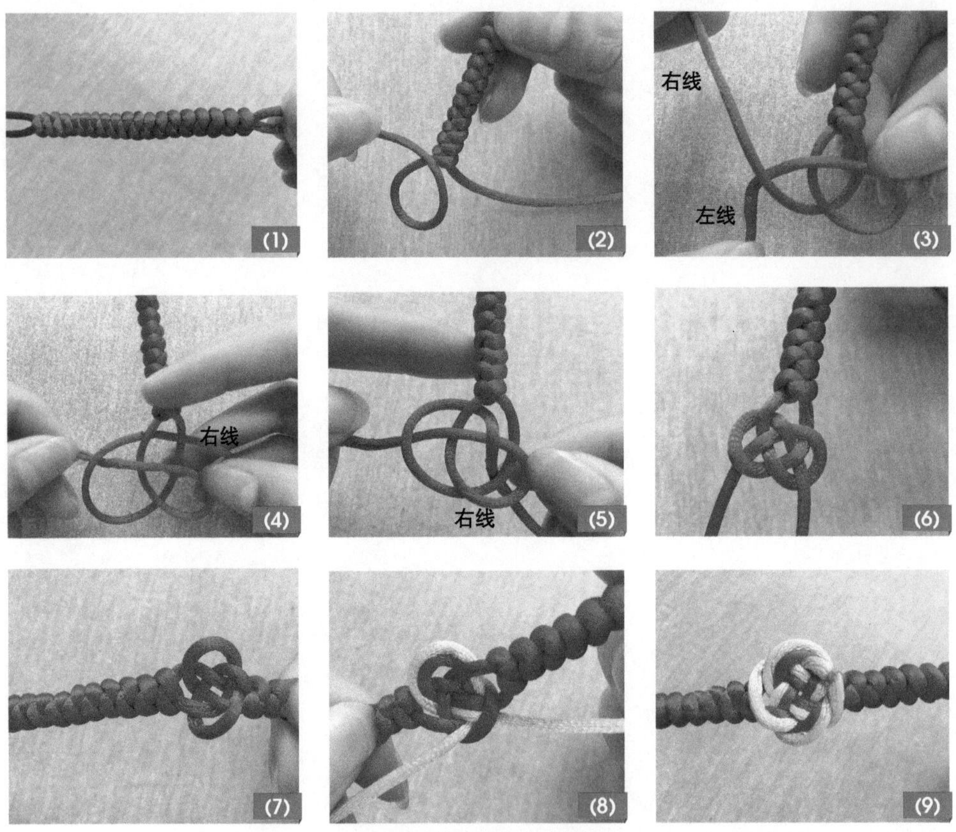

图 4-7　蛇结组合手链制作

（四）辫子结组合手链

1．款式特点

本款由纽扣结与辫子结组合编制而成，由于在辫子结内有两条轴线支撑，使结体挺实细密。纽扣结好比相思扣，带上这个相思扣，象征着能与心爱的人心心相惜，永不分离，见图 4-8。

图 4-8　辫子结手链款式图

2．学习要点

熟悉辫子结的编制方法；进行加线与收线的方法。

3．材料准备

红色线：2 mm×70 cm，3 条；

　　　　2 mm×60 cm，1 条。

4．制作方法

（1）将 60 cm 长的红色线居中对折，编一个纽扣结，注意要在上端预留一个环（其大小参考一个纽扣结的大小），将纽扣结下面的两条线设为轴线。将另外 3 条线夹在轴线之间，在下面编一个双联结，使其固定，且呈十字状，见图 4-9（1）。

（2）用左右各 3 条线编三股辫，形成交叉重叠状，见图 4-9（2）。

（3）将左右轴线分别拿到左右 3 条线的上面，见图 4-9（3）。

（4）将左右线压过靠近自己的轴线，再挑过另一轴线，见图 4-9（4）。

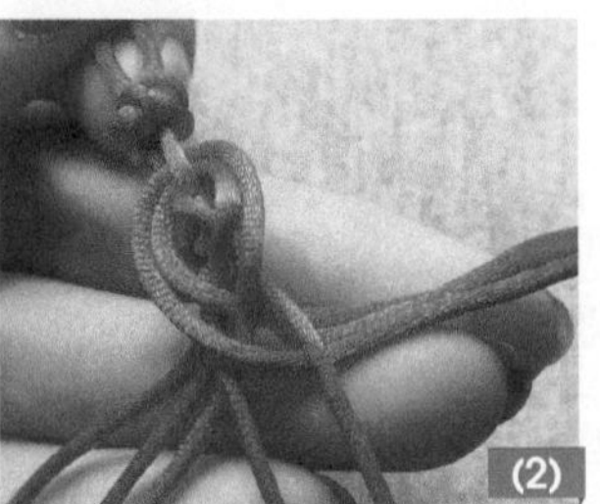

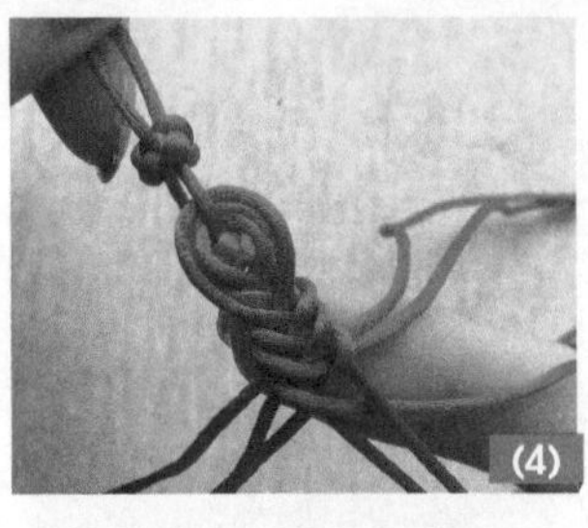
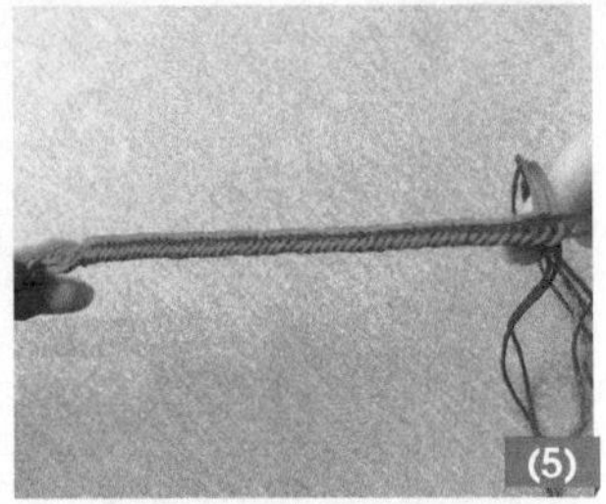
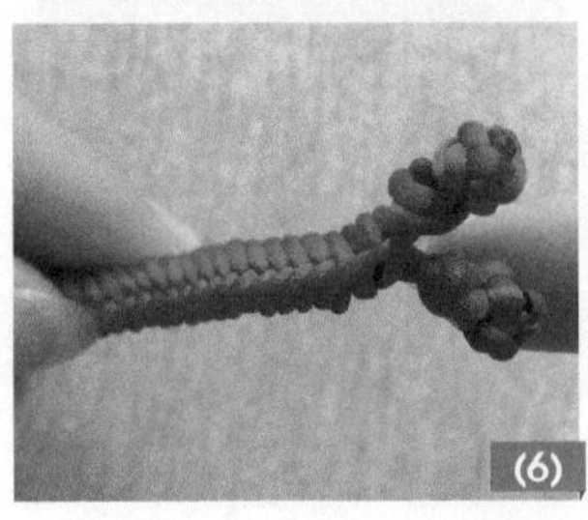
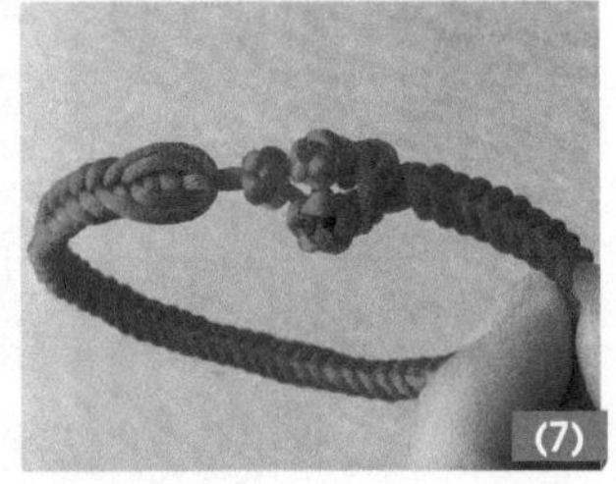

图 4-9 纽扣结与辫子结手链制作

（5）左右两根线在两根轴线之间交叉、收紧，像编辫子似的。编结要松紧适宜，拉线均匀，见图 4-9（5）。

（6）编织到合适长度以后剪断两条线，烧熔线头。轴线编一个双联结和一个纽扣结，见图 4-9（6）。

（7）再将余下的两条线编一个纽扣结即可，见图 4-9（7）。

（五）变化三股辫手链

1．款式特点

本款以三股辫子结为原型，由股线编结成带，形成了有规律的肌理变化，尤其是巧妙地使用了喇叭形金属配件，发挥了隐藏多线头的功能，使结体表面干净利落，舒展秀丽，见图 4-10。

2．学习要点

学习单线组成股线，并运用股线呈现结的变化；喇叭形配件是如何应用的。

3．材料准备（图 4-11）

图 4-10　变化三股辫手链款式图

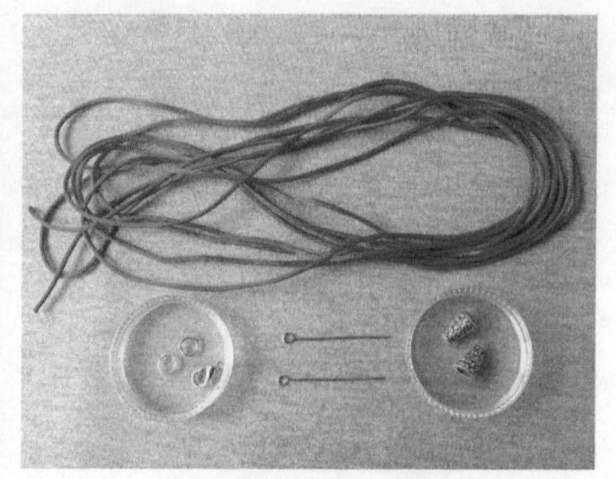

图 4-11　变化三股辫手链材料准备

红色线：1.5 mm×80 cm，2 条；

喇叭配件：12 mm（长）×6 mm（宽），2 个；

龙虾扣：10 mm（长）×7 mm（宽），1 个；

9 字针：35 mm，2 个；

单圈：6 mm，1 个。

4．制作方法

（1）将两条红色线对折，在中心处用 9 字针固定，然后分左右各 2 股线摆开，见图 4-12（1）。

（2）右 1 股线向下压右 2 挑左 2（压一挑一），编到左侧，编结时注意每股的两根线要展平，不要叠在一起，见图 4-12（2）。

（3）左 1 股线向下挑右 1 压左 2（挑一压一），编到右侧，见图 4-12（3）。

（4）右 2 股线向下压左 1 挑左 2（压一挑一），编到左侧，见图 4-12（4）。

（5）右 1 股线向下挑右 2 压左 2（挑一压一），编到右侧，见图 4-12（5）。

（6）依此类推，左 2 股线始终在轴线的位置上，起到支撑作用，其他 3 股线以轴线为中心编三股辫，见图 4-12（6）。

（7）收尾：剪断两股线，烧熔粘合，见图 4-12（7）。

（8）再分别剪断其他线烧熔固定，最好形成逐渐变细状，使其喇叭形金属配件能够包住接痕。将 9 字针打开挂住线端的缝隙，再用钳子将 9 字针闭合，见图 4-12(8)。

（9）9 字针穿过喇叭配件后，弯成环状，见图 4-12（9）。

（10）一侧挂龙虾扣，另一侧挂单圈即可，见图 4-12（10）。

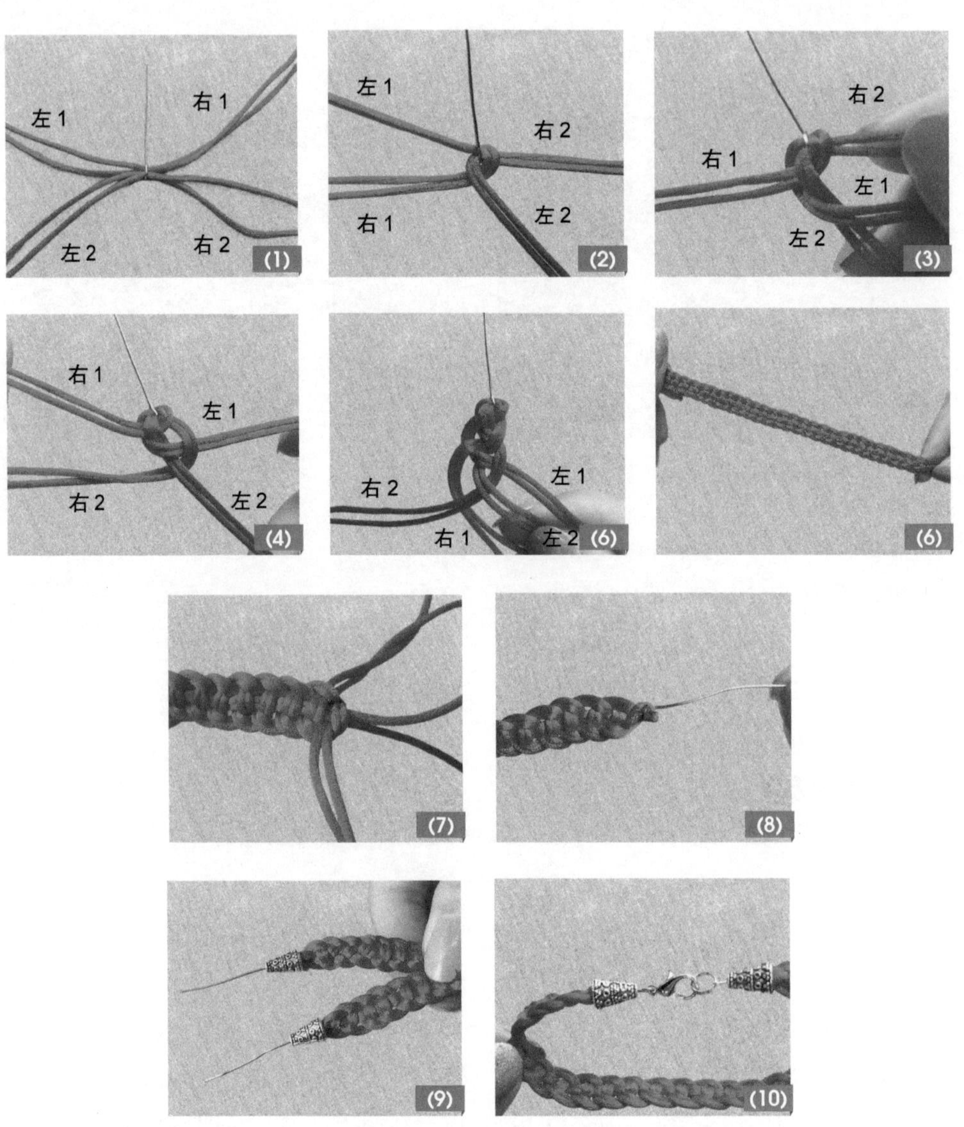

图 4-12　变化三股辫手链

（六）云雀结手链

1. 款式特点

本款从结体表面上看为互相穿插的雀头结，是左右雀头结交替编结而成的。由于结体中间有两条轴线作为支撑，使结体匀称、密实，呈现出良好的立体感，见图 4-13。

2. 学习特点

熟悉雀头结的制作方法；掌握通过雀头结的交叉变化生成一种新的结式。

3．材料准备（见图 4-14）

深蓝色玉线：1.5 mm×80 cm，1 条；

浅蓝色玉线：1.5 mm×80 cm，1 条；

玉石珠：8 mm，1 颗。

图 4-13　云雀结手链款式图

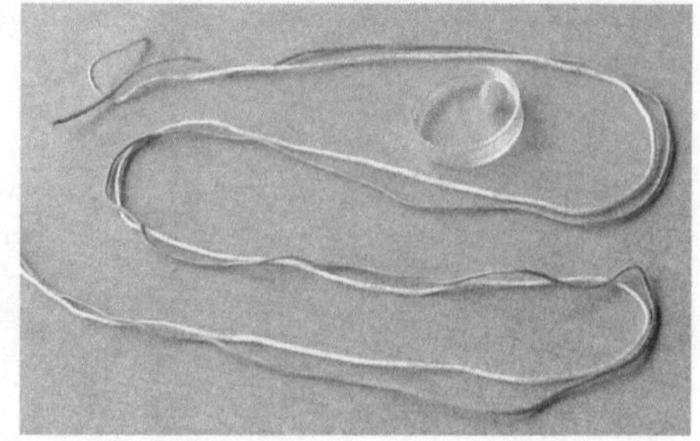

图 4-14　云雀结手链材料准备

4．制作步骤

（1）取两条线对折，一端留 20 cm 长做轴线，见图 4-15（1）。

（2）双线打双联结，调整线环的大小，能通过纽扣即可，见图 4-15（2）。

（3）以两条短线为轴，右线（深蓝色玉线）从下向上绕过轴线打半个雀头结，拉紧结线，见图 4-15（3）。

（4）左线（浅蓝色玉线）从下向上绕过轴线打半个雀头结，拉紧结线，见图 4-15（4）。

（5）右线（深蓝色玉线）从上向下绕过轴线打半个雀头结，与上面半个结一起打一个完整的雀头结，见图 4-15（5）。

（6）右线（浅蓝色玉线）从上向下绕过轴线拉紧，与上面半个结一起打完一个雀头结，见图 4-15（6）。

（7）左右线按步骤（3）～步骤（6），编云雀结到需要的长度（一般 18～20cm），见图 4-15（7）。

（8）取轴线中的任一线穿玉石珠，并与另一轴线打结系牢，见图 4-15（8）。

（9）用左右线在玉石珠下面打双联结，剪断所有余线，烧熔固定，使连接纽扣比较紧密，见图 4-15（9）。

（10）整体效果见图 4-15（10）。

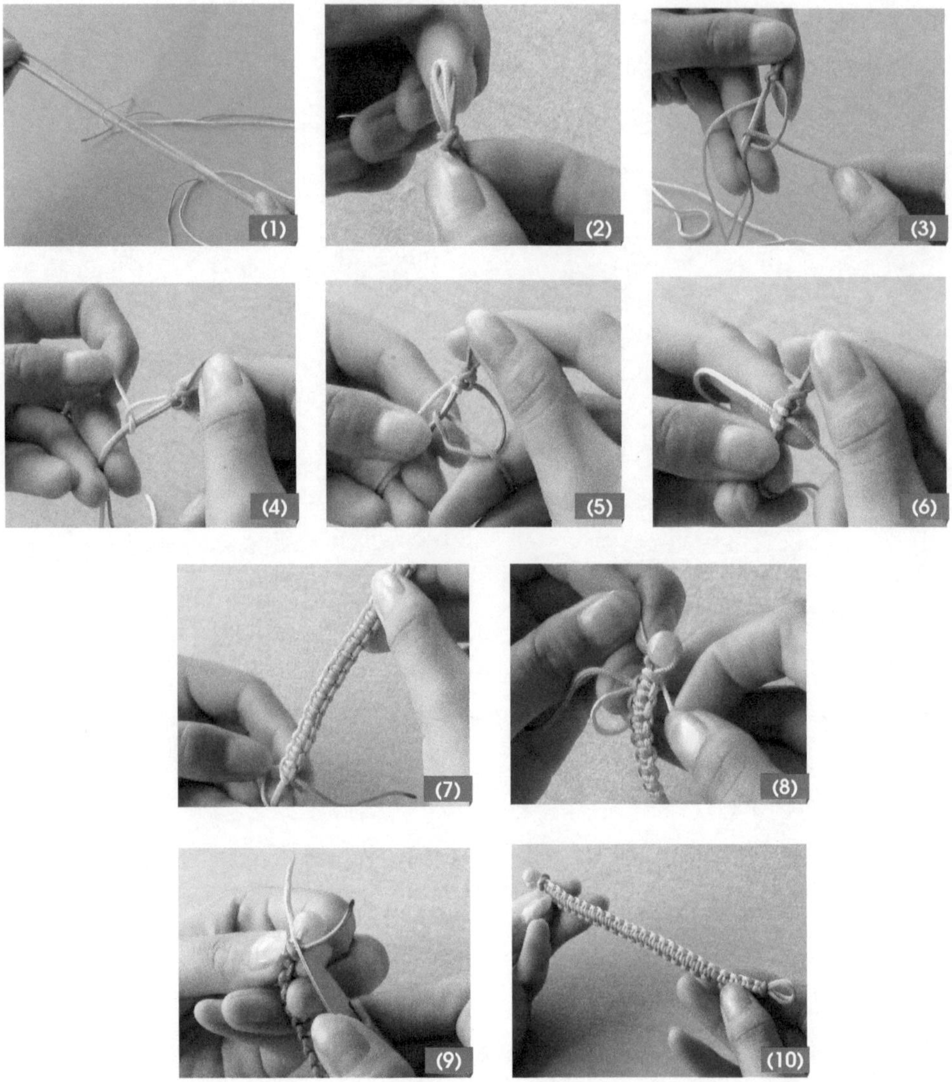

图 4-15　云雀结手链制作

（七）双蛇结手链

1. 款式特点

本款双蛇结又称伞绳结，结体宽厚，细密紧致，肌理效果强烈，犹如两条蛇结交融在一起，是非常漂亮、立体的结饰之一，若搭配两种颜色的线编制则更为醒目。本节更适合男性佩戴，见图 4-16。

图 4-16　双蛇结手链款式图

2. 学习要点

学习把单结组合成双结的思路与方法；熟练掌握将结线拉得紧密匀称。

3. 材料准备

米色线：2.5 mm×150 cm，1 条；

黄色线：2.5 mm×150 cm，1 条。

4. 制作方法

（1）取两种颜色的线各自居中对折，设定其中一种颜色的线为轴线（如米色线为轴线），注意在轴线上方预留直径 1 cm 左右的环，见图 4-17（1）。

（2）左右线（黄色）交叉压在轴线上，见图 4-17（2）。

（3）轴线同时穿过轴线预留的环与黄色线形成的环，见图 4-17（3）。

（4）拉紧各线后的形态见图 4-17（4）。

（5）右线从右线轴上面向下绕一圈，形成的环设为环 A，见图 4-17（5）。

（6）右轴线从环 A 与右线的外侧穿入环 A 中，见图 4-17（6）。

（7）左线从上面压左轴线，穿入环 A 中，见图 4-17（7）。

（8）左线从后面再拉回左侧形成环 B，见图 4-17（8）。

（9）左轴线从环 B 与左线的外侧穿入环 B 中，见图 4-17（9）。

（10）拉紧各线，完成一个结式，见图 4-17（10）。

（11）按步骤（5）～步骤（10）重复编结，见图 4-17（11）。

（12）编到适合手腕的长度后打一个纽扣结收尾，见图 4-17（12）。

（13）剪断线头，烧后粘合固定，见图 4-17（13）。

（14）可以看手链左右两色交替，细密紧致，犹如两条蛇结交融在一起，两面的颜色及效果也有所不同，见图 4-17（14）。

(1)

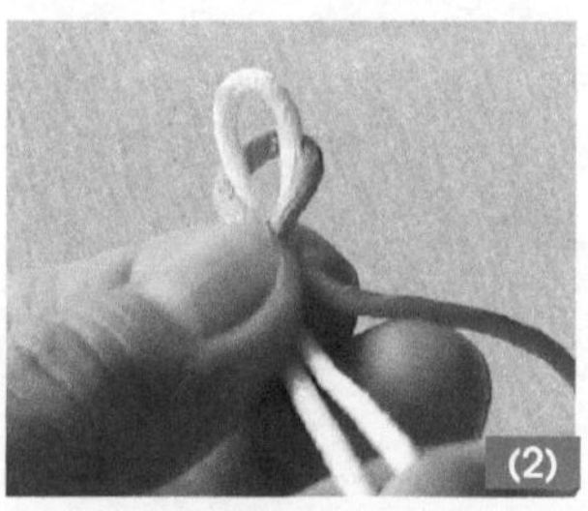
(2)

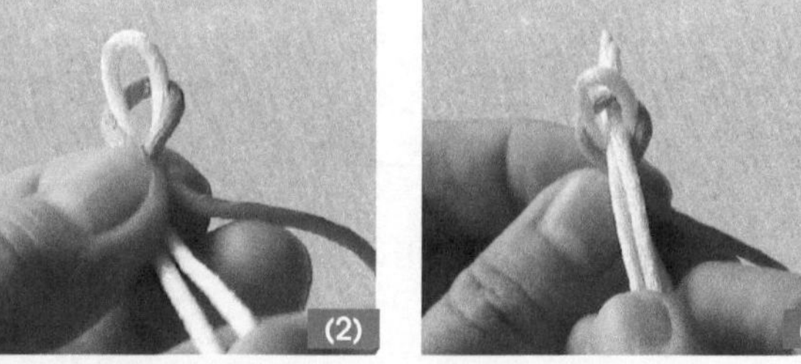
(3)

图 4-17　双蛇结手链制作

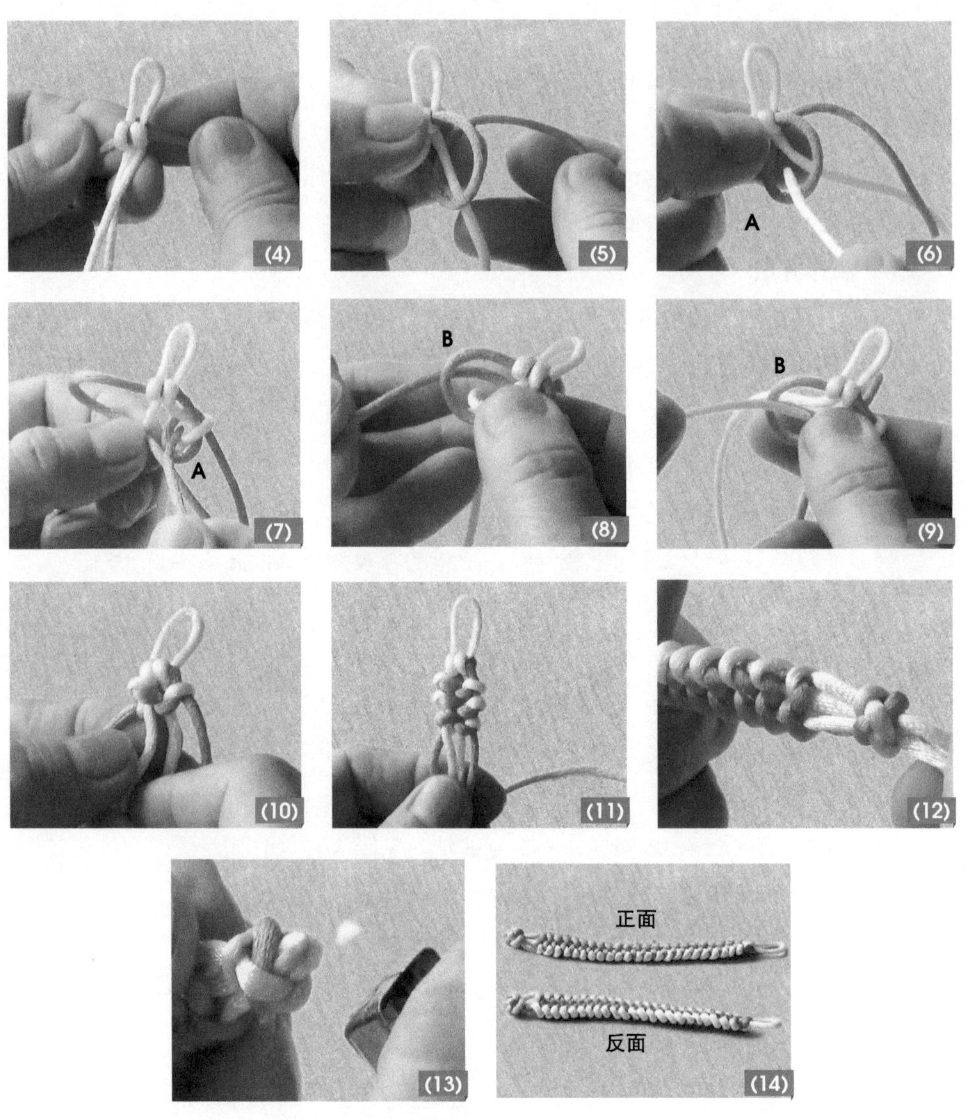

图 4-17 双蛇结手链制作（续）

二 串珠编结组合手链设计制作

串珠编结组合手链是指以串珠、编结互相组合制作的手链。

（一）木珠手链

1. 款式特点

本款以木珠为主要材料，并搭配金属配件，古铜色金属与彩色木珠形成对比；立方形体、立体挂件与片状蝴蝶等物件混搭在一起，表现出一种自然、粗犷、和谐之美，见图 4-18。

2. 学习要点

学习色彩、材料的搭配知识，提高对木珠、金属配件的组合及应用能力。

3. 材料准备（图 4-19）

图 4-18　木珠手链款式图

图 4-19　木珠手链材料准备

红色木珠：10 mm，7 颗；

蓝色木珠：10 mm，3 颗；

金属蝴蝶：12 mm，3 个；

金属挂件：20 mm（长）×10 mm（宽），1 个；

龙虾扣：10 mm（长）×7 mm（宽），1 个；

9 字针：28 mm，9 个；

单圈：5 mm，16 个。

4. 制作方法

（1）单圈与 9 字针相连接，9 字针穿 1 颗红色木珠，弯成 9 字形，见图 4-20（1）。

（2）连接 9 字针，穿 1 颗蓝色木珠，弯成 9 字形，9 字针的长度要合适，不能过长或过短，见图 4-20（2）。

（3）用单圈连接金属蝴蝶，将单圈封口封牢，见图 4-20（3）。

（4）用单圈按图 4-20（1）分别连接各珠，再将其连接到金属蝴蝶上，见图 4-20（4）。

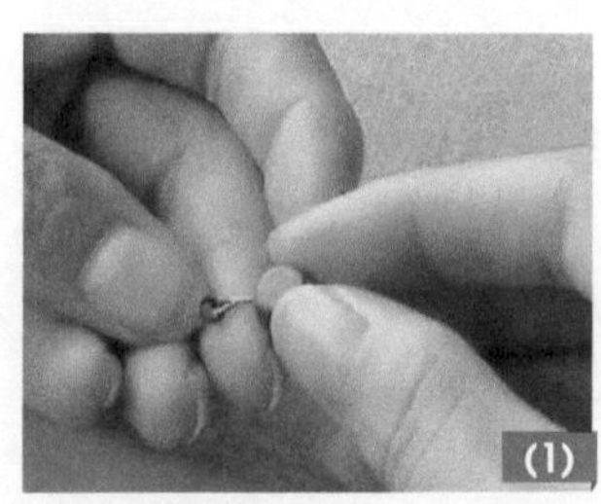

(1)

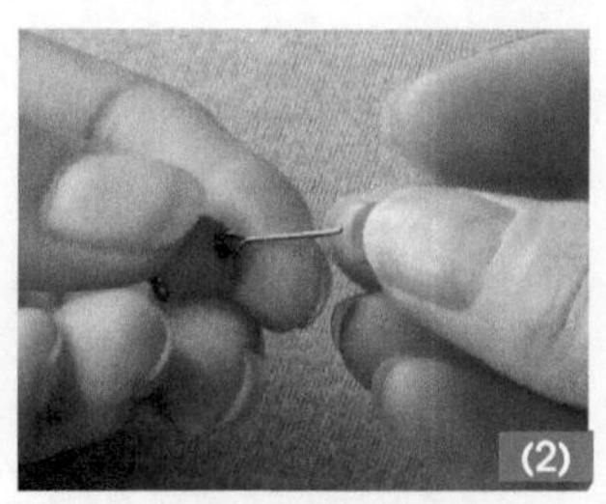

(2)

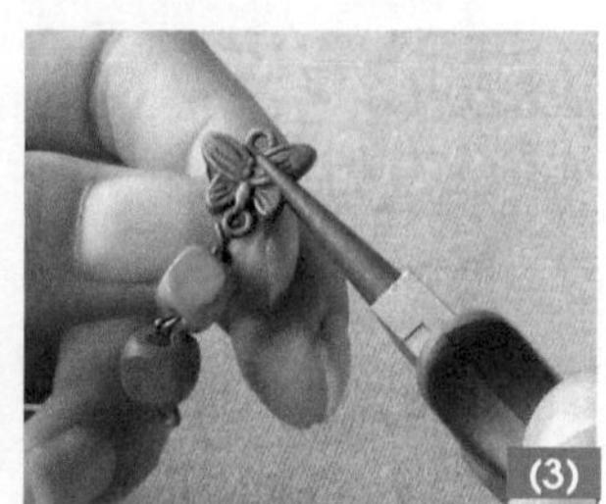

(3)

图 4-20　木珠手链制作

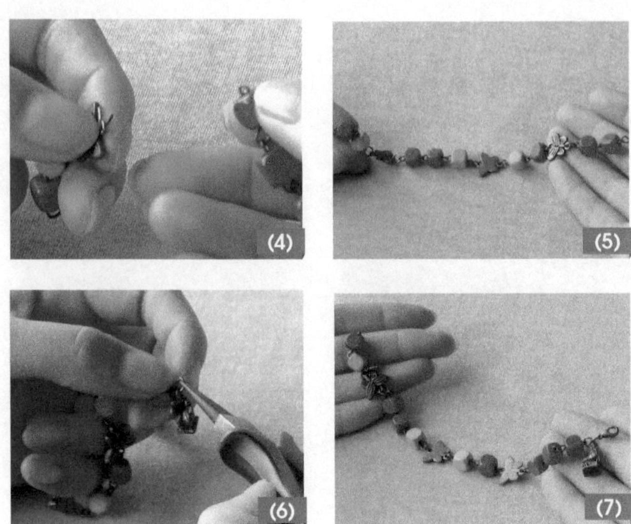

图 4-20　木珠手链制作（续）

（5）连接好的形状见图 4-20（5）。

（6）将金属挂件连接单圈上，作为一种装饰，见图 4-20（6）。

（7）将单圈与龙虾扣连接，同时连接到起始单圈上，使其首尾相接，见图 4-20（7）。

（二）金属配件手链

1．款式特点

本款以金属配件材料为主，其粗细搭配，色泽搭配（金属光泽与珠子色泽），不同质感搭配（弧柱的细腻与组合花片后的粗犷），增加了本款手链的生命力，加之小挂件的点缀，既简约大方，又轻松活泼，见图 4-21。

2．学习要点

学习以金属配件为要点的搭配思路，如将小片配件组合成体、各种形状的搭配、珠子颜色的选配等。

3．材料准备（图 4-22）

绿色珠：10 mm，2 颗；

金属花托：8 mm，4 个；

金属梅花片：8 mm，18 个；

金属鱼：15 mm（长）×10 mm（宽），2 个；

金属隔柱：50 mm（长）×5 mm（宽），2 个；

金属三通：1 个；

图 4-21　金属配件手链款式图

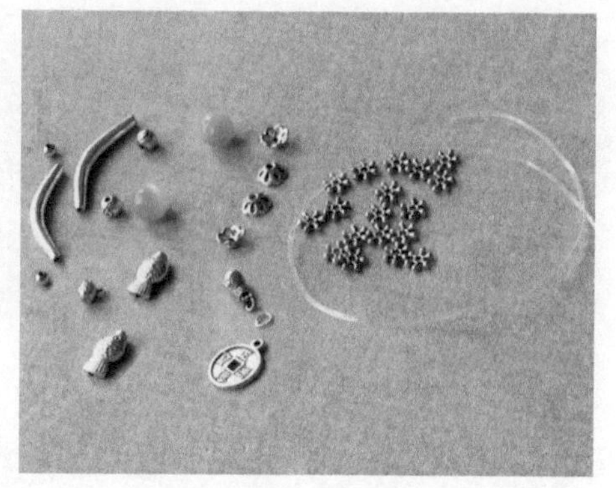

图 4-22　金属配件手链材料

金属球 A：5 mm，2 个；

金属球 B：3 mm，2 个；

金属葫芦：15 mm（长）×5 mm（宽），1 个；

金属钱币：15 mm，1 个；

白色透明弹力线：1 mm，25 cm。

4．制作方法

（1）用白色透明弹力线先穿 6 个金属梅花片，见图 4-23（1）。

（2）依次穿金属花托、绿色珠、金属花托、6 个梅花片、金属花托、绿色珠、金属花托，见图 4-23（2）。

（3）左右线各穿金属球 A、金属隔柱，见图 4-23（3）。

（4）其中一侧依次穿金属球 B、金属鱼；用单圈连接金属钱币与金属葫芦，组成部件 A，见图 4-23（4）。

（5）利用金属三通将部件 A 挂在手链上，见图 4-23（5）。

（6）另一侧继续穿金属鱼、金属球 B，使之左右对称，见图 4-23（6）。

（7）打结固定，剪掉余线并藏结，制作完成，见图 4-23（7）、（8）、（9）。

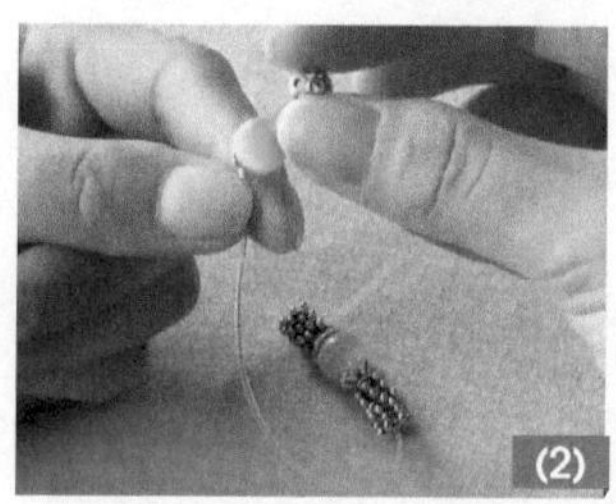

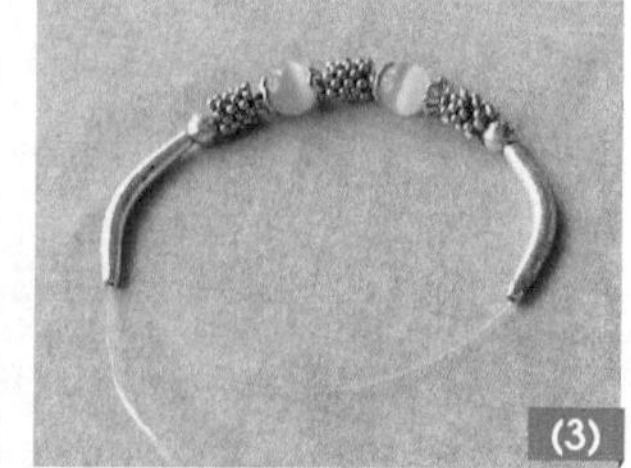

图 4-23　金属配件手链制作

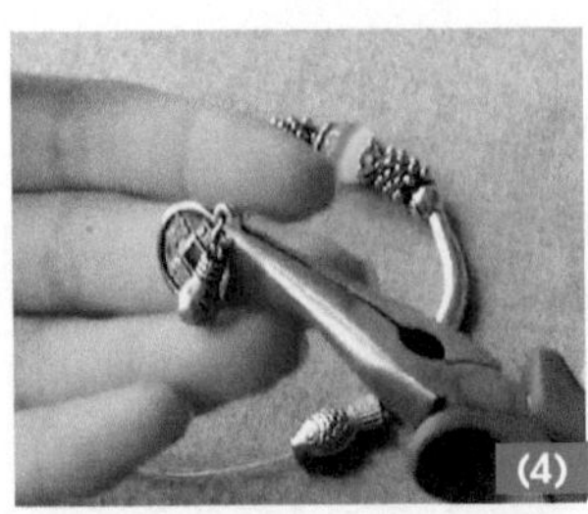
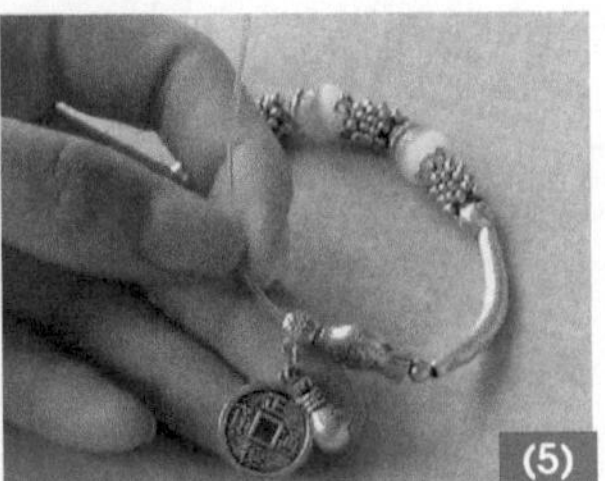

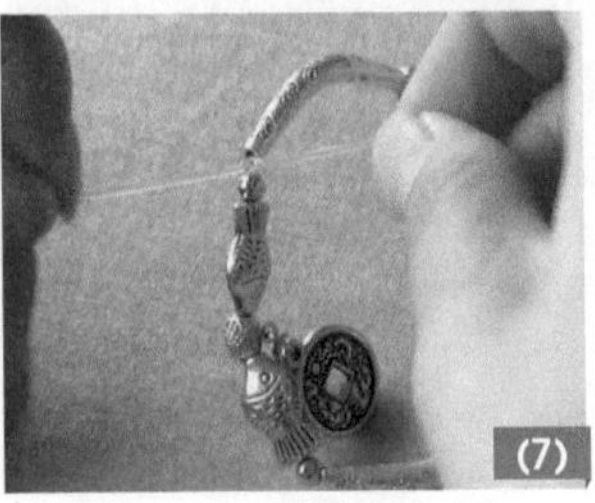

图 4-23　金属配件手链制作（续）

（三）彩石合金手链

1. 款式特点

本款手链采用绿彩石与做旧质感的古铜色金属配件组合，色彩仿古，纹理漂亮，图案彰显民族韵味，整体低调，凸显女性的知性优雅，细腻柔美，见图 4-24。

2. 学习要点

学习复古风格配件的颜色选择，掌握挂饰部分表现形式美的方法。

3. 材料准备（图 4-25）

图 4-24　彩石合金手链款式图

图 4-25　彩石合金手链材料准备

绿彩石珠 A：8 mm，2 颗；

绿彩石珠 B：4 mm，36 颗；

古铜色镂空珠 A：16 mm，1 颗；

古铜色镂空珠 B：14 mm，1 颗；

古铜色合金：12 mm×8 mm，9 个；

咖啡色线：1 mm×60 cm，1 条。

4．制作方法

（1）将咖啡色线对折，预留 10 cm 长编一个双联结，上下线各穿一颗绿彩石珠 B，见图 4-26（1）。

（2）上下两条线依次穿古铜色合金、2 颗绿彩石珠 B，见图 4-26（2）。

（3）重复步骤（2），共穿 9 个古铜色合金，最后上下线各穿 1 颗绿彩石珠 B（一共穿 36 颗绿彩石珠 B），收尾打一个双联结，完成链子的制作，见图 4-26（3）。

（4）尾线交叉后打平结，一条线穿绿彩石珠 B 后，再打结烧熔固定，见图 4-26（4）。

（5）另一条线穿古铜色镂空珠 B 后，打结烧熔固定，见图 4-26（5）。

（6）在第五个古铜色合金上穿咖啡色线，见图 4-26（6）。

（7）编联钱结后穿绿彩石珠 A，再穿古铜色镂空珠 A，打结固定，见图 4-26（7）。

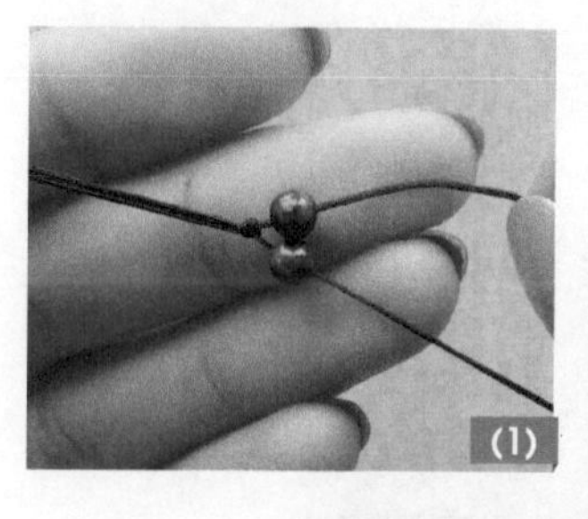
(1)

(2)

(3)

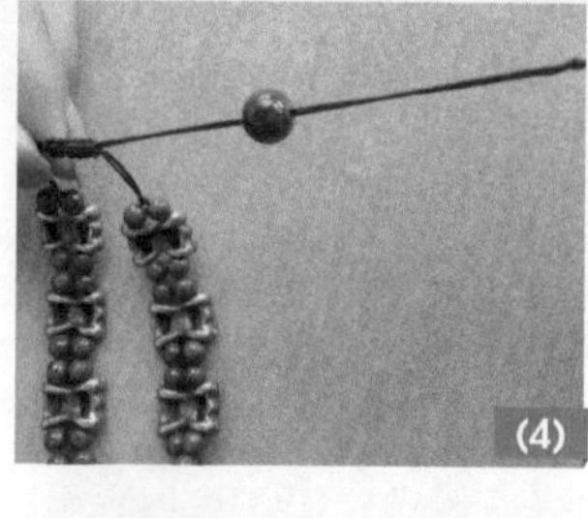
(4)

(5)

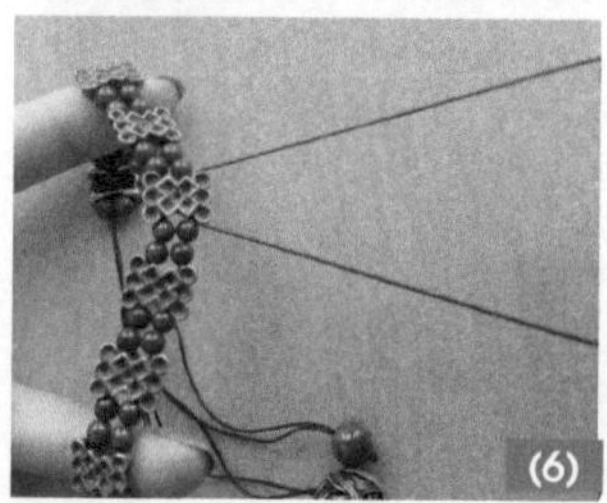
(6)

(7)

图 4-26　彩石合金手链制作

（四）雀头结串珠手链

1．款式特点

本款手链由雀头结巧妙地点缀珍珠而成，结体似起伏的彩云，鲜亮的珍珠在其上面上下穿跃，栩栩如生，委婉动人，见图4-27。

2．学习要点

学习编线与珠子的色彩搭配；雀头结应用的思路与方法。

3．材料准备（图4-28）

图4-27　雀跃手链款式图

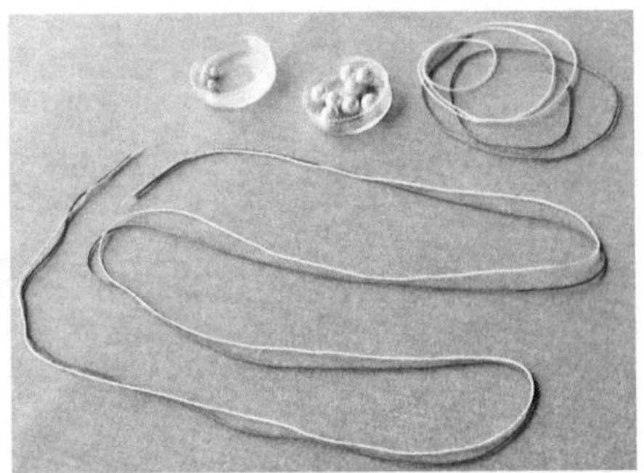
图4-28　雀头结串珠手链材料准备

紫色线：90 cm×1 mm，1条；
30 cm×1 mm，1条；
浅蓝色线：90 cm×1 mm，1条；
30 cm×1 mm，1条；
仿珍珠A：8 mm×10颗；
仿珍珠B：4 mm×4颗。

4．制作方法

（1）取1条30 cm长的浅蓝色线作为轴线，90 cm长的紫色线与浅蓝色线分别在轴线上编一个雀头结，雀头结方向相对。3条线上端预留10 cm长备用，见图4-29（1）。

（2）为不影响下面的操作，将上面预留的线一起打个结，固定在泡沫垫上，见图4-29（2）。

（3）用浅蓝色线先编6个雀头结，结式应均匀，见图4-29（3）。

（4）用紫色线穿1颗仿珍珠A，然后仍然在轴线上编6个雀头结，要与浅蓝色线编的雀头结方向相反，见图4-29（4）。

（5）用浅蓝色线穿一颗仿珍珠A，在轴线上继续编6个雀头结，见图4-29（5）。

（6）仿照步骤（4）～步骤（5）的方法，两种颜色的线交替编制，编 10 颗仿珍珠 A，图 4-29（6）。

（7）将左右尾线对齐，修剪余线。将其交叉重叠后作为轴线，另取 30 cm 长的紫色线打平结固定，见图 4-29（7）。

（8）四条尾线端点处分别穿仿珍珠 B，打结固定，见图 4-29（8）。

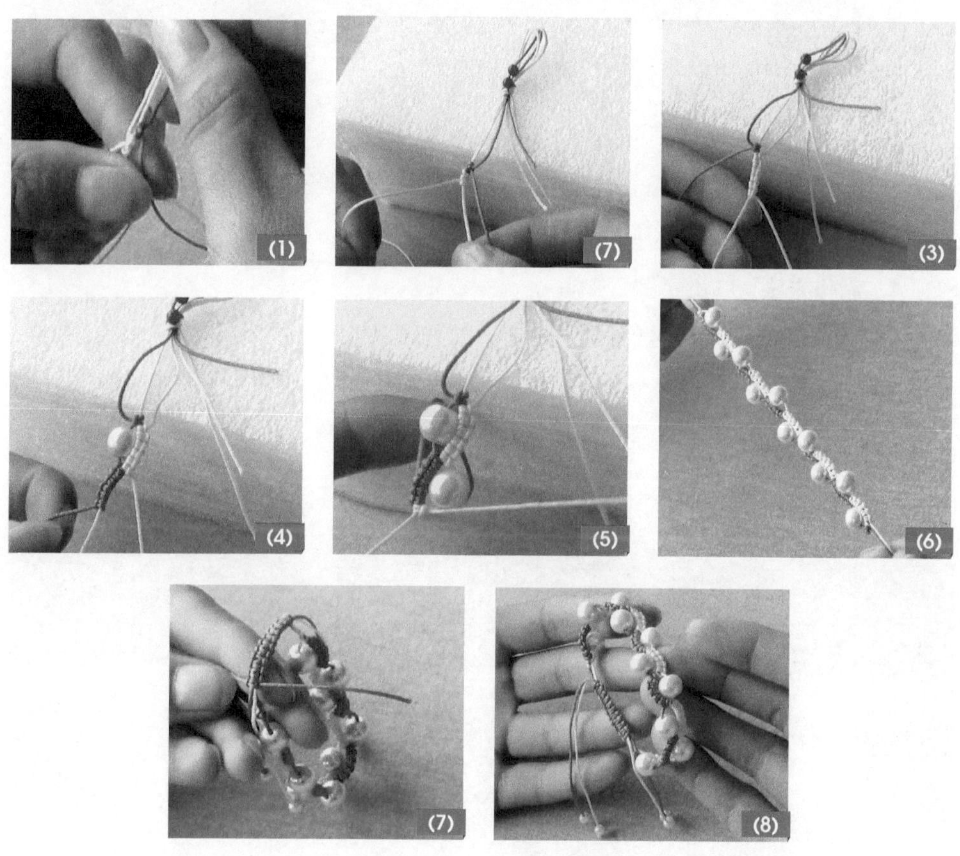

图 4-29 雀头结串珠手链制作

（五）玉米结串珠手链

1．款式特点

本款手链表现了玉米结圆润细密的特点，加之白色珍珠米珠的点缀，不仅形成了体积的变化与对比，而且使整个手链增添了活力与新意，同时还寓意圆圆满满、和和美美，见图 4-30。

2．学习要点

熟悉玉米结的制作方法；掌握结与珠组合的思路与搭配技巧。

3．材料准备（见图 4-30）

褐色线：110 cm×1 mm，2 条；

20 cm×1 mm，1 条；

珍珠米珠：3 mm，80 颗（共 18 组，4 颗 +8 颗结尾）。

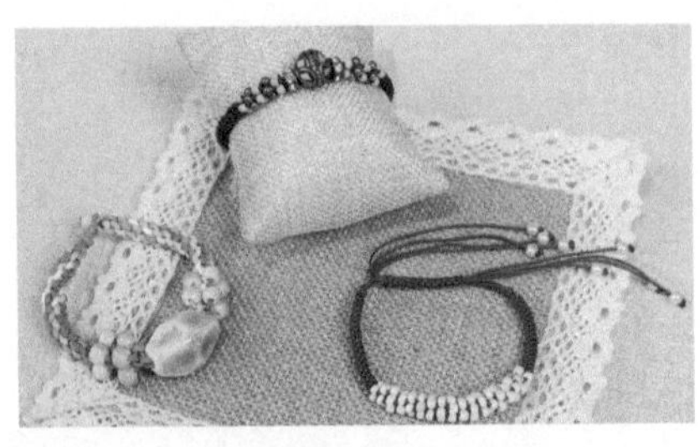
图 4-30　玉米结串珠手链款式图

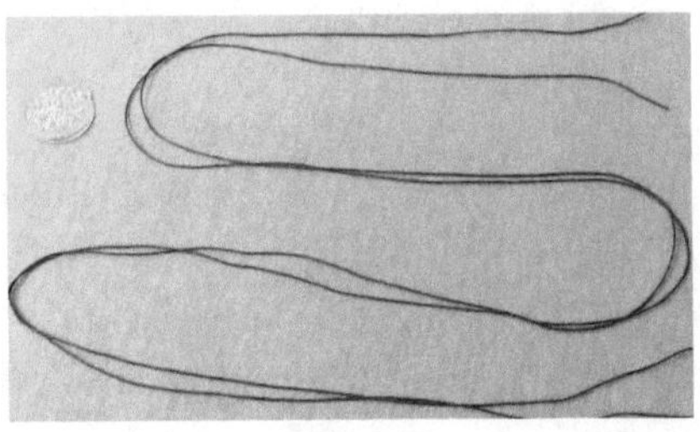
图 4-31　玉米结串珠手链材料准备

4．制作方法

（1）将 110 cm 长的褐色线居中对折，且预留 10 ～ 12 cm 长编一个双联结，见图 4-32（1）。

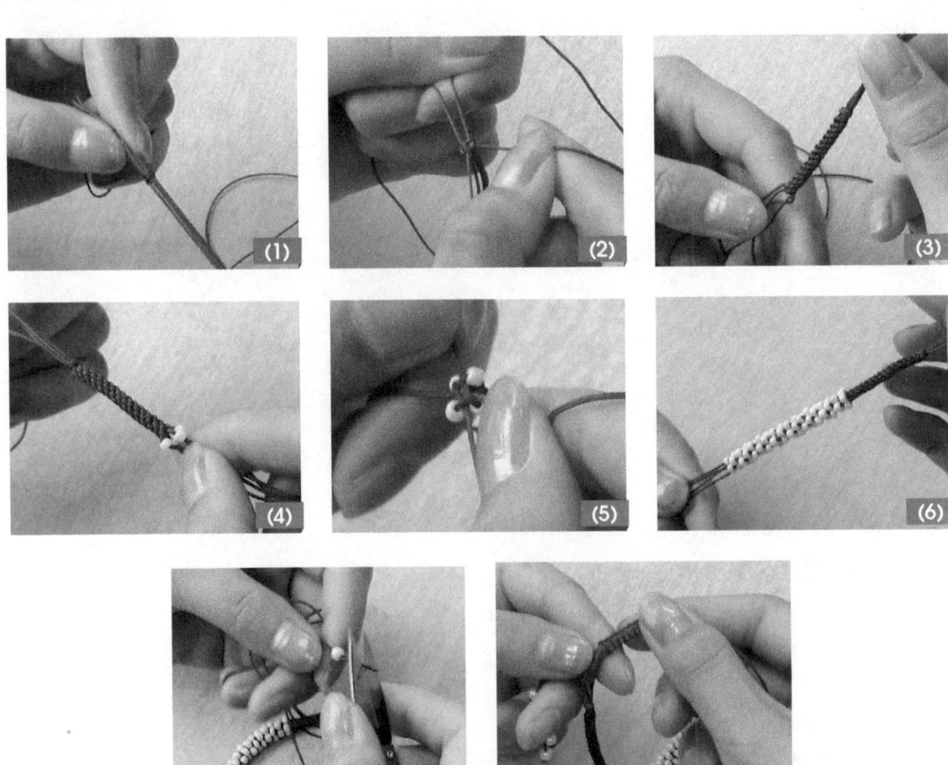

图 4-32　玉米结串珠手链制作

（2）取另一条线十字交叉，编一个玉米结，见图4-32（2）。

（3）玉米结的长度应在3.5 cm左右，注意线要拉匀拉紧，见图4-32（3）。

（4）开始穿珍珠，4条线上各穿1颗珍珠米珠，见图4-32（4）。

（5）然后编一个玉米结，将这4颗珍珠米珠固定，见图4-32（5）。

（6）依照步骤（4）～步骤（5）的方法编至长5.5 cm左右（即18组）作为装饰部分，见图4-32（6）。

（7）继续编3.5 cm左右（即左右对称）的玉米结，再编一个双联结。然后将左右两组8条线预留12 cm长，在线的端点穿1颗珍珠米珠，打结固定，见图4-32（7）。

（8）左右各4组线交叉，另取20 cm长的褐色线编平结固定，修剪余线，打结固定，见图4-32（8）。

（六）绕珠手链

1. 款式特点

本款手链采用结线缠绕玉珠的手法，在排列的珠子中间形成了漂亮的曲折线迹，红白相间，色彩鲜明，动感十足，见图4-33。

2. 学习要点

编线缠绕珠子的方法很少见，而且效果很好，装饰性强，意在拓宽表达的思路与方法。

3. 材料准备（见图4-34）

玉珠A：6 mm，12颗；

玉珠B：4 mm，4颗；

红色线：90 cm×1.5 mm，1条。

图4-33　绕珠手链款式

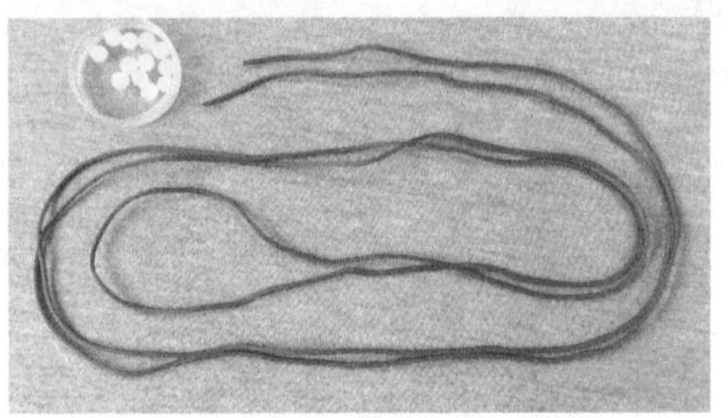

图4-34　绕珠手链材料准备

4. 制作方法

（1）截取红色线45 cm长对折作为轴线a与b，另一条红色线为编线，且轴线预留12 cm开始编平结，其长度约4 cm，左右编线设为A与B。为了操作方便，可在A与B线上各穿6颗玉珠A，为防止玉珠脱落，可在A线与B线的尾端暂时打一个结，见图4-35（1）。

（2）将B线上的第一颗玉珠移到线根部，左手的A线压轴线a，见图4-35（2）。

（3）将轴线 b 从线 B 下面拉到右侧，线 a 从线 B 上的玉珠下面拉到右侧，线 a 与线 b 交叉，使线 b 在上，线 a 在下，拉紧各线，见图 4-35（3）。

（4）左手在 A 线上移一颗玉珠到线根部，见图 4-35（4）。

（5）线 b 从上面且在线 A 的玉珠下边拉到左侧，线 a 从下面且在线 A 的玉珠下边拉到左侧，拉紧各线，见图 4-35（5）。

（6）线 a 与线 b 在左侧交叉，使线 a 在上，线 b 在下，各线拉紧，见图 4-35（6）。

（7）将 B 线上的第二颗玉珠移到上面，且移到线根部，见图 4-35（7）。

（8）重复步骤（5）～步骤（6），将两边所有的玉珠编完，见图 4-35（8）。

（9）继续编平结，长度与开始的平结长度相等，尾端各线穿 1 颗玉珠 B，打结固定，见图 4-35（9）。

（10）左右尾线交叉后编 2 cm 左右的平结，剪断余线，烧熔固定，见图 4-35（10）。

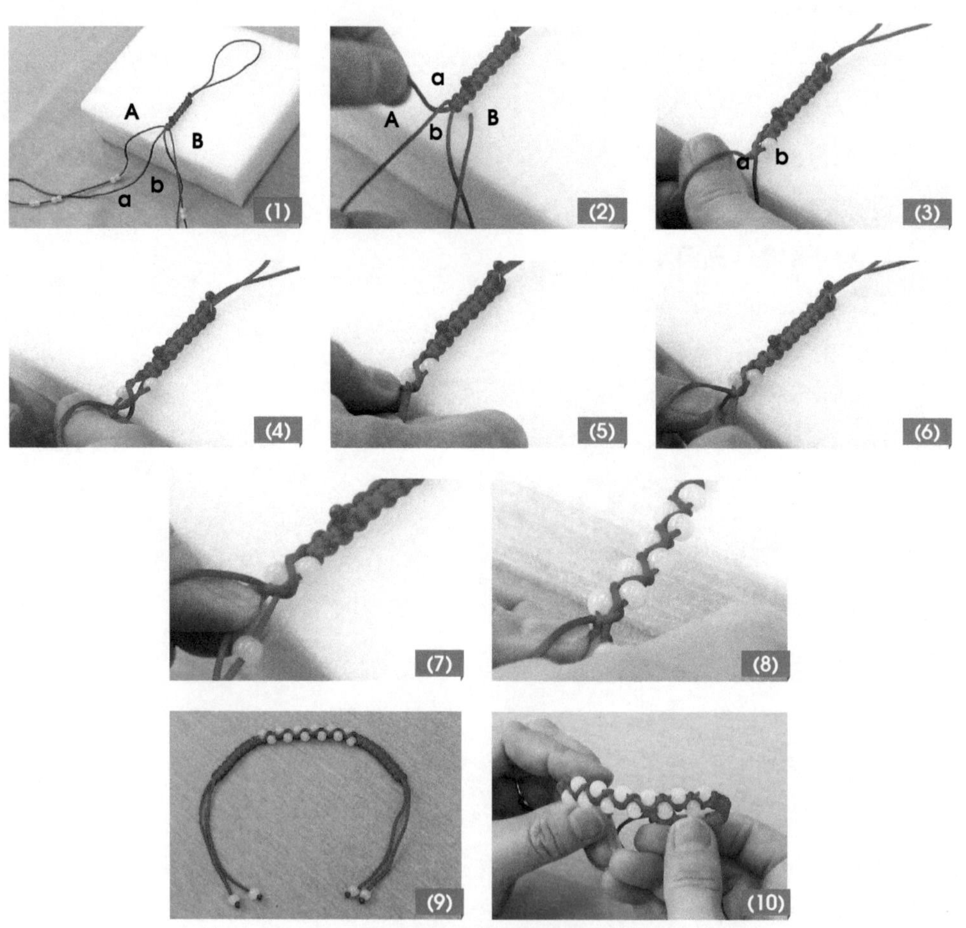

图 4-35　绕珠手链制作

（七）布艺盘花手链

1. 款式特点

本款手链采用布艺制作的盘花组成的花卉，利用黑、红色玛瑙珠搭配，无论从色彩上、还是款式上都具有浓郁的民族特色，大气而别致，见图 4-36。

2. 学习要点

学习利用布艺材料代替线材的想法与做法，从变化材料的角度达到提升效果的目的。

3. 材料准备（见图 4-37）

红色棉布：27 cm（长）×2.1 cm（宽），6 条；

30 cm（长）×2.1 cm（宽），1 条（制作纽扣），注意使用斜纱；

红色桶珠：12 mm（长）×8 mm（宽），18 颗；

红色玛瑙珠 A：8 mm，1 颗；

红色玛瑙珠 B：4 mm，16 颗；

红色玛瑙珠 C：2 mm，24 颗；

黑色玛瑙珠 A：8 mm，5 颗；

黑色玛瑙珠 B：6 mm，12 颗；

黑色玛瑙珠 C：4 mm，16 颗；

黑色玛瑙珠 D：2 mm，46 颗；

红色丝线：100 cm×1 mm，一条。

4. 制作方法

（1）做袢条：为了便于袢条翻出，在袢条布的一端用缝针固定一条缝纫线，见图 4-38（1）。

（2）将缝纫线夹在袢条里，待车缝后引领袢条翻出正面用，见图 4-38（2）。

图 4-36 布艺盘花手链款式图

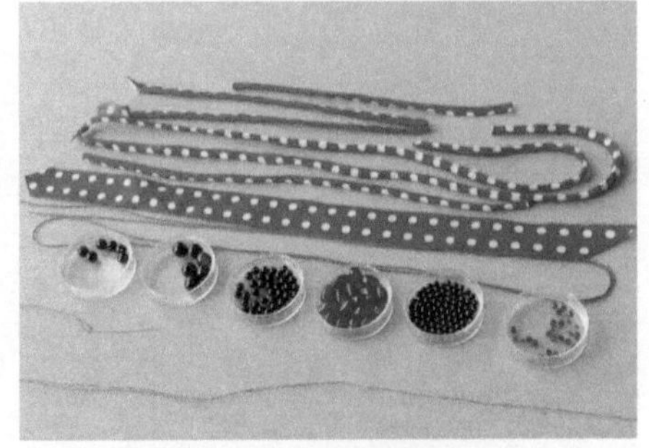

图 4-37 布艺盘花手链材料准备

（3）将袢条布面对面对折，距折叠印 4 mm 宽车缝，线迹要均匀，注意不要把线缝上，见图 4-38（3）。

（4）拉缝纫线将袢条的正面翻出来，见图 4-38（4）。

（5）做花瓣：将做好的袢条裁成 5 个 27 cm 长的条，在中点处标记下，使之左右对称，然后从袢条的一端开始向中间卷，边卷边缝合固定，用相同的方法制作另一端，注意中间部分预留 2 cm 左右的扣眼量不卷边，见图 4-38（5）。

（6）一共制作 6 个，其中盘花瓣需要 5 个，手链的尾端需要盘扣眼环与盘扣各 1 个（1 对），见图 4-38（6）。

（7）把做好的部件摆在一起，看看是否合适，整个花型直径一般控制在 4 ～ 5 cm，见图 4-38（7）。

（8）把卷好袢条的两端固定在一起，一般在反面固定比较好，正面尽量不露线迹，见图 4-38（8）。

（9）再把花瓣连在一起，并缝上黑色玛瑙珠 A 点缀，见图 4-38（9）。

（10）最后在花的中心处缝上 1 颗红色玛瑙珠 A，见图 4-38（10）。

（11）穿链绳：先穿左边的链，用红色丝线从盘扣眼一端开始串珠，顺序依次为黑色玛瑙珠 B、（红色桶珠、黑色玛瑙珠 C）×3 次、黑色玛瑙珠 B，然后与花体缝合，见图 4-38（11）。

（12）穿过一个花瓣，继续穿中间链，且与盘扣眼环相连；再穿右边的链，回到花瓣处；再用黑色玛瑙珠 D 与红色玛瑙珠 C 组合，分别穿两组环状，注意两组环状中间相隔一个花瓣。另一侧的制作方法相同，尾部连接纽扣结盘扣，见图 4-38（12）。

（13）最后在两组环上面穿一个弧线状链条，该链条长度以恰好到中指处为宜，手链戴上后就非常稳定，见图 4-38（13）。

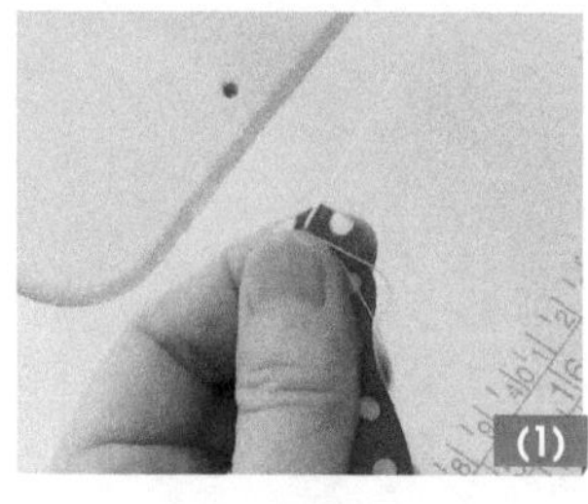
(1)

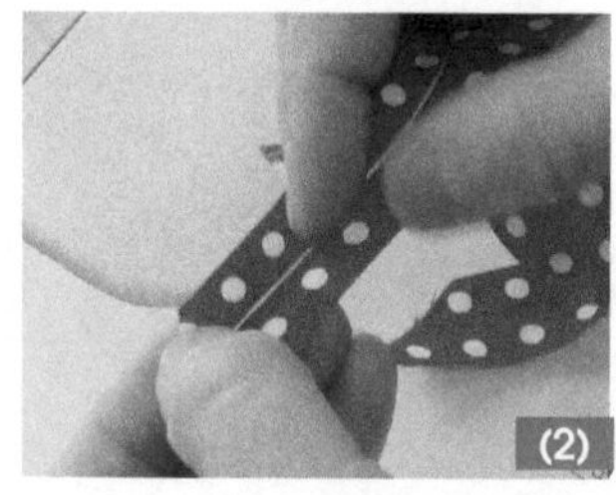
(2)

(3)

图 4-38　布艺盘花手链制作

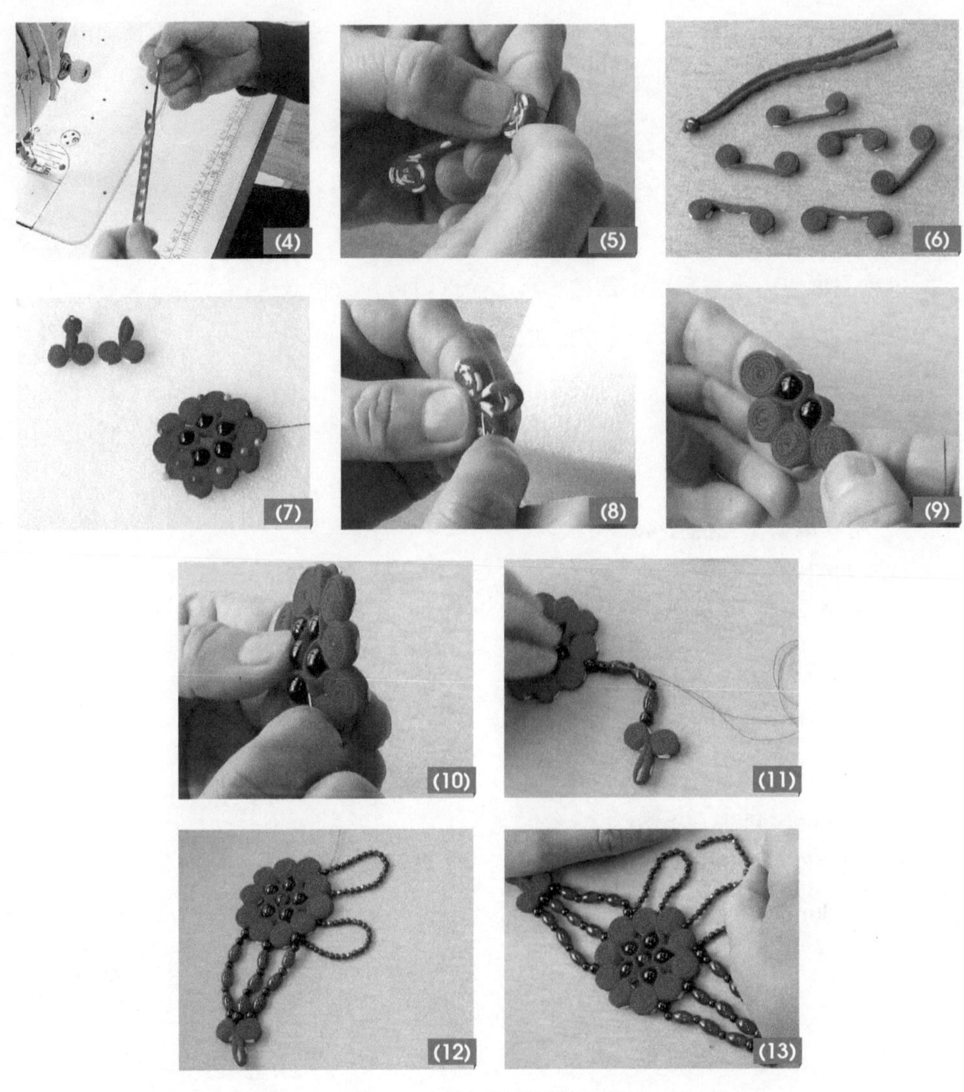

图 4-38　布艺盘花手链制作（续）

第二节

戒指设计制作

戒指是指用金属或其他材料做成的小环，戴在手指上作为装饰品、纪念物或护身符。有史以来，戒指被认为是爱情的信物，如在古希腊传说中，情侣都将戒指套在对方的中指上，因为他们相信那里有一根血管直通心脏。后来戒指变成结婚的信物，作为“亲密”、“完整”、“永恒”的象征，不但要求爱情和婚姻方面的永恒，而且也希望在家庭和人际关系方面圆满和谐。它起源于实用，而后逐渐转向审美和财富的统一，并逐渐被赋予不同的文化意义。

一 五珠争艳戒指

1．款式特点

本款戒指由大小与形状不同的5颗水晶珠组成，黄色米珠围成指环部分，不仅群珠锦簇，而且具有五珠争奇斗艳的神采效果，见图4-39。

2．学习要点

学习群珠连接的方法；学习不同色彩与不同形状的水晶珠搭配组合的思路与方法。

3．材料准备（见图4-40）

红色切面水晶珠：8 mm，1颗；

紫色水晶方珠：6 mm，1颗；

茶色水晶方珠：6 mm，1颗；

蓝色菱形珠：6 mm，1颗；

绿色菱形珠：6 mm，1颗；

黄色米珠：2 mm，36颗；

珠头T字针：20 mm，5个；

鱼线：3 mm×20 cm，1条。

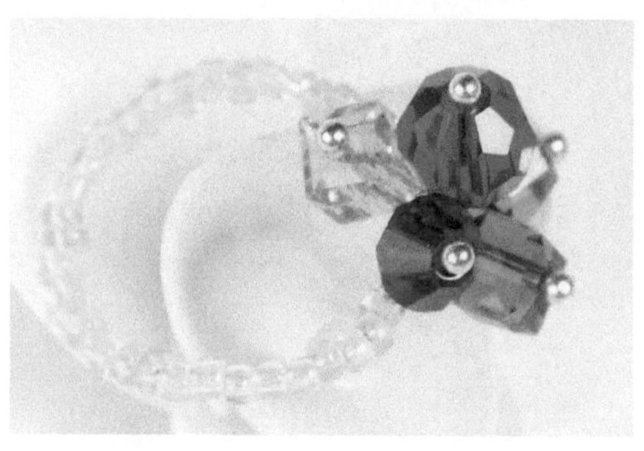

图4-39　五珠争艳戒指款式图

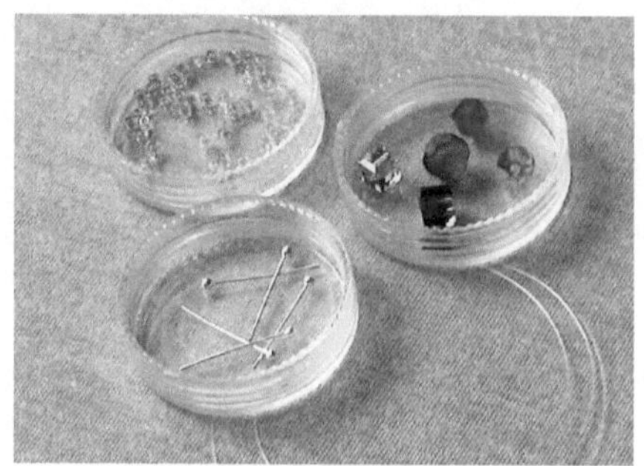

图4-40　五珠争艳戒指材料准备

4．制作方法

（1）将红色切面水晶珠穿在T针上，另一端弯成9字形，见图4-41（1）。

（2）用同样的方法穿紫色与茶色水晶方珠、蓝色与绿色菱形珠各1颗，见图4-41（2）。

（3）鱼线单穿3颗黄色米珠，再单穿上述5种珠的9字环，继续穿黄色米珠，其长度参照手指围度，见图4-41（3）。

（4）最后1颗黄色米珠对穿，见图4-41（4）。

（5）将鱼线回穿黄色米珠一周，在5颗珠群处打结并藏结，见图4-41（5）。

（6）戒指穿好的效果见图4-41（6）。

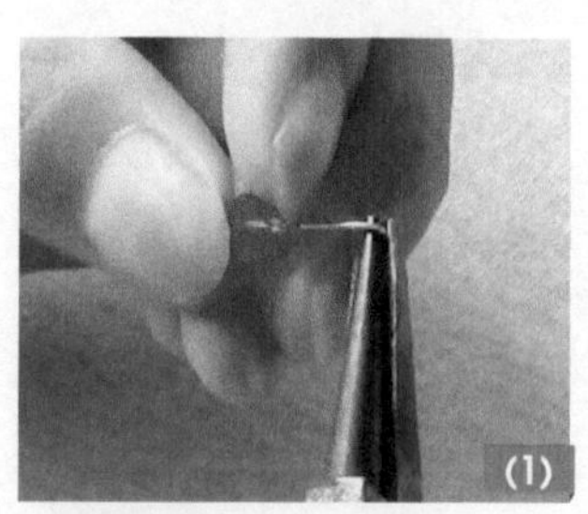

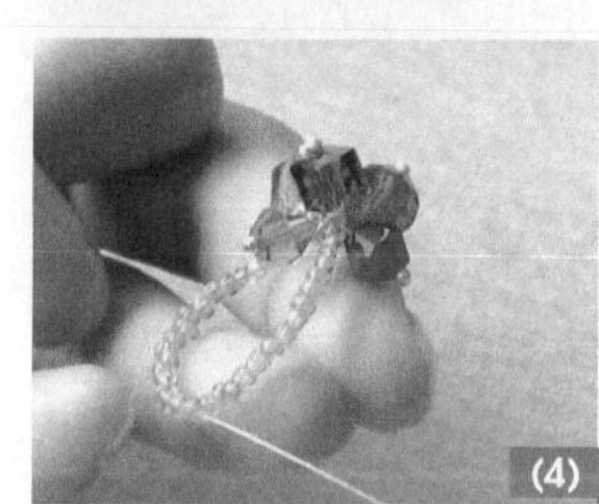

图4-41　五珠争艳戒指制作方法

二　红玉梦幻戒指

1．款式特点

本款戒指是由彩绘珠和石榴石组成，彩绘珠质地细腻，造型圆润，光泽柔美，镶金边的彩绘隔片相伴左右，犹如红玉梦幻，别有意蕴，彰显出高贵典雅的气质，见图4-42。

2．学习要点

熟悉用弹力线穿珠、打结、藏结的方法；掌握彩绘珠、彩绘隔片等材料的认知与使用。

3．材料准备（见图4-43）

彩绘珠：10 mm，1颗；

石榴石珠：3 mm，16颗；

花托：4 mm，2个；

彩绘隔片：6 mm（直径）×3 mm（厚度），2 个；

金属珠：3 mm，2 个；

白色弹力线：1 mm×10 cm，1 条。

图 4-42　红玉梦幻戒指款式图

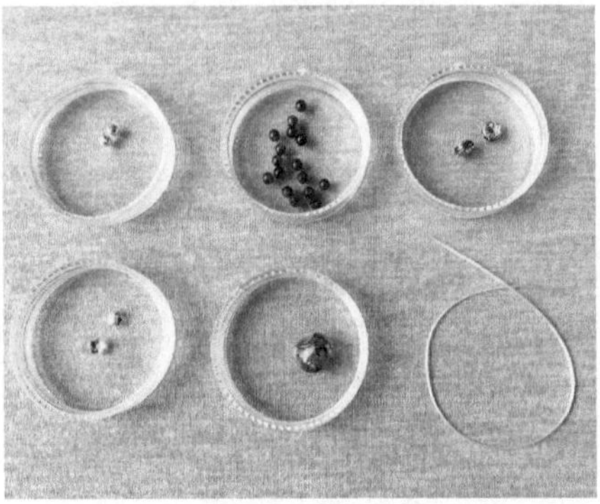

图 4-43　红玉梦幻戒指材料准备

4．制作方法

（1）用白色弹力线依次单穿 1 颗彩绘珠、花托、彩绘隔片、金属珠，见图 4-44（1）。

（2）单穿 16 颗石榴石珠，使其周长为 6 cm 左右，见图 4-44（2）。

（3）继续单穿金属珠、彩绘隔片、花托后打结，在此处打结其目的是使其藏在大珠孔内，见图 4-44（3）。

（4）剪断余线，整理成型，见图 4-44（4）。

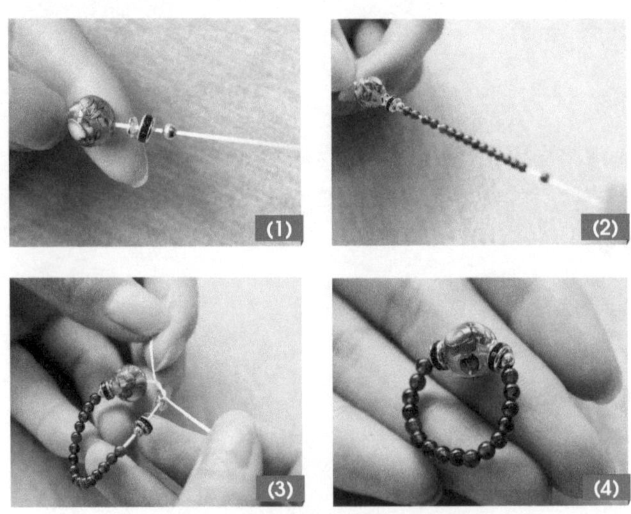

图 4-44　红玉梦幻戒指制作方法

三 粉润圆柔戒指

1．款式特点

本款戒指由粉色菱形水晶珠簇拥着一颗大的草莓水晶珠，白色珍珠米珠围成指环，整体粉润圆柔，犹如含情脉脉的水晶之恋，让人流连忘返，难以忘怀，见图 4-45。

图 4-45　粉润圆柔戒指款式图

2．学习要点

熟悉回穿珠的方法，使珠子达到立体、凸显的效果；掌握珠子与色彩的搭配。

3．材料准备（图 4-46）

草莓水晶珠：10 mm，1 颗；

粉色菱形水晶珠：4 mm，22 颗；

珍珠米珠：2 mm，40 颗；

鱼线：50 cm×3 mm，1 条。

图 4-46　粉润圆柔戒指材料准备

4．制作方法

（1）主体部分：用鱼线单穿 7 颗珍珠米珠，设定其中第 4 颗为对接 A 珠，对穿 1 颗粉色菱形水晶珠，见图 4-47（1）。

（2）左右线分别单穿 1 颗菱形水晶珠，对穿 1 颗菱形水晶珠，见图 4-47（2）。

（3）左右线继续分别单穿 4 颗水晶菱形珠，对穿 1 颗草莓水晶珠，见图 4-47（3）。

（4）左右线分别回穿 1 颗菱水晶形珠，使其增加立体感，见图 4-47（4）。

（5）左右线分别穿 3 颗菱形水晶珠，对穿 1 颗菱形水晶珠，见图 4-47（5）。

（6）左右线分别单穿 1 颗菱形水晶珠，对穿 1 颗菱形水晶珠；再左右单穿 3 颗珍珠米珠，对穿 1 颗珍珠米珠，见图 4-47（6）。

（7）链子部分：采用四珠花的穿法直到符合长度为止，见图 4-47（7）。

（8）最后对穿 A 珠合拢成环状，用鱼线再回穿几颗珍珠米珠，打结并藏结，见图 4-47（8）。

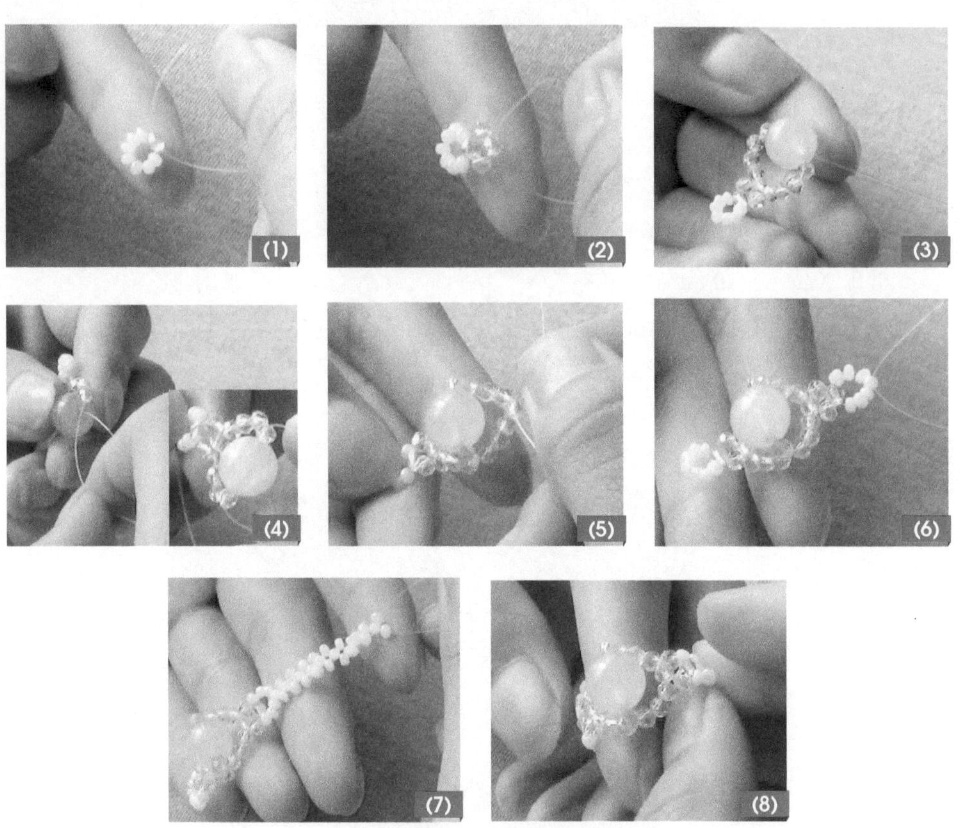

图 4-47　粉润圆柔戒指制作方法

四 梅花三弄戒指

1. 款式特点

本款戒指以三朵梅花为造型主体，浅蓝色米珠围成指环，整体清新典雅，灿烂芬芳。仿佛《梅花三弄》乐曲的三个变奏，和谐悦耳，又如《梅花三弄》连续剧，寓意美好的爱情故事，见图 4-48。

2. 学习要点

学习米珠与大珠穿插点缀及相互衬托的思路与方法。

3. 材料准备（图 4-49）

红色菱形水晶珠：5 mm，4 颗；

茶色菱形水晶珠：5 mm，4 颗；

蓝色菱形水晶珠：5 mm，4 颗；

蓝色米珠：2 mm，44 颗；

黄色米珠：2 mm，3 颗；

鱼线：2 mm×50 cm，1 条。

图 4-48 梅花三弄戒指款式图

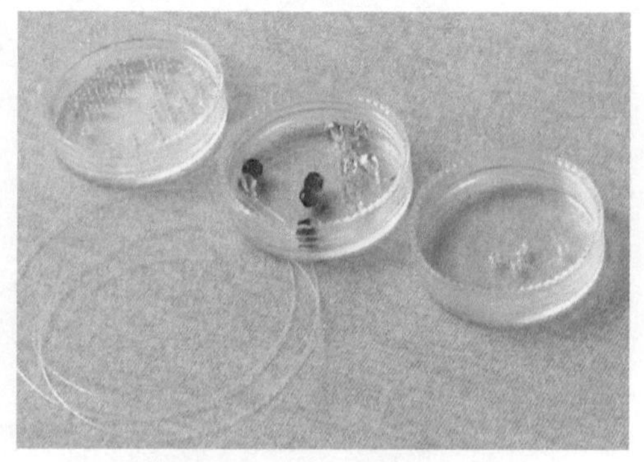

图 4-49 梅花三弄戒指材料准备

4. 制作方法

（1）主体部分：鱼线对折后，先单穿 7 颗蓝色米珠，设定其中第 4 颗为对接珠 A，左右线再分别单穿 1 颗茶色菱形水晶珠，对穿黄色米珠，见图 4-50（1）。

（2）左右线分别依次单穿茶色菱形水晶珠、蓝色米珠、红色菱形水晶珠后，对穿黄色米珠，见图 4-50（2）。

（3）左右线分别依次单穿红色水晶珠、蓝色米珠、蓝色菱形水晶珠后，对穿黄色米珠；左右线再单穿蓝色菱形水晶珠，见图 4-50（3）。

（4）左右线分别单穿 3 颗蓝色米珠、对穿蓝色米珠，见图 4-50（4）。

（5）带子部分：采用四珠花的穿法直到符合其的长度为止，见图 4-50（5）。

（6）最后对穿 A 珠合拢成环状，用鱼线再回穿几颗米珠，打结并藏结，见图 4-50（6）。

（7）穿好后的戒指效果见图 4-50（7）。

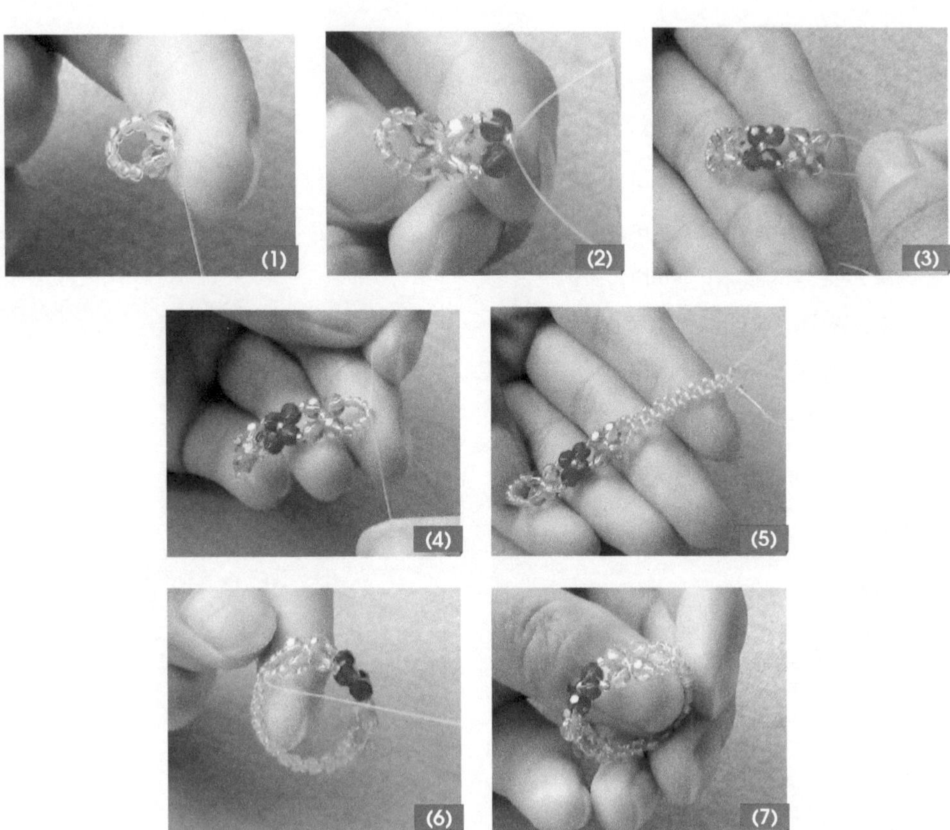

图 4-50　梅花三弄戒指制作方法

五　红梅花艳戒指

1. 款式特点

本款戒指以黄色米珠为花芯，红色水晶珠为花瓣，白色透明米珠镶嵌在花瓣外缘，显示出梅花红艳，梅香浓浓，晶莹剔透的效果，整体搭配相得益彰，见图 4-51。

2．学习要点

学习花瓣组合及衔接的方法；尝试多色彩搭配的效果。

3．材料准备（图 4-52）

红色菱形珠：6 mm，6 颗；

透明菱形珠：3 mm，6 颗；

黄色米珠：2 mm，12 颗；

透明米珠：2 mm，70 颗左右；

鱼线：3 mm×80 cm，1 条。

图 4-51　红梅花艳戒指款式图

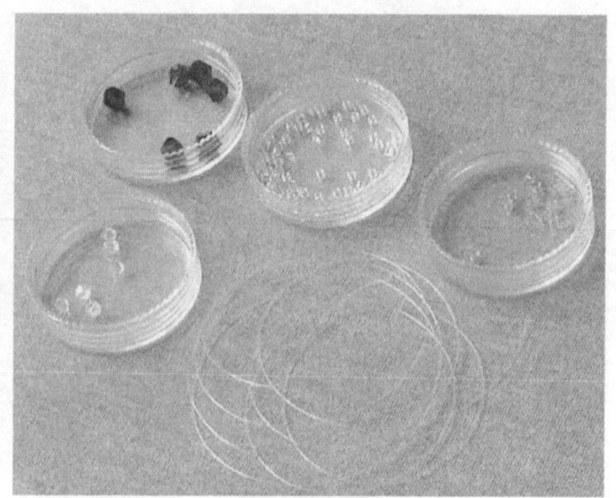

图 4-52　红梅花艳戒指材料准备

4．制作方法

（1）主体部分：用鱼线单穿 5 颗黄色米珠，对穿 1 颗黄色米珠作为花芯部分，见图 4-53（1）。

（2）花瓣 1：右线依次单穿红色菱形珠、透明米珠、透明菱形珠、透明米珠、黄色米珠、透明米珠，然后再回穿透明菱形珠，见图 4-53（2）。

（3）花瓣 2：右线单穿一颗透明米珠，左线进穿一颗黄色米珠，左右线对穿红色菱形珠，见图 4-53（3）。

（4）右线单穿透明米珠、透明菱形珠、透明米珠、黄色米珠、透明米珠后，再回穿透明菱形珠，见图 4-53（4）。

（5）重复步骤（3）与步骤（4），穿出花瓣 3 至花瓣 6，见图 4-53（5）。

（6）花瓣收尾：左线进穿一颗花芯米珠，对穿花瓣 1 的红色菱形珠，见图 4-53（6）。

（7）为了使左右鱼线牢固，要重复回穿一圈，使花体平整不卷边。最后使左右线回到两个花瓣的外围上，见图 4-53（7）。

（8）指环部分：采用左右线分别单穿 2 颗黄色米珠，再对穿 1 颗黄色米珠的方法，一直穿到符合指围的长度，见图 4-53（8）。

（9）与另外一侧对称的两个花瓣对接，见图 4-53（9）。

（10）用鱼线再多穿几颗米珠后，打结并藏结，整理成型，见图 4-53（10）。

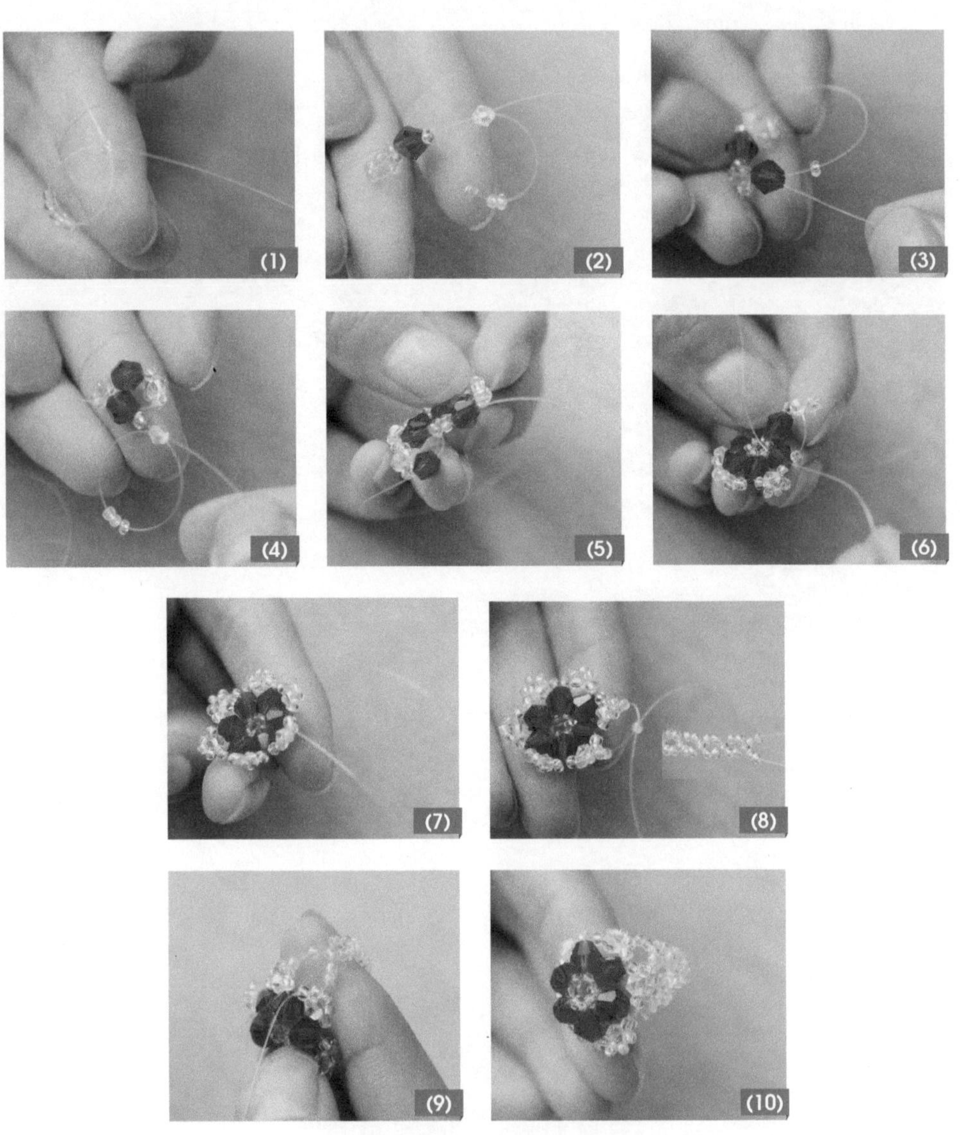

图 4-53　红梅花艳戒指制作方法

六 彩虹曼舞戒指

1. 款式特点

本款戒指由浅蓝、深蓝、白、黄四色组成多层波浪形曲线，似一道彩虹灵动飞舞，同时又具有几分温柔和典雅，见图 4-54。

2. 学习要点

学习斜向穿珠、加珠的思路与方法，掌握珠子色彩与大小的组合。

3. 材料准备（图 4-55）

珍珠：4 mm，7 颗；

浅蓝色米珠：2 mm，14 颗；

深蓝色米珠：1 mm，14 颗；

黄色米珠：2 mm，若干；

鱼线：0.3 mm×160 cm，1 条。

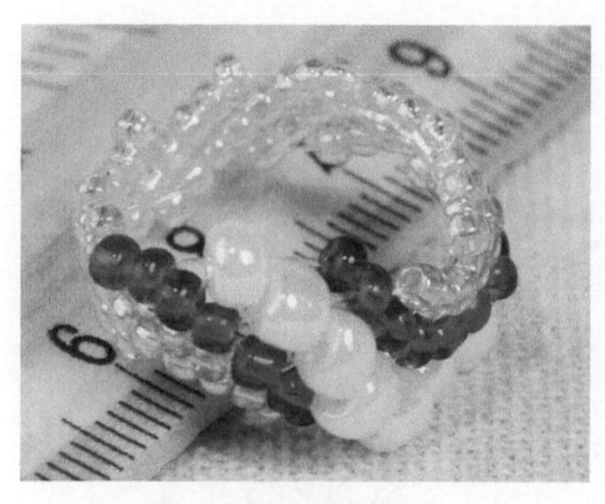

图 4-54 彩虹曼舞戒指款式图

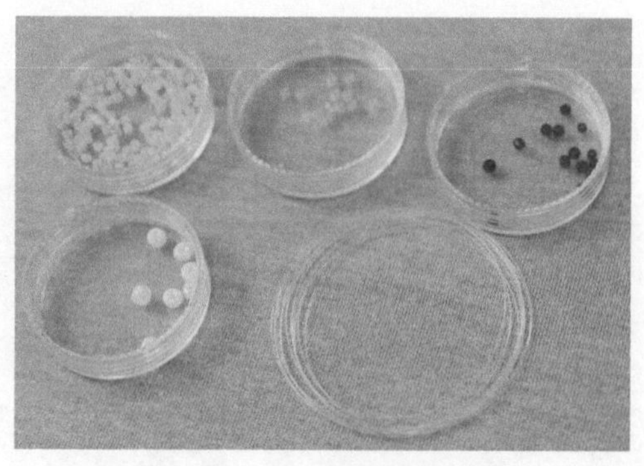

图 4-55 彩虹曼舞戒指材料准备

4. 制作方法

（1）第一圈：左边鱼线预留 10 cm 长，均为右线穿珠。单穿 5 颗黄色米珠，设定其中第 1 颗为珠 A。依次单穿 2 颗浅蓝色米珠、2 颗深蓝色米珠、2 颗珍珠、2 颗深蓝色米珠、2 颗浅蓝色米珠、13 颗黄色米珠，见图 4-56（1）。

（2）对穿珠 A，构成一个圆环状，见图 4-56（2）。

（3）第二圈：单穿 1 颗黄米珠，设定为珠 B，再逆时针隔 2 颗黄色米珠，进穿 1 颗黄色米珠，见图 4-56（3）。

（4）单穿 1 颗黄色米珠，再隔 2 颗（黄色、浅蓝色）米珠，进穿 1 颗浅蓝色米珠，见图 4-56（4）。

（5）单穿 1 颗浅蓝色米珠，再隔 1 颗深蓝色米珠，进穿 1 颗深蓝色米珠，见图 4-56（5）。

（6）单穿 1 颗深蓝色米珠，再隔 1 颗珍珠，进穿 1 颗珍珠，见图 4-56（6）。

（7）进穿 1 颗珍珠，再隔 1 颗深蓝色米珠，进穿 1 颗深蓝色米珠，见图 4-56（7）。

（8）单穿 1 颗深蓝米色珠，再隔 1 颗深蓝色米珠，进穿 1 颗浅蓝色米珠，见图 4-56（8）。

（9）单穿 1 颗浅蓝色米珠，再隔 1 颗黄色米珠，进穿 2 颗黄色米珠，见图 4-56（9）。

（10）单穿 1 颗黄色米珠，再隔 1 颗黄色米珠，进穿 2 颗浅蓝色米珠，依次类推，直至穿到 B 珠，其规律为黄色米珠部分是隔 1 进穿 2；其他部分是隔 1 进穿 1，见图 4-56（10）。

（11）第三圈：重复第二圈的步骤（5）～步骤（10），其成形状态见图 4-56（11）。

（12）编完 6 圈后打结，再回穿几颗珠子后剪断线头，见图 4-56（12）。

（13）整体成形效果见图 4-56（13）。

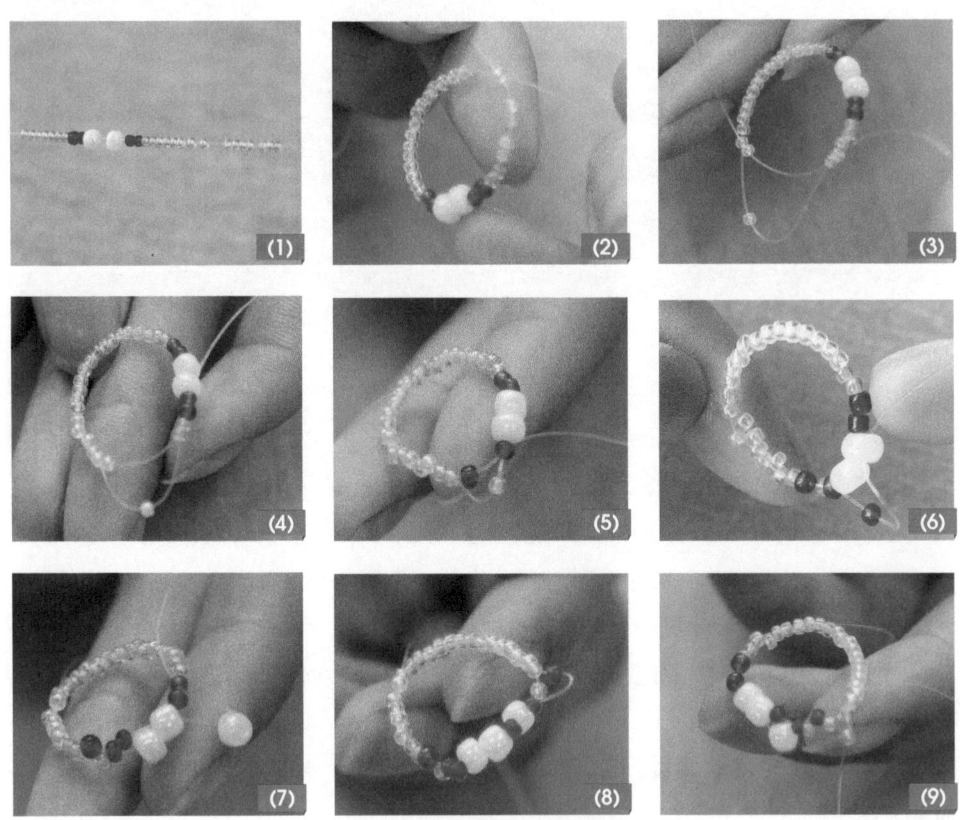

图 4-56　彩虹曼舞戒指制作方法

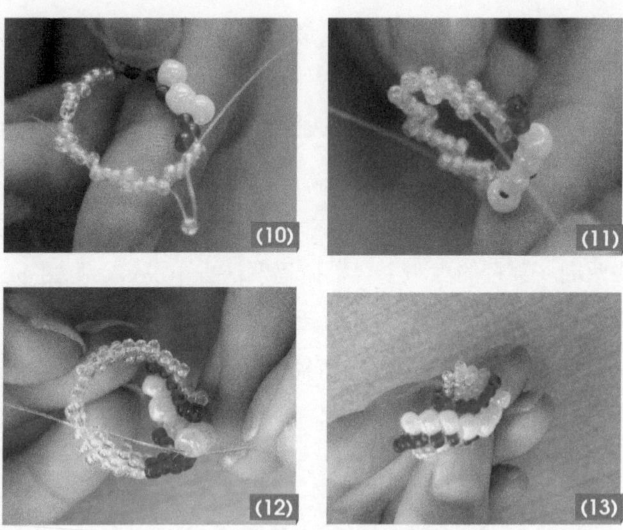

图 4-56　彩虹曼舞戒指制作方法（续）

七　金丝嵌珠戒指

1. 款式特点

本款戒指由金属丝镶嵌玛瑙珠而成，整体温婉浪漫，让简单的设计拥有不寻常的感觉，见图 4-57。

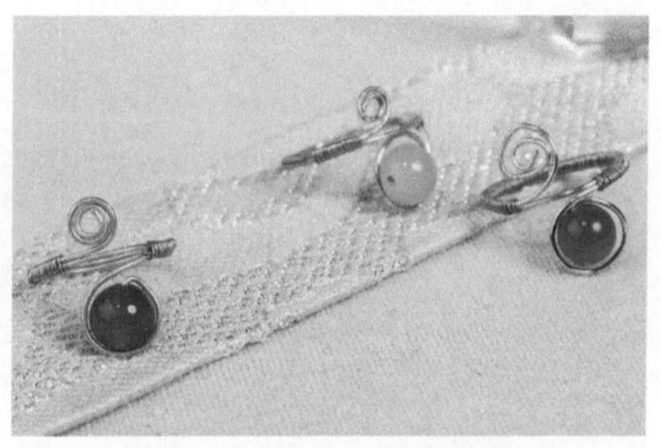

图 4-57　金丝嵌珠戒指款式图

2. 学习要点

学习利用金属丝绕成各种形状的技术以及与其他材料的设计组合。

3. 材料准备（图 4-58）

铜丝 A：8 mm×25 cm；

铜丝 B：3 mm×40 cm；

红玛瑙珠：8 mm，1 颗。

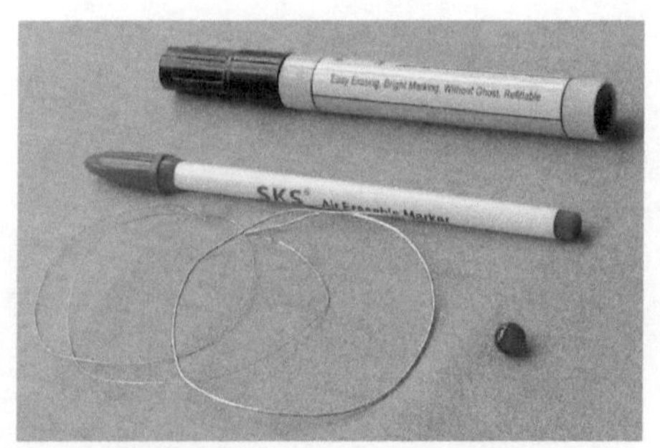

图 4-58　金丝嵌珠戒指材料准备

4. 制作方法

（1）用铜丝 A 在直径 2 cm 的绘图笔上（或手指粗细的圆筒）绕两圈，形成圆环状，周长为手指的围度，见图 4-59（1）。

（2）用铜丝 B 在指环上缠绕，一方面使其成为一体，另一方面增加装饰性。可以缠绕接口的两侧，也可以缠绕一圈，见图4-59（2）。

（3）将指环末端一侧的铜丝A预留4 cm左右，剪掉余料，见图4-59（3）。

（4）用卷针钳从一端开始逐步向外卷起，卷成螺旋状，见图4-59（4）。

（5）指环末端另一侧的铜丝A从贴着玛瑙珠的位置开始卷，最好借助直径为0.8 cm的笔缠绕两圈，直径的大小主要根据玛瑙珠大小决定，见图4-59（5）。

（6）将内圈的铜丝向里面弯曲，并剪断铜丝，见图4-59（6）。

（7）穿入玛瑙珠，按玛瑙珠的直径剪掉余料，玛瑙珠会被外面的铜丝拦住而掉不出来，见图4-59（7）。

（8）整理戒指的形状，见图4-59（8）。

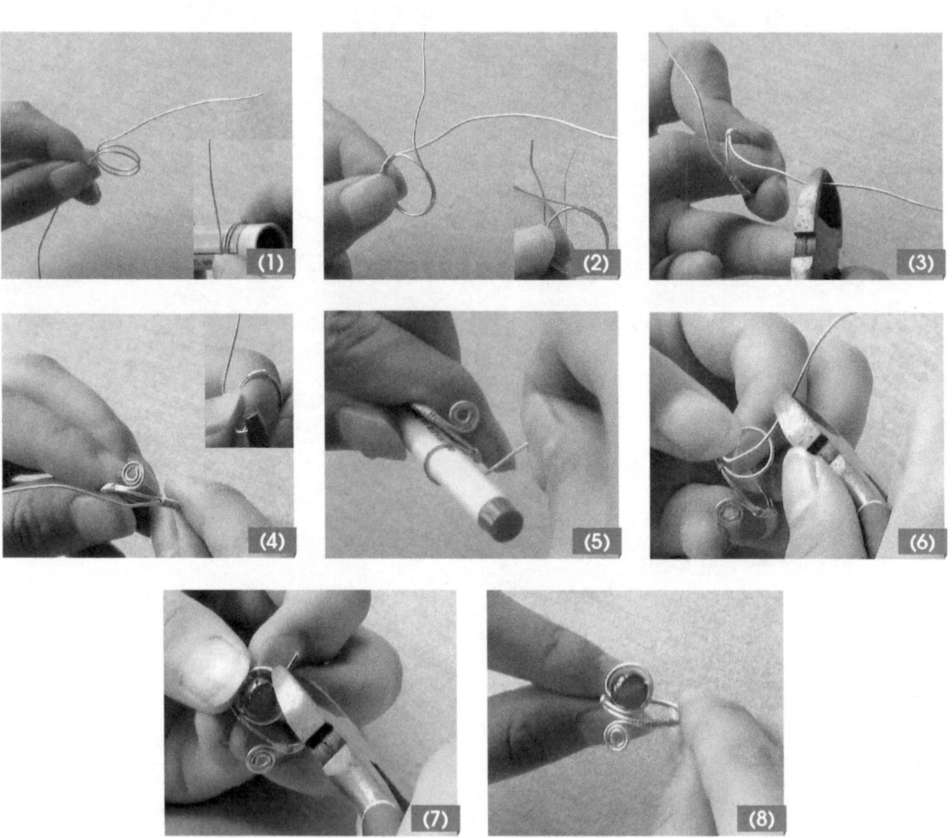

图4-59　金丝嵌珠戒指制作方法

CHAPTER 5 第五章 颈饰设计制作

教学目标

（一）知识目标

1. 掌握项链及其搭配的相关知识。

2. 掌握项链的制作方法与步骤。

（二）能力目标

1. 掌握项链的制作技巧，提高其设计制作能力。

2. 掌握设计、色彩及搭配的知识，提高不同风格项链的表达与应用能力。

第一节
项链及其搭配

一 项链意义

颈饰多指项链，是人体的装饰品之一，是最早出现的首饰。项链除了具有装饰功能之外，有些项链还具有特殊的显示作用，如天主教徒的十字架链和佛教徒的念珠。从古至今人们为了美化人体本身，制造了各种不同风格、不同特点、不同式样的项链，满足了不同肤色、不同民族、不同审美观的人的需求。珠宝项链比金银项链的装饰效果更强烈，色彩变化也更丰富，尤其受中青年的喜爱。现代又流行各种时装项链，大都采用非贵重材料制成，如镀金项链，用塑料、皮革、玻璃、丝绳、木头、低熔合金等制成的项链，主要是为了与时装搭配，强调新、奇、美和普及性。

二 项链搭配

项链的种类繁多，造型丰富，具有较强的装饰性。恰当合理地选择与佩戴项链能够对佩戴者起到扬长避短的修饰作用。在佩戴项链时，应注意下面几个方面：

（1）项链与服装。佩戴项链应和服装取得和谐与呼应的关系。如当身着柔软、飘逸的丝绸衣裙时，佩戴精致、细巧的项链，看上去会更加婉约动人。如果上衣衣领是蝴蝶结式的，最好不要戴项链，否则会有累赘感。

（2）项链与服装色彩。项链的颜色要与服装的色彩成互补关系为好，这样可形成鲜明的对比。如单色或素色服装，佩戴色泽鲜明的项链，能使首饰更加醒目，在首饰的点缀下，服装色彩也显得更加丰富。色彩鲜艳的服装，佩戴简洁单纯的项链，不会被艳丽的服装颜色所淹没，并且可以使服装色彩更加平衡。

（3）首饰之间要相互协调。项链宜和同色、同质地的耳环或手镯搭配佩戴，这样可以达到最佳效果。佩戴项链时还要注意，有的项链上有一个叫汇合圈的开关，这个开关内装有钢丝轴型弹簧，拨动时不宜用力过猛，以防止弹簧断裂。

（4）项链与衣领搭配。

V 字领　这是个讨巧的款式，这样的领口线条十分简洁明快，适合佩戴较现代和时尚的项链，吊坠垂挂于颈脖和领口中间的位置比较合适。注意不要让吊坠被衣物所遮盖或者紧紧贴在喉咙部位。

高领　就日装而言，项链佩戴在高领上面有过于夸张之嫌。但是比较贴合脖子的瘦衣领，可以在领子的外围加上圆形的项链，让线条搭配协调统一。

小翻领　穿小翻领衣服如果戴的项链过短，本来开口就很小的衣服会让人感到更拥挤；若项链过长，又会被衣服遮住。所以让项链长度以垂至衣领开口的中间部位为宜。

一字领　稍微宽松的衣领配以简洁的项链效果更好。应选择与领口线交叉的项链，这样会显得很漂亮，而如果项链过长，就与衣领没有呼应，从而失去应有的效果。

复杂领　穿着有复杂结构的领口衣服的时候，要选择有点份量的项链，使之与露出的肌肤达到一定的平衡。如果选用的项链过细，质感不足，颈部会显得空荡荡的。

小圆领　可以搭配稍微长一些的项链，让项链坠子垂在衣领的下面，这个时候，项链的颜色和衣服的颜色反差大一些，就可以突出重点了。

第二节 项链设计制作实例

一 球珠牵挂项链

1．款式特点

本款项链以珍珠为主要材料，米珠串成小球，与大的珍珠相依相伴，色彩调和，甜美温润，不但可以营造淡雅轻柔的气息，更带来一种清爽温馨的效果，见图 5-1。

2．学习要点

学习球与珠的连接方法；链子与主体部分、延长链的连接方法。

3．材料准备（见图 5-2）

图 5-1　球珠牵挂项链款式图

图 5-2　球珠牵挂项链材料准备

珍珠：6 mm×10 颗；

珍珠米珠：2 mm×9 颗 ×7 组；

金属链：20 cm（长）×3 mm（宽），1 条；

鱼线：0.3mm（宽）×80 cm（长），1 条；

龙虾扣：10 mm，1 个；

延长链：50 mm，1 条；

9 字针：40 mm，14 个；

单圈：6 mm，2 个。

4．制作方法

（1）选用 9 颗珍珠米珠，用鱼线制作出三边球形，参考本教材 52 页的四边球形法，共做 7 组，见图 5-3（1）。

（2）用 9 字针从三边球形中间穿出来，弯成 9 字环，制成配件 A，共 7 组，见图 5-3（2）。

（3）用 9 字针穿过珍珠，弯成 9 字环，制成配件 B，共 10 组，见图 5-3（3）。

（4）将配件 A、B 交替连接起来，注意最好用新弯的 9 字环连接自带的 9 字环，见图 5-3（4）。

（5）按照步骤（4）的方法，连接 A、B 组合共 7 组，即球珠相连。最后左右两端连接 2 个配件 B，见图 5-3（5）。

（6）两端用金属链、延长链、单圈、龙虾扣连接完成，见图 5-3（6）。

(1)

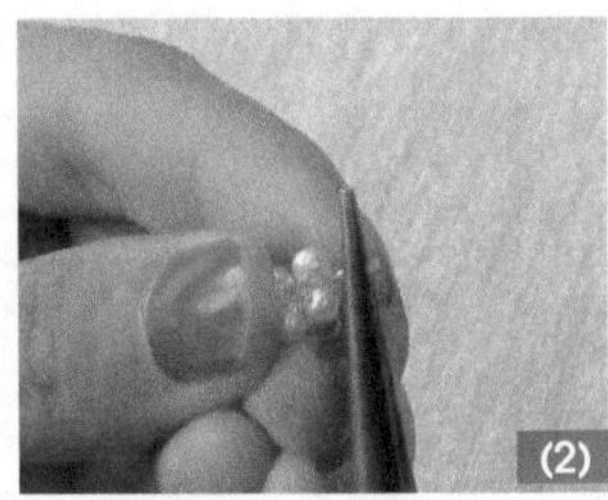
(2)

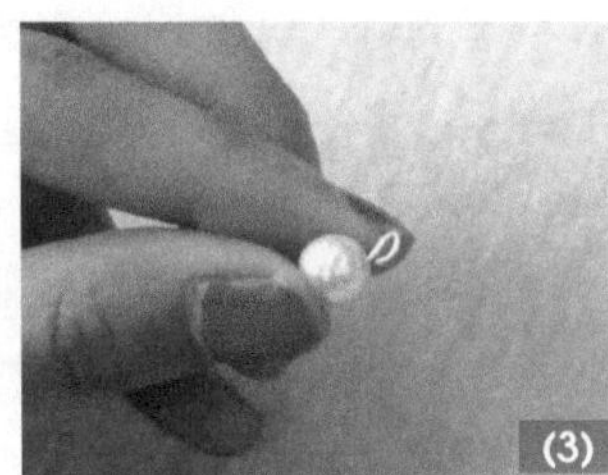
(3)

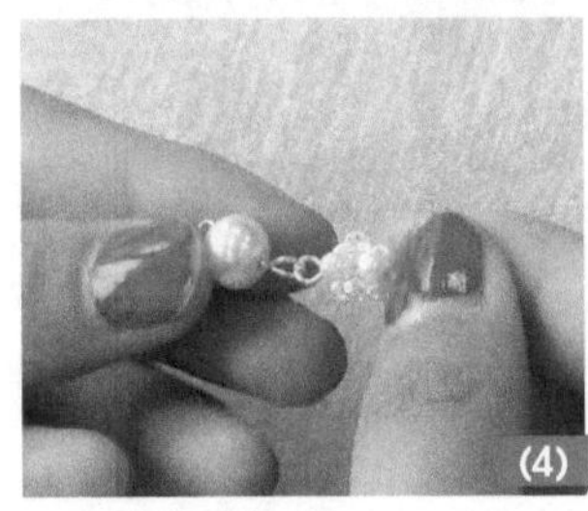
(4)

(5)

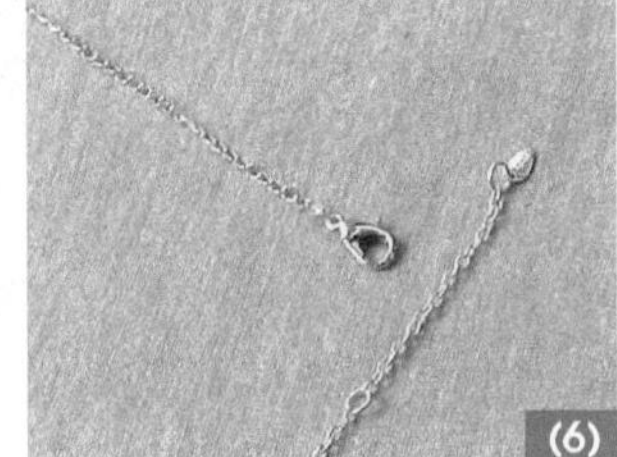
(6)

图 5-3　球珠牵挂项链制作

二 珠钻炫彩项链

1．款式特点

本款项链为短锁骨链，以中国红为主色调，香槟色为辅助色，夸张的红枣石与镶钻转运珠搭配，不仅具有时来运转，好运连连的寓意，同时焕发出迷人风采，见图 5-4。

2．学习要点

学习色彩搭配，珠子与镶钻珠搭配，以及包扣与链子的连接方法。

3．材料准备（图 5-5）

图 5-4　珠钻炫彩项链款式图

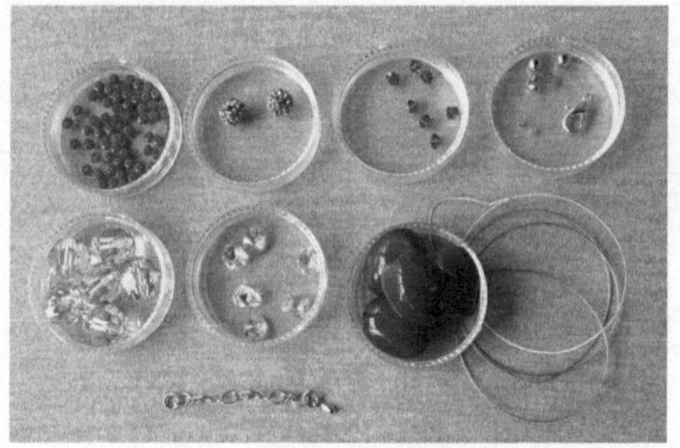

图 5-5　珠钻炫彩项链材料准备

水晶珠：12 mm，6 颗；

红枣石：20 mm×15 mm，4 颗；

镶钻珠：8 mm，2 颗；

菱形珠：4 mm，7 颗；

水晶水滴珠：6 mm，6 颗；

红色切面扁珠：2 mm，若干颗；

金色小球：4 mm，2 个；

延长链：4 mm×50 mm；

龙虾扣：6 mm×10 mm；

包扣：6 mm，2 个；

金属丝：0.8 mm×40 cm，1 条；

定位珠：2mm，2 个。

4. 制作方法

（1）用金属丝穿 1 颗定位珠，为了结实，可以重复穿一次，再穿包扣，见图 5-6（1）。

（2）金属丝的头可预留长一点，压扁定位珠，合拢包扣，见图 5-6（2）。

（3）包扣上穿龙虾扣。开始穿 30 颗红色切面扁珠，开始部分可将预留线头一起穿进去，见图 5-6（3）。

（4）然后依次穿金色小球、水晶珠、镶钻珠、红枣石、菱形珠、3 颗水晶水滴珠、菱形珠、水晶珠、红枣石、菱形珠、水晶珠、菱形珠、水晶珠、镶钻珠，见图 5-6（4）。

（5）继续穿红枣石、水晶珠、菱形珠、3 颗水晶水滴珠、菱形珠、红枣石、菱形珠、水晶珠、金色小球，见图 5-6（5）。

（6）最后穿 30 颗红色切面扁珠，使其左右对称。穿包扣、定位珠，可重复穿定位珠一次，剪掉余线，压扁定位珠，合拢包扣，见图 5-6（6）。

（7）包扣连接延长链，见图 5-6（7）。

（8）整体效果见图 5-6（8）。

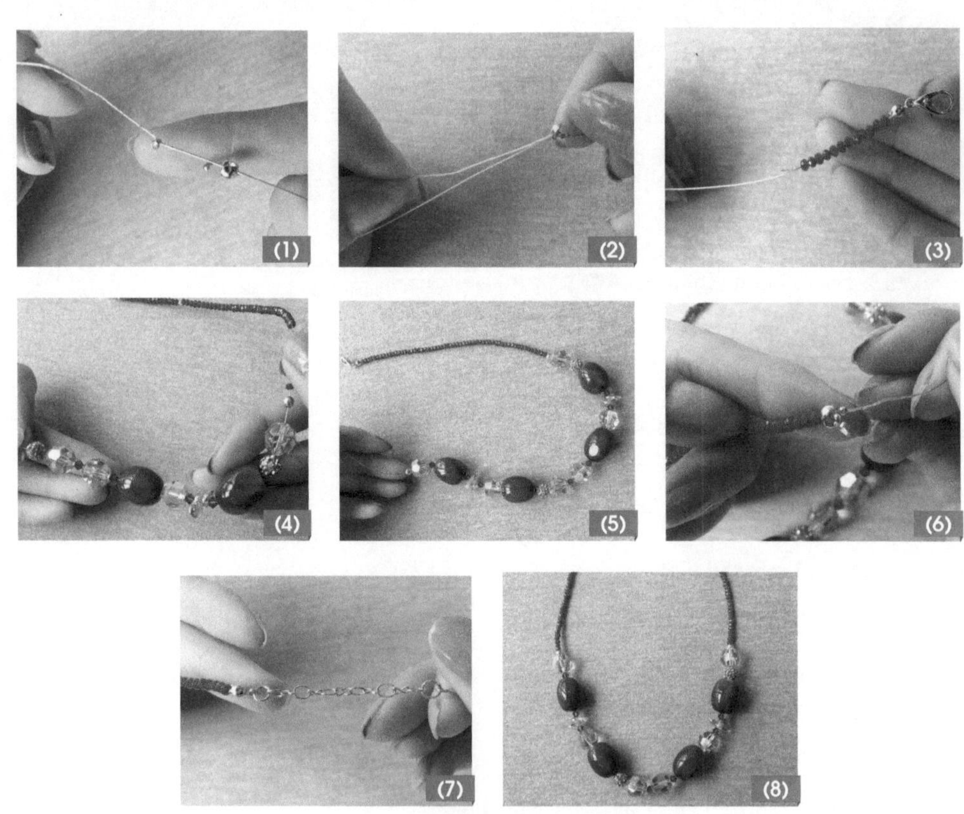

图 5-6　红枣石钻组合项链制作

三 花珠欣舞项链

1. 款式特点

本款项链属于长款项链，亦称毛衣链，以经典的红、黑色搭配，艳丽喜气。采用朱砂红漆雕玫瑰花、菩提根花珠等材料，花珠互映，流苏起舞，具有浓郁的民族特色，见图 5-7。

2. 学习要点

学习多种材料的组合（花、珠），流苏的制作，装饰圈的组合与运用。

3. 材料准备（图 5-8）

图 5-7　花珠欣舞项链款式图

图 5-8　花珠欣舞项链材料准备

朱砂红漆雕玫瑰花：30 mm，1 个；

菩提根花珠：15 mm，4 个；

朱砂红漆雕珠 A：10 mm，4 颗；

朱砂红漆雕珠 B：8 mm，12 颗；

朱砂红漆雕珠 C：6 mm，16 颗；

朱砂红漆雕珠 D：4 mm，92 颗；

黑色珠 A：4 mm，18 颗；

黑色珠 B：2 mm，136 颗；

弹力线：0.3 mm×50 cm，1 条；

丝线：1 mm×60 cm，1 条。

4. 制作方法

（1）装饰圈部分：用弹力线穿 3 颗朱砂红漆雕珠 D、3 颗黑色珠 A，且颜色相间，共穿 6 组，见图 5-9（1）。

（2）穿流苏部分：用丝线依次穿黑色珠 B、2 颗朱砂红漆雕珠 B、2 颗朱砂红漆雕珠 C、2 颗朱砂红漆雕珠 D，其中各珠间隔黑色珠 B，再穿 6 颗黑色珠 B，端点处打结固定。对称穿另一侧，见图 5-9（2）。

（3）流苏共 2 组，见图 5-9（3）。

（4）链子部分：先穿辅助部分，朱砂红漆雕珠 D 与黑色珠 B 相间穿，重复 64 次，见图 5-9（4）。

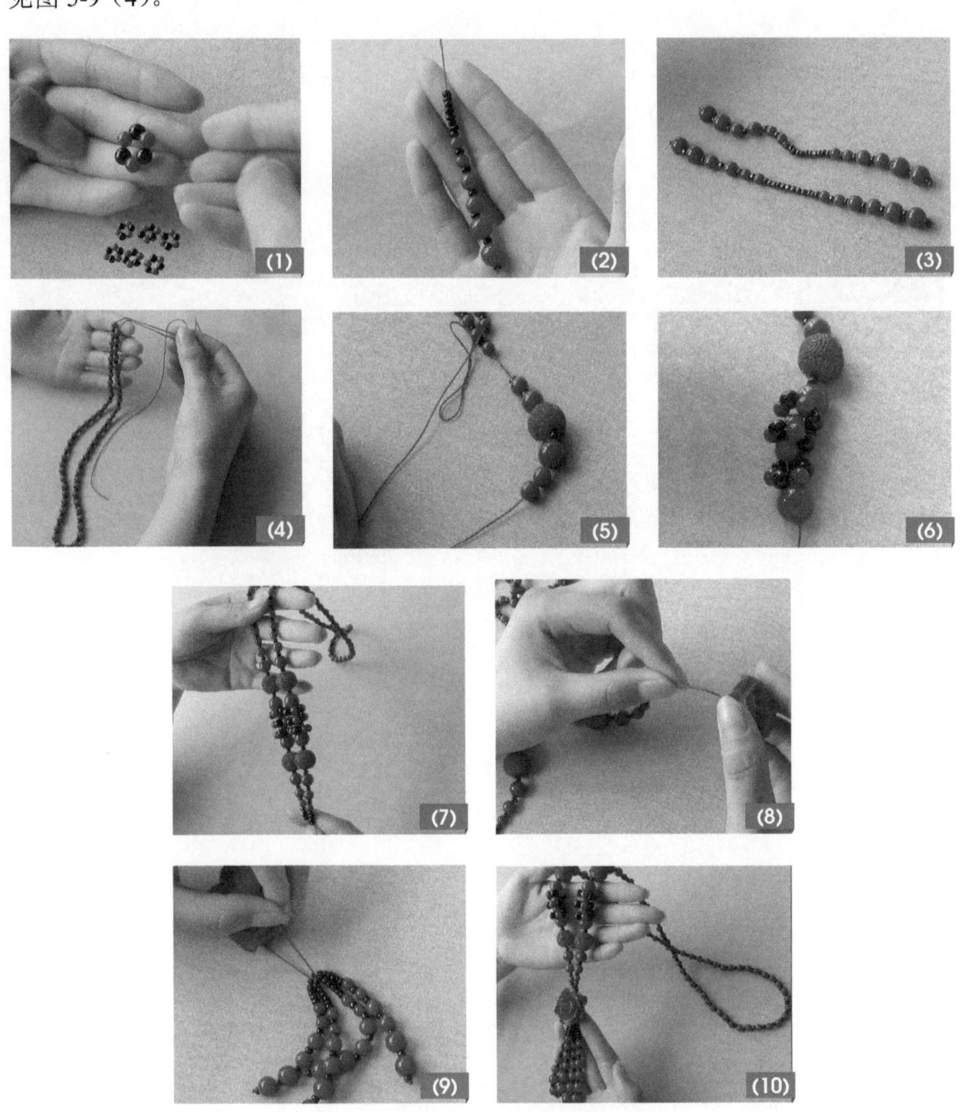

图 5-9　花珠欣舞项链制作

（5）装饰部分：其中一侧接着穿黑色珠 B、朱砂红漆雕珠 C、黑色珠 B、朱砂红漆雕珠 B、黑色珠 B、菩提根花珠、黑色珠 B、朱砂红漆雕珠 A、2 颗朱砂红漆雕珠 C，见图 5-9（5）。

（6）接着把穿好的 3 个装饰圈套进去，使其正好卡在朱砂红漆雕珠 A、2 颗朱砂红漆雕珠 C 的里面，再穿朱砂红漆雕珠 A，起到挡住装饰圈的作用，见图 5-9（6）。

（7）接着穿黑色珠 B、菩提根花珠、黑色珠 B、朱砂红漆雕珠 B、黑色珠 B、朱砂红漆雕珠 C、黑色珠 B、朱砂红漆雕珠 D、4 颗黑色珠 B；对称穿另一侧主体装饰部分，见图 5-9（7）。

（8）连接组合：将项链一侧穿朱砂红漆雕玫瑰花，见图 5-9（8）。

（9）再从 2 个流苏的中心处穿过，返回穿朱砂红漆雕玫瑰花，然后与另一侧线系在一起，打结、烧熔、固定，见图 5-9（9）。

（10）制作好后的整体效果见图 5-9（10）。

四 绿白之恋项链

1．款式特点

本款项链采用白色玻璃叶片与绿色玛瑙珠为材料，白色花朵搭配绿色流苏珠，绿色玛瑙珠镶嵌在咖啡色线中，色彩明快，绿白相印，温润如玉，香艳夺目，见图 5-10。

图 5-10　绿白之恋项链款式图

2．学习要点

学习项链主体部分的制作以及主体部分与项链的连接方法。

3．材料准备（图 5-11）

白色玻璃叶片：15 mm×12 mm，5 片；

绿色玛瑙珠 A：10 mm，6 颗；

绿色玛瑙珠 B：8 mm，3 颗；

绿色玛瑙珠 C：6 mm，9 颗；

绿色米珠：2 mm，3 颗；

白色玛瑙珠：6 mm，9 颗；

白色米珠：2 mm，3 颗；

咖啡色线：2 mm×2 m，1 条；

鱼线：0.3 mm×30 cm，1 条；

金属丝线：0.3 mm× 20 cm，1 条。

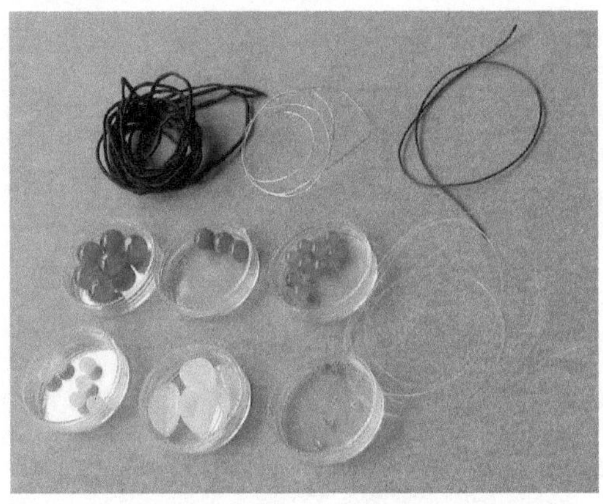

图 5-11　绿白之恋项链材料准备

4．制作方法

（1）用金属丝将五片白色玻璃叶片连接起来，拧紧，并逐一固定，构成一朵花状。花瓣背面的金属丝预留 5 cm 长，以便连接链子时用，见图 5-12（1）。

（2）做花芯：用鱼线从背面穿入正面，再穿绿色玛瑙珠 A、绿色米珠后，再回穿绿珠 A，从金属丝的缝隙中穿回背面，见图 5-12（2）。

（3）做流苏：依次穿白色玛瑙珠 2 颗、绿珠 C、白色玛瑙珠、绿珠 B、白色米珠，除米珠外，其余回穿一次，使鱼线回到花芯处，拉紧鱼线，见图 5-12（3）。

（4）用步骤（2）～步骤（3）同样的方式再穿 2 个花芯和 2 个流苏，每穿一次可将鱼线多绕几圈固定住，使花瓣、花芯、流苏构成一个整体，见图 5-12（4）。

（5）将项坠背面的鱼线剪断、打结、烧熔、固定，见图 5-12（5）。

（6）制作链子：链子主要由两股辫、金刚结、穿珠、金刚结、两股辫、穿尾珠组成，可自行设计。因为珠孔小的缘故，需另加一条穿珠细线，并隐藏在内部，见图 5-12（6）。

（7）安装项坠：将项坠连接在链子中部，用金属丝固定住，并隐藏好金属丝线头，注意防止划伤，见图 5-12（7）。

（8）制作好的整体效果见图 5-12（8）。

图 5-12　绿白之恋项链制作

五　红黑情调项链

1．款式特点

本款项链属于长款毛衣链，采用斜卷结与雀头结巧妙组合，木珠与玉线组合，经典的红黑色搭配，浅蓝菩提根珠点缀，堪称完美的搭配组合。项链整体呈扇形，古朴典雅，具有较强的中国民族色彩，见图 5-13。

2．学习要点

熟悉斜卷结的编制方法；掌握扇形设计的思路。

3．材料准备（图 5-14）

红色木珠：6 mm，42 颗；

浅蓝色菩提根珠：12 mm，1 颗；

黑色线：10 mm×160 cm，1 条；

10 mm×200 cm，1 条；

10 mm×20 cm，6 条。

图 5-13　红黑情调项链款式图

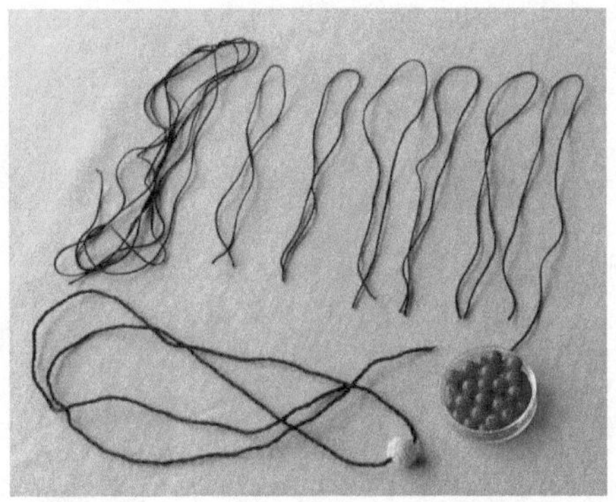

图 5-14　红黑情调项链材料准备

4．制作方法

（1）将 160 cm 的黑色线对折，拧成两股辫，称之为 A 线，居中穿 1 颗浅蓝色菩提根花珠。在 A 线的左端用另外一条 200 cm 长的黑色线 B 打 1 个雀头结，见图 5-15（1）。

（2）分别将 6 条 20 cm 长的线在 B 线上打雀头结，即有 6 组线 12 条都挂在 B 线上，见图 5-15（2）。

（3）将 B 线在 A 线的右端打 1 个雀头结后，取其中一股线剪断烧熔固定住，见图 5-15（3）。

（4）用 B 线的另一股线在 A 线上编一个雀头结，注意要与上一个雀头结紧密相连，见图 5-15（4）。

（5）用 B 线在 12 条线上编斜卷结，到 A 线的左侧时要编雀头结，见图 5-15（5）。

（6）一共编 5 组，按步骤（5）来回编五次斜卷结，形成扇面状，见图 5-15（6）。

（7）在 12 条线上穿红色木珠，数量应中间多，两边少，见图 5-15（7）。

（8）在每条线的最后一颗珠后打结固定，可利用缝针插在结里，使结打靠在木珠下，见图 5-15（8）。

（9）剪断余线，用打火机烧熔粘牢，见图 5-15（9）。

（10）A 线两端交叉重叠，在对方线上打结固定，剪掉余线，烧熔粘牢，见图 5-15（10）。

（11）这段交叉线可以调整 A 线的松紧与长短，使之符合佩戴者的需要，见图 5-15（11）。

图 5-15　红黑情调项链制作

六 双锁如意项链

1. 款式特点

本款项链以金锁、玉锁、玉石如意结、玉珠为主要材料，配以绿彩石、石榴石、珍珠等，是一款古风项链，整体含蓄典雅，芳华艳美；玉金双锁与玉石如意结赋予了平安长寿、吉祥如意的美好寓意，见图 5-16。

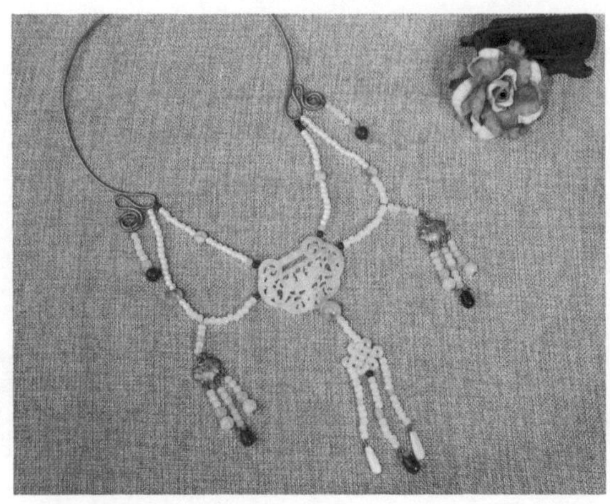

图 5-16 双锁如意项链款式图

2. 学习要点

学习本款项链的基本结构；了解玉锁、玉结、金锁等材料的表达效果。

3. 材料准备

图 5-17 为一侧的材料

红色玛瑙珠 A：8 mm，2 颗；

红色玛瑙珠 B：4 mm，7 颗；

三彩凤凰石 A：10 mm，1 颗；

三彩凤凰石 B：6 mm，4 颗；

粉水晶珠 A：6 mm，6 颗；

粉水晶珠 B：4 mm，4 颗；

玉珠 A：8 mm，4 颗；

玉珠 B：4 mm，42 颗；

珍珠：4 mm，62 颗；

玉石平安锁：55 mm（长）×4 mm（宽），1 个；

玉石如意结：25 mm（长）×2 mm（宽），1 个；

红色玛瑙水滴珠：8 mm（长）×6 mm（宽），3 颗；

图 5-17 双锁如意项链材料准备

黄色桶珠：8 mm（长）×4 mm（直径），1 颗；

水滴状贝壳珠：15 mm（长）×5 mm（直径），2 颗；

金色平安锁：18 mm×12 mm，2 个；

金色小花托：8 mm，3 个；

项圈：1 个（自作）；

金色 T 字针：4 cm，8 个；

2 cm，3 个；

9 字针：3 cm，2 个；

鱼线：0.3 mm×50 cm。

4．制作方法

（1）用 T 字针依次穿玉珠 A、粉水晶珠 A、3 颗玉珠 B，弯成 9 字形，组合为部件 A，制作两组，见图 5-18（1）。

（2）用 T 字针依次穿过红色玛瑙水滴珠、金色小花托、3 颗玉珠 B、粉水晶珠 B、3 颗玉珠 B，弯成 9 字形，组合为部件 B，见图 5-18（2）。

（3）将部件 A、部件 B 与金色平安锁连接，组成部件 C，见图 5-18（3）。

（4）用 9 字针依次穿 2 颗玉珠 B、粉水晶珠 B、2 颗玉珠 B，与金部件 C 相连，组成为部件 D，见图 5-18（4）。

（5）用 T 字针依次穿过红色玛瑙珠 A、粉水晶珠 A、5 颗玉珠 B，将制作好的部件固定在项圈的一端（项圈可用金属丝或铜丝制作），见图 5-18（5）。

（6）用 T 字针穿水滴状贝壳珠后，弯成 9 字形。再用鱼线串 10 颗玉珠 B，中间加 1 颗粉水晶珠 B，组合为部件 E，且制作两组后，连接在玉石如意结侧边的镂空处，见图 5-18（6）。

（7）用 T 字针穿红色玛瑙水滴珠、金色小花托，弯成 9 字形。再用鱼线连接 5 颗玉珠 B、黄色桶珠、5 颗玉珠 B、红色玛瑙珠 B，组成部件 F，将其固定在如意结中间镂空处，且与两组部件 E 组合为部件 G，其效果见图 5-18（7）。

（8）在部件 G 上端继续用鱼线穿 5 颗玉珠 B、三彩凤凰石 A 后，连接在玉石平安锁下方镂空处，注意要固定住，见图 5-18（8）。

（9）在平安锁两侧穿两排珠，其一：鱼线依次穿红色玛瑙珠 B、8 颗珍珠、三彩凤凰石 B、8 颗珍珠、红色玛瑙珠 B，并将其连接到项圈上，见图 5-18（9）。其二：鱼线穿红色玛瑙珠 B、15 颗玉珠 B、三彩凤凰石 B、15 颗珍珠，并连接到项圈上，以增加其完整度，见图 5-18（10）。

（10）另一侧的制作方法相同，制作完成后的效果见图 5-18（11）。

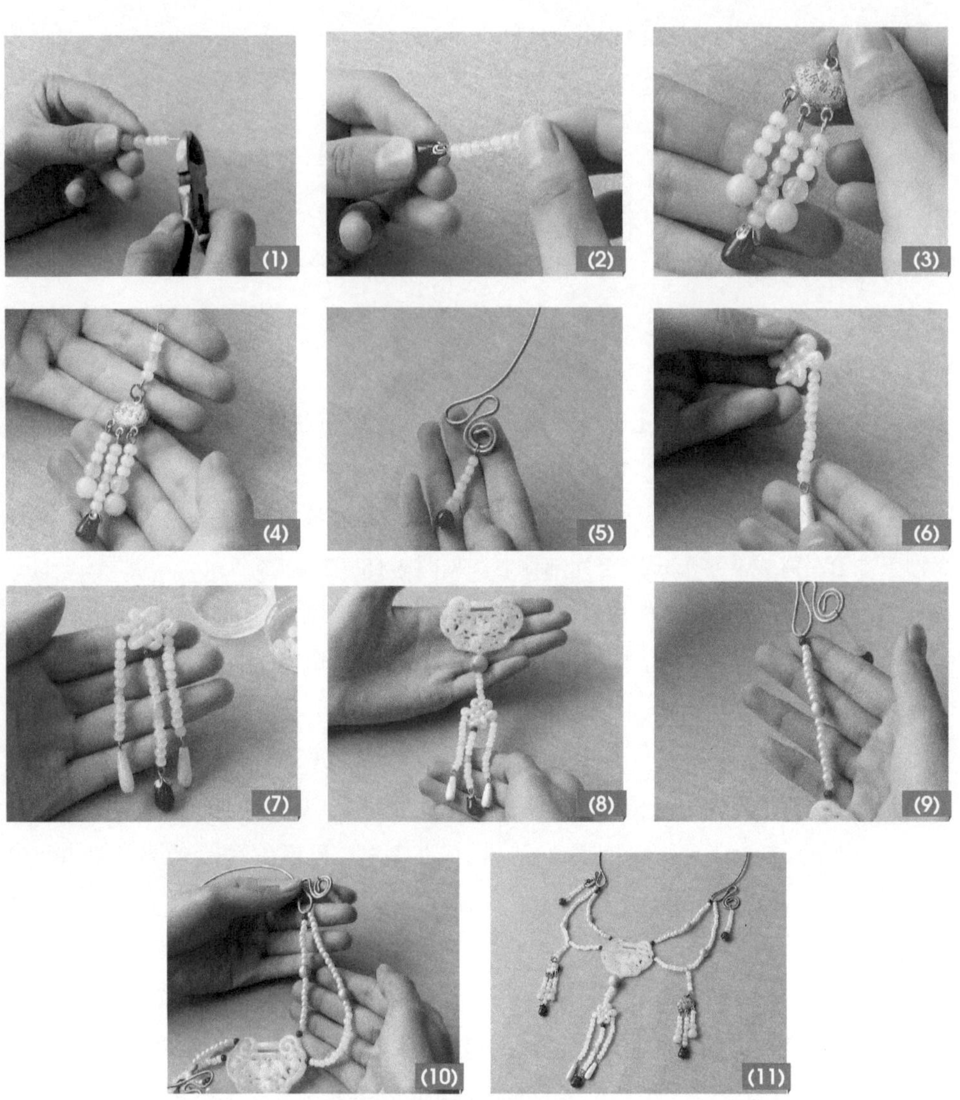

图 5-18　双锁如意项链制作

CHAPTER 6

第六章 头饰设计制作

教学目标

（一）知识目标

1. 掌握头饰的基本知识与特点。
2. 掌握编结耳饰与串珠耳饰的制作方法与步骤。
3. 掌握发饰的制作方法与步骤。

（二）能力目标

1. 掌握耳饰、发饰的制作技巧，提高其设计制作能力。
2. 掌握设计、色彩及搭配的知识，提高耳饰、发饰的组合及应用能力。

头饰是指戴在头上的饰物，与其他部位的饰品相比，装饰性较强，主要包括耳饰和发饰。

第一节 耳饰设计制作

耳饰是戴在耳朵上的饰品，其种类很多，从样式上可分成耳钉、耳环和耳坠等。耳钉像一个小钉子，插进耳洞里；耳环是环形的，包括圆圈式的、缀式的、链状的等，且穿过耳洞；耳坠是勾状穿过耳洞，并带有下垂装饰物的。耳饰戴于脸部的左右两侧，而人的脸部是最引人注目的，所以耳饰佩戴得得体，可使女性的容颜变得秀美，起到锦上添花的作用。若耳饰与女性的脸型、发型、服装搭配合理，可营造出女性的独特气质和美丽风采。

一 花团锦簇耳饰

图 6-1　花团锦簇耳饰款式图

1．款式特点

本款耳饰由斜卷结与云雀结组合而成，并用绿色珠子点缀，其造型似清新淡雅的花朵，含情脉脉，能够衬托出女性的温柔可人，可谓美而不媚，雅而不俗，见图 6-1。

2．学习要点

学习云雀结的编制方法，并能拓展思路运用到其他首饰设计中。

3．材料准备

图 6-2 为单只耳环材料。

玉珠：4 mm，3 颗；

绿色玛瑙珠：10 mm，1 颗；

棕色蜡线：60 cm，3 条；

耳钩：1 个。

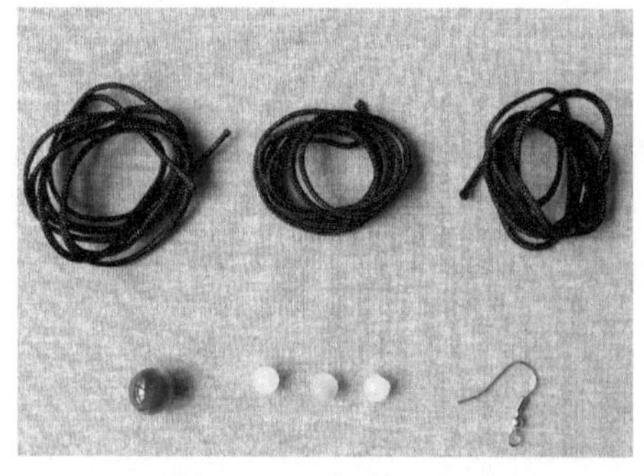

图 6-2　花团锦簇耳饰材料准备

4．制作方法

（1）取一条蜡线居中对折，距离尖端 0.5cm 处编一个双联结，后面加一条线，使其在中心处开始编结，见图 6-3（1）。

（2）左线在左轴线上编两个斜卷结，见图 6-3（2）。

（3）右线在右轴线上编两个斜卷结，见图 6-3（3）。

（4）再加一条线，同样以两条轴线为轴线，左右各编两个斜卷结，见图 6-3（4）。

（5）左边第一条线在第二条线上编雀头结，拉出线圈，故称之为云雀结；同样右边第一条线在第二条线上编云雀结，注意左右线环应大小相同，见图 6-3（5）。

（6）左右各再编四组云雀结，线环应中间大两边小。最中央两条线用来穿珠。因绿色玛瑙珠孔略小，需减掉一条轴线，当珠孔大时就不需要剪断了，见图 6-3（6）。

（7）在轴线上穿入绿色玛瑙珠，见图 6-3（7）。

（8）左边线在轴线上打半个雀头结，见图 6-3（8）。

（9）右边线在轴线上打一个雀头结，拉紧编线，见图 6-3（9）。

（10）剪掉轴线两边的编线，烧熔粘合，见图 6-3（10）。

（11）剩余三条线各穿一颗玉珠，打结粘合，中间编线预留稍长些，见图 6-3（11）。

（12）在结式顶端连接耳钩，整体效果见图 6-3（12）。

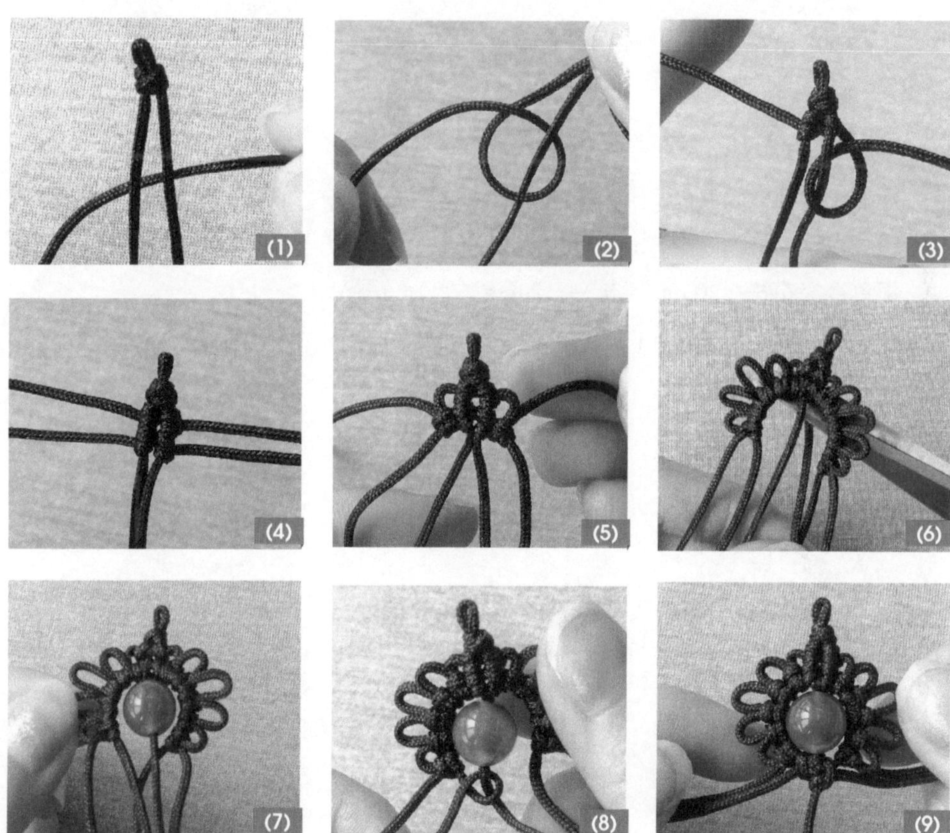

图 6-3　花团锦簇耳饰制作方法

图 6-3　花团锦簇耳饰制作方法（续）

二　含苞欲放耳饰

1．款式特点

本款耳饰将纽扣结与金属配件组合，即彩色纽扣结镶嵌在喇叭形配件中，似含苞欲放的花朵，耐人寻味；同时若隐若现的效果，增加了几分神秘色彩，体现了传统与时尚的完美结合，见图 6-4。

2．学习要点

熟悉纽扣结及其应用；掌握与金属配件的组合设计。

3．准备材料

图 6-5 为单只耳环的材料。

浅蓝色米珠：2 mm，3 颗；

绿色米珠：2 mm，4 颗；

银色镂空花托：20 mm（长）×12 mm（宽），1 个；

彩色纽扣结：12 mm，1 个；

9 字针：40 mm，1 个；

耳钩：1 个。

图 6-4　含苞欲放耳饰款式图

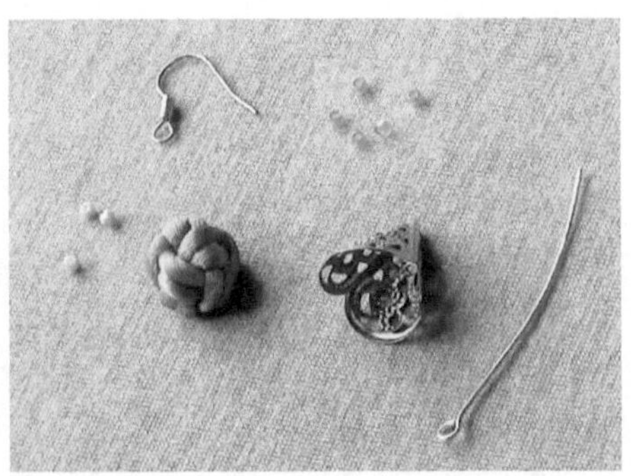

图 6-5　含苞欲放耳饰材料准备

4．制作方法

（1）打开9字针环形的一端，钩住彩色纽扣结并闭合使其勾牢，见图6-6（1）。

（2）9字针的另一端先穿上4颗绿色米珠，主要是用来支撑镂空花托，使其能够露出纽扣结的底部，见图6-6（2）。

（3）再穿1个银色镂空花托、3颗浅蓝色米珠，见图6-6（3）。

（4）预留9字针做环的量，剪断余料，并弯一个环，见图6-6（4）。

（5）最后连接耳钩，整体效果见图6-6（5）。

（6）用相同的方法制作另一个耳环。

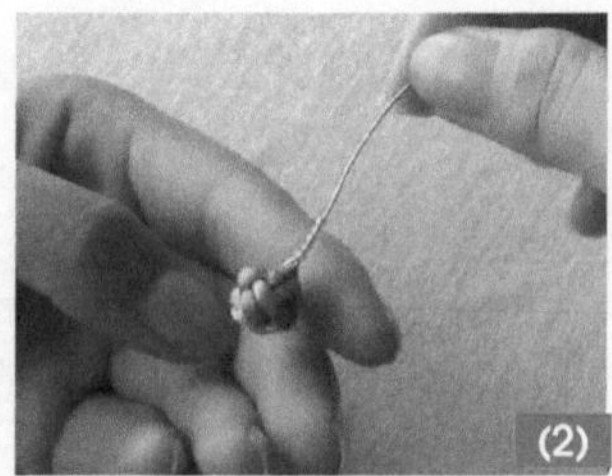

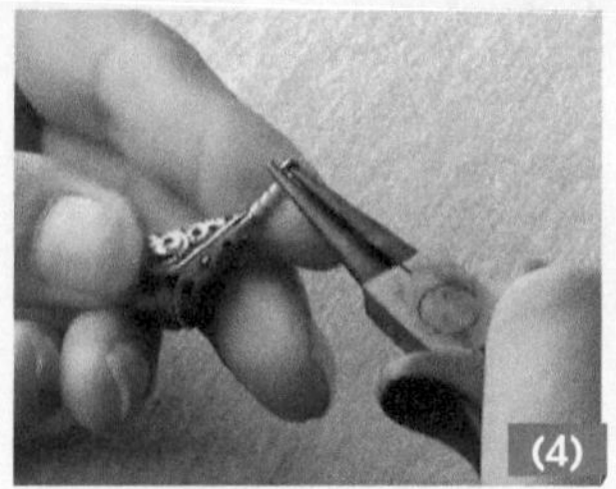

图6-6　含苞欲放耳饰制作

三　松石颜开耳饰

1．款式特点

本款耳环以松石为主要材料，链条为辅助材料，红色为主色调，绿色为点缀色。松石独特的质感与清新的格调，给人带来愉悦而又简洁的感觉，见图6-7。

2．学习要点

学习利用横穿9字针挂金属链的方法；学习使用包扣的技巧。

3．材料准备

图6-8为单只耳环材料。

链条：6 cm（长）×3 mm（宽），4个；

红松石A：6 mm，8颗；

红松石 B：4 mm，4 颗；

绿色米珠：2 mm，12 颗；

9 字针：40 mm，2 个；

T 字针：30 mm，4 个；

单圈：4 mm，2 个；

定位珠与包扣：2 组；

鱼线：60 cm×0.3 mm，1 条；

耳钩：1 个。

图 6-7　松石颜开耳饰款式图

图 6-8　松石颜开耳饰材料准备

4．制作方法

（1）用鱼线单穿 3 颗、对穿 1 颗红松石 A，见图 6-9（1）。

（2）左右鱼线同时穿一个包扣，并用定位珠固定，剪掉余线，夹紧包扣，见图 6-9（2）。

（3）用 T 字针穿 3 颗绿色米珠、1 颗红松石 B，再连接链条的一端，构成配件 A，并制作 2 组，见图 6-9（3）。

（4）用 9 字针连接配件 A 后，横穿最下面的红松石 A，并弯成环，见图 6-9（4）。

（5）将另一组配件 A 挂入环内，将 9 字针封口固定，见图 6-9（5）。

（6）最后用单圈连接耳钩、包扣，见图 6-9（6）。

（7）用相同的方法制作另一个耳环。

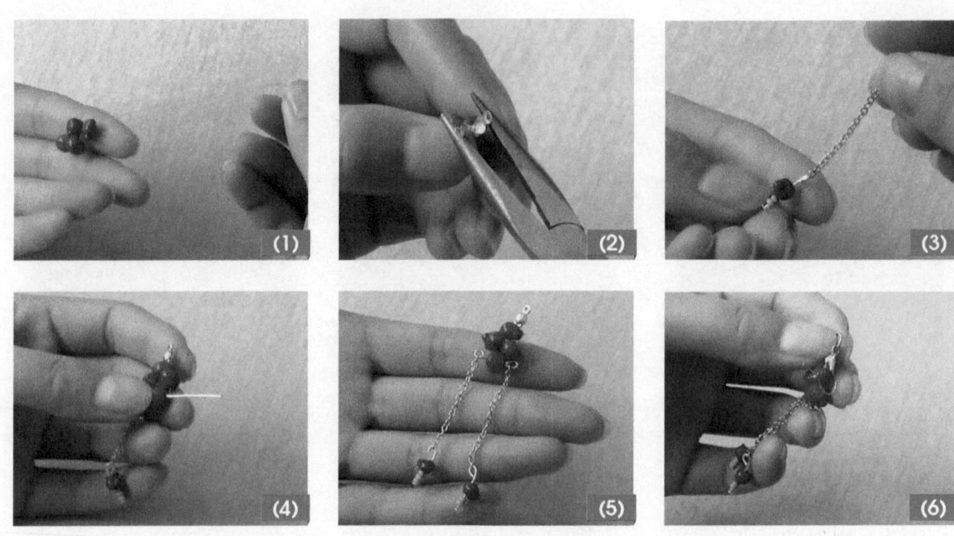

图 6-9　红松石耳环制作

四　凤紫娇姿耳饰

1. 款式特点

本款耳饰采用紫色水晶长珠与白色水晶球组合，款式简洁典雅，高贵大方，尤其是紫色水晶玲珑剔透，璀璨夺目，散发着无限魅力，见图 6-10。

2. 学习要点

对水晶材料的熟悉与认识；熟悉四边球的编制方法；掌握花托的运用及效果。

3. 材料准备

图 6-11 为单只耳环的材料。

金属花托：8 mm（长）×5 mm（宽），2 个；

紫色水晶长珠：30 mm（长）×10 mm（宽），2 颗；

紫色水晶珠：8 mm，2 颗；

白色水晶珠：4 mm，24 颗；

紫色米珠：2 mm，6 颗；

单圈：4 mm，2 个；

9 字针：35 mm，2 个；

耳钩：1 个。

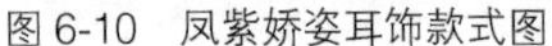

图 6-10　凤紫娇姿耳饰款式图

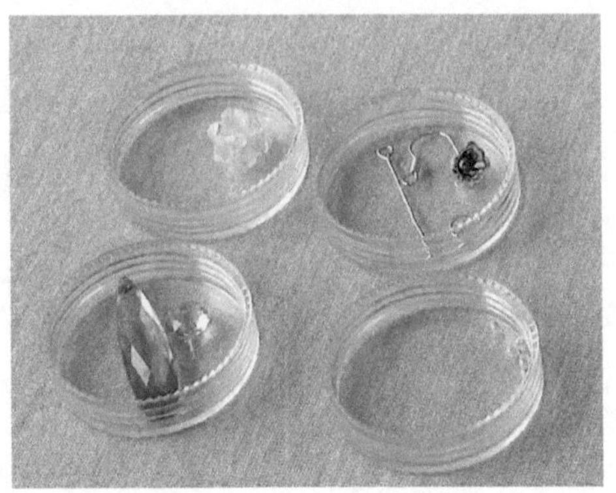

图 6-11　凤紫娇姿耳饰材料准备

4. 制作方法

（1）用单圈穿 1 颗紫色水晶长珠，且挂在 9 字针上，见图 6-12（1）。

（2）在该 9 字针上穿一个白色水晶珠，在水晶珠上穿入 3 颗紫色米珠，使米珠嵌入水晶珠中部（因球体空隙略大），见图 6-12（2）。

（3）再穿入金属花托，注意花托的开口方向，见图 6-12（3）。

（4）继续穿入紫色水晶珠、3 颗紫色米珠，见图 6-12（4）。

（5）最后连接耳钩，将 9 字针圆环封口固定，见图 6-12（5）。

（6）用相同的方法制作另一个耳环。

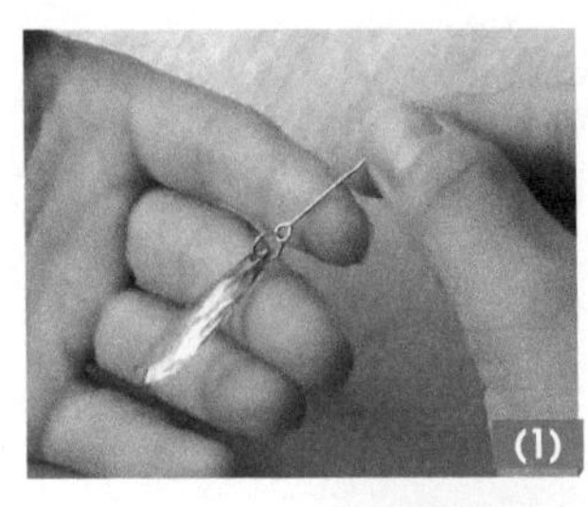
(1)

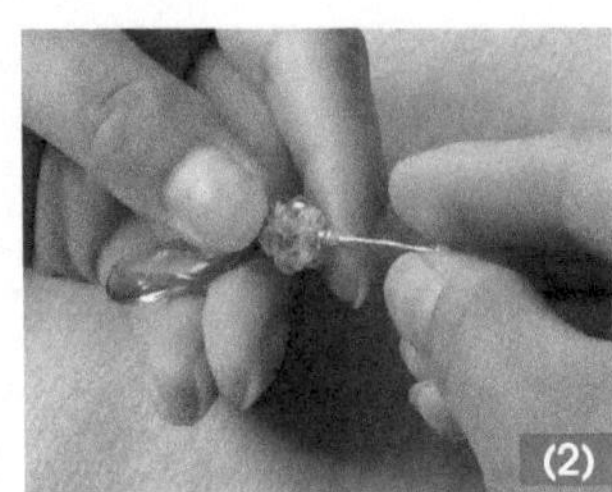
(2)

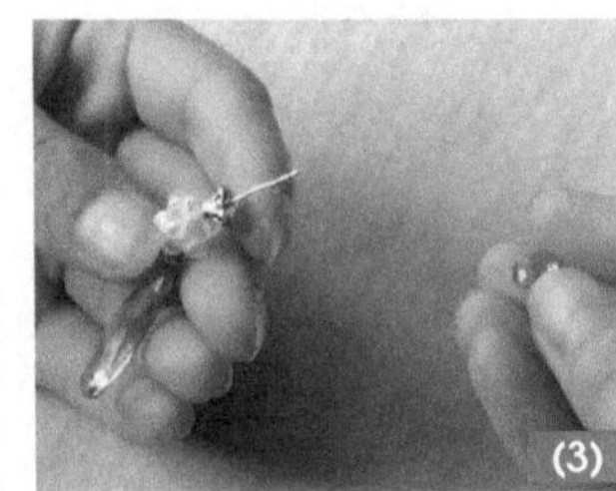
(3)

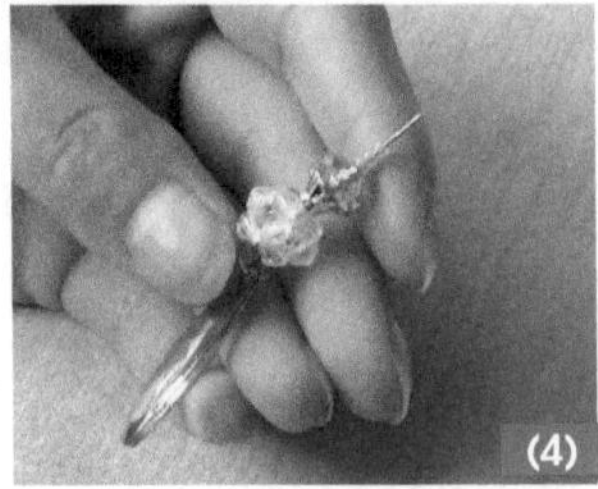
(4)

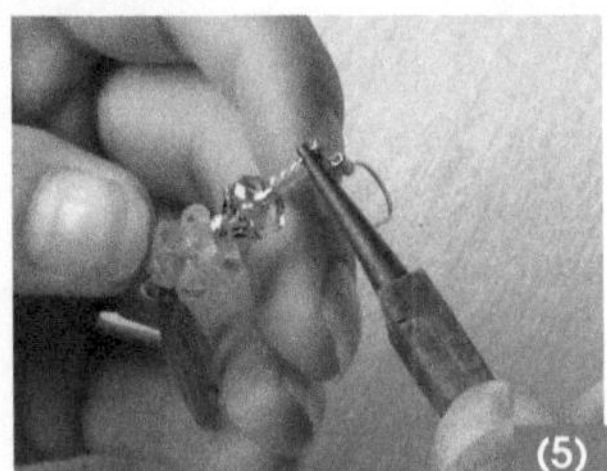
(5)

图 6-12　凤紫娇姿耳饰制作

五 蓝色之吻耳饰

1．款式特点

本款耳饰以蓝色为主色调，采用玻璃管状材料，且与水晶珠结合。蓝色是纯洁的颜色，能使人联想到碧海蓝天。流线形以及管状流苏设计，尽显个性、空灵，潇洒随性，见图 6-13。

图 6-13 蓝色之吻耳饰款式图

2．学习要点

学习用 9 字针弯成各种弧形的方法；掌握利用横向链条挂流苏的思路与方法。

3．材料准备

图 6-14 为单只耳环的材料。

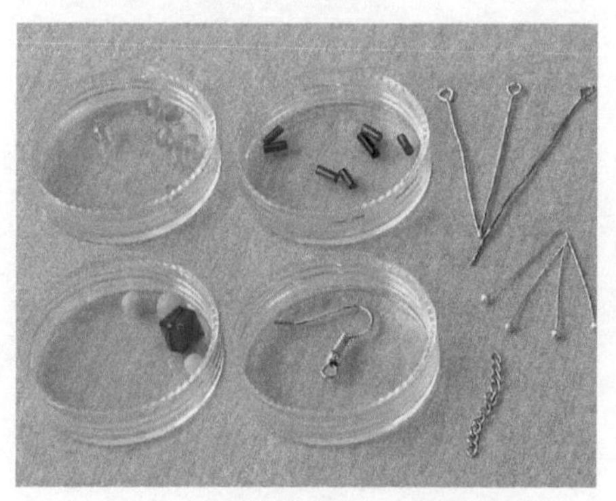

图 6-14 蓝色之吻耳饰材料准备

浅蓝色菱形水晶珠：3 mm，14 颗；
深蓝色菱形珠：8 mm，2 颗；
湖蓝色圆珠：4 mm，4 颗；
粉色圆珠：4 mm，2 颗；
蓝色水晶管：4 mm，12 颗；
黑色水晶管：6 mm，2 颗；
珠头 T 字针：30 mm，10 个；
9 字针：60 mm，2 个、30 mm，4 个；
链条：60 mm（长）×3 mm（宽），2 条；
耳钩：1 个。

4．制作方法

（1）将一个 9 字针弯成“水滴”状，注意要左右对称，见图 6-15（1）。

（2）在“水滴”状两端挂一链条且固定好，见图 6-15（2）。

（3）用一个珠头 T 字针穿 1 颗浅蓝色菱形水晶珠，挂在 9 字针上，见图 6-15（3）。

（4）9 字针依次穿 1 颗粉色圆珠、1 颗黑色水晶管后弯成环形，整体称为配件 A，见图 6-15（4）。

（5）用珠头 T 字针分别穿 1 颗浅蓝色菱形水晶珠和一颗蓝色水晶管，整体称为配件 B，需要做 4 组，见图 6-15（5）。

（6）剪掉9字针的环，使之成直线状后，穿1颗湖蓝色圆珠，且弯成环状（因圆珠较小，无法使用单圈，故采取此办法替代），整体称为配件C，见图6-15（6）。

（7）将配件B与配件C相连，且制作2组，见图6-15（7）。

（8）做好的配件A、B、C及其数量见图6-15（8）。

（9）将配件A穿在链条中间，配件B穿在链条两端，见图6-15（9）。

（10）将其余配件B挂在链条上，保持对称且间距相等。最后挂上耳钩，见图6-15（10）。

（11）用相同的方法制作另一个耳环。

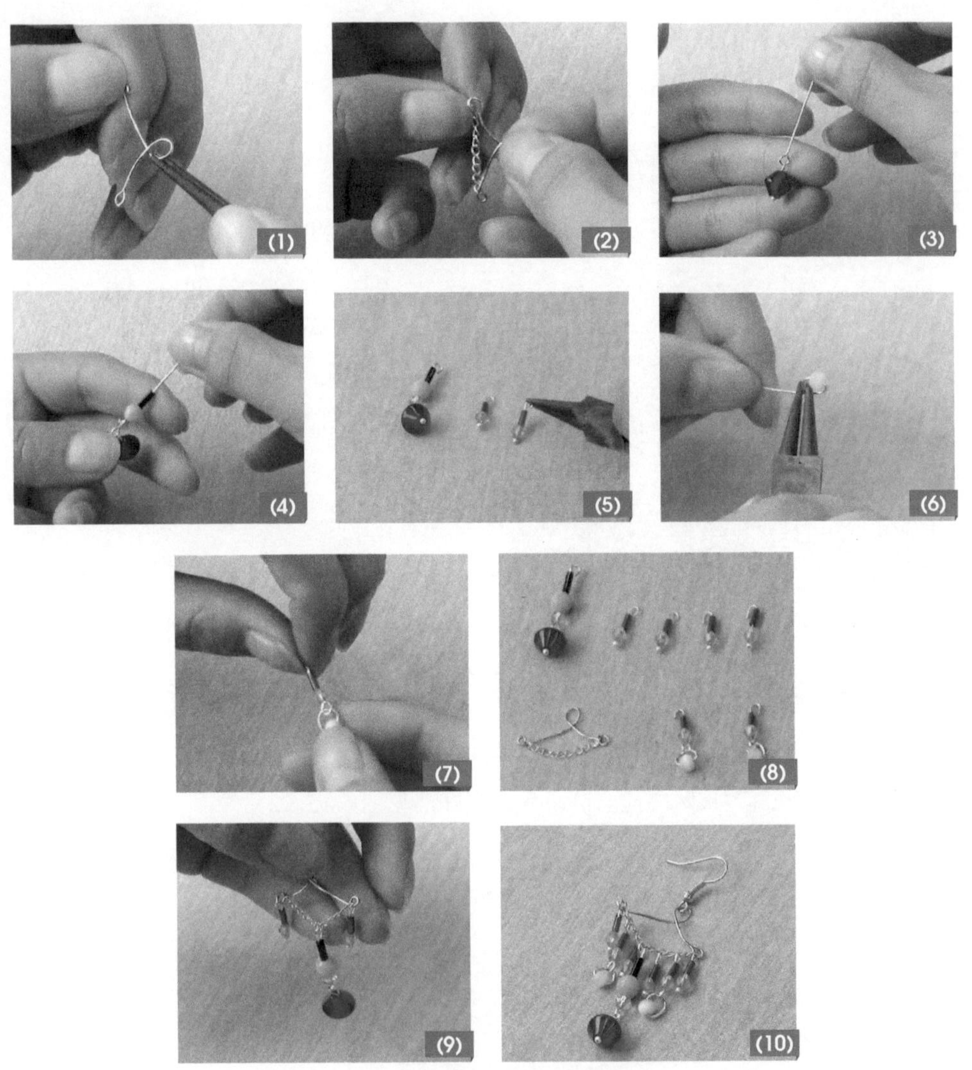

图6-15　蓝色之吻耳饰制作

六 灵动流苏状耳饰

1．款式特点

本款耳饰是在金属配件原有造型的基础上设计的，在配件下面的圆圈上设计了金属链的流苏，黑玛瑙点缀，见图 6-16。

2．学习要点

学习利用金属配件的形状设计制作饰品；掌握珠链搭配的方法与技巧。

3．准备材料

图 6-17 为单只耳环的材料。

链条：45 mm（长）×2 mm（宽），每个耳环有四种不同长度的链条，其中三组为两两长度相等，每个耳环共 7 条；

黑色玛瑙珠 A：6 mm，4 颗；

黑色玛瑙珠 B：4 mm，12 颗；

七孔金属配件：2 个；

银色耳钩：1 对；

9 字针：30 mm，2 个；

T 字针：30 mm，14 个；

单圈：4 mm，14 个。

图 6-16　灵动流苏耳饰款式图

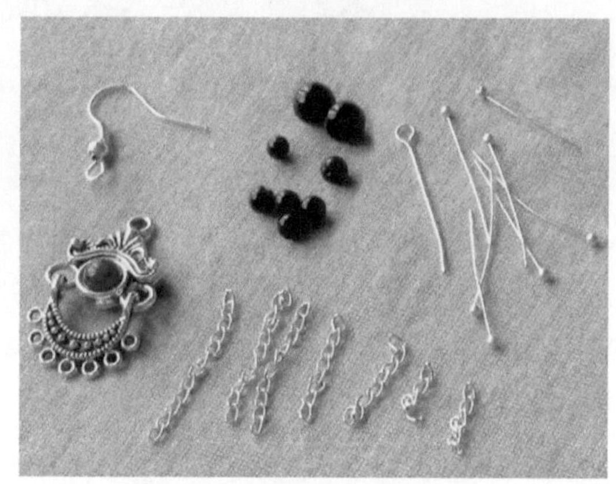
图 6-17　灵动流苏耳饰材料准备

4．制作方法

（1）用 9 字针连接银色耳钩，见图 6-18（1）。

（2）用 9 字针穿黑色玛瑙珠 A，弯成环状，见图 6-18（2）。

（3）连接七孔金属配件，构成配件 B，见图 6-18（3）。

（4）用 T 字针穿 1 个黑色玛瑙珠 A，连接一条链条，构成配件 C；用 T 字针穿 1 个黑色玛瑙珠 B，再连接一条链条，构成配件 D，并相同的方法制作其余 6 组配件 D，见图 6-18（4）。

（5）将配件 B 连接 1 组配件 C 与 6 组配件 D，将配件 C 挂在七孔金属配件中间的环上，配件 D 中最短的链条挂在七孔金属配件最外侧的环上，其余 5 根按照长短顺序依次连接，使其呈优美的扇形，见图 6-18（5）。

（6）用相同的方法制作另一个耳环。

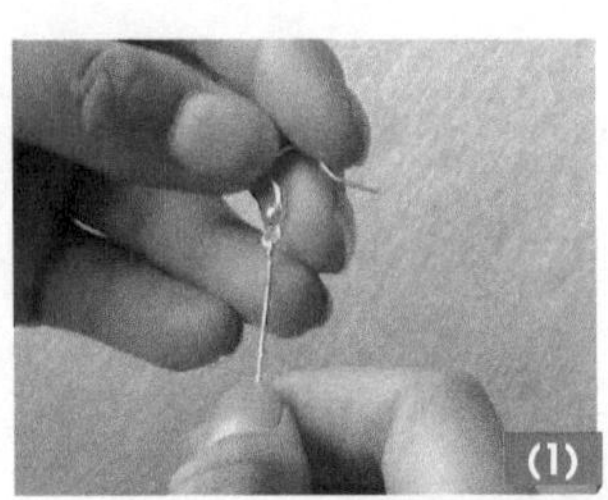

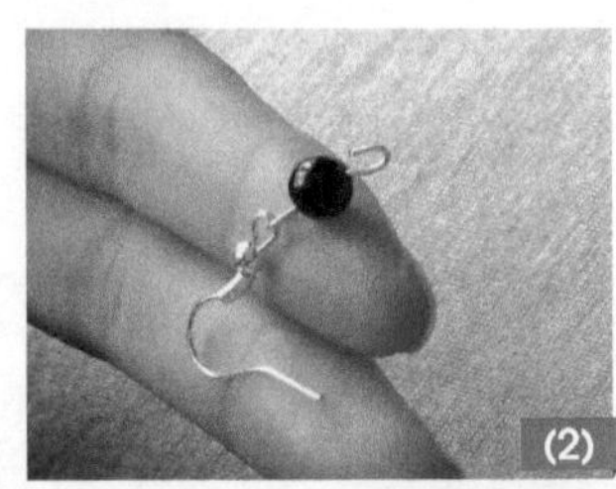

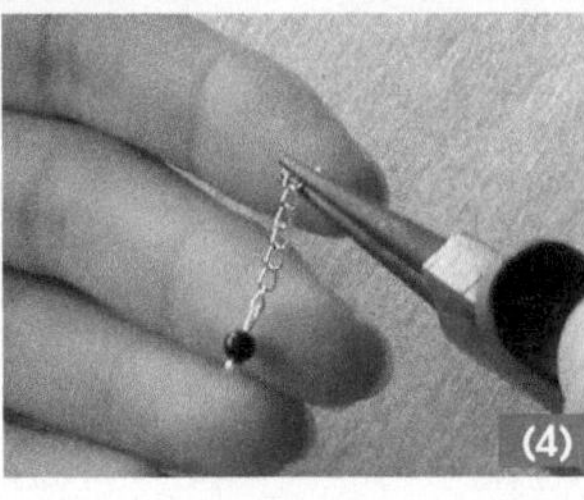

图 6-18　灵动流苏耳环制作

七　蜓之曼舞耳饰

1．款式特点

本款耳饰采用贝壳和水钻材料，其色彩绚烂明澈，晶莹夺目，造型似曼舞的蜻蜓，轻盈优雅，自由自在，恰到好处地衬托出秀丽浪漫的风格，见图 6-19。

2．学习要点

熟悉贝壳、水钻等材料；学习利用单圈通过圈套圈的方法增加体积与层次。

3．准备材料

图 6-20，为单只耳环的材料。

水滴状贝壳：8 mm，8 片；

圆形水钻：6 mm，14 颗；

金色单圈：4 mm，14 个；

金色链条：5 cm（长）×2 mm（宽），1 条；

耳钩：1 个。

4．制作方法

（1）用金色单圈穿 2 片水滴状贝壳，构成配件 A，见图 6-21（1）。

（2）配件 A 连接耳钩，将单圈封口固定，见图 6-21（2）。

图 6-19　蜓之曼舞耳饰款式图

图 6-20　蜓之曼舞耳饰材料准备

（3）再用 1 个单圈穿 2 片水滴状贝壳（同配件 A），并连接第一个单圈，见图 6-21（3）。

（4）用 1 个单圈穿两颗圆形水钻，构成配件 B，见图 6-21（4）。

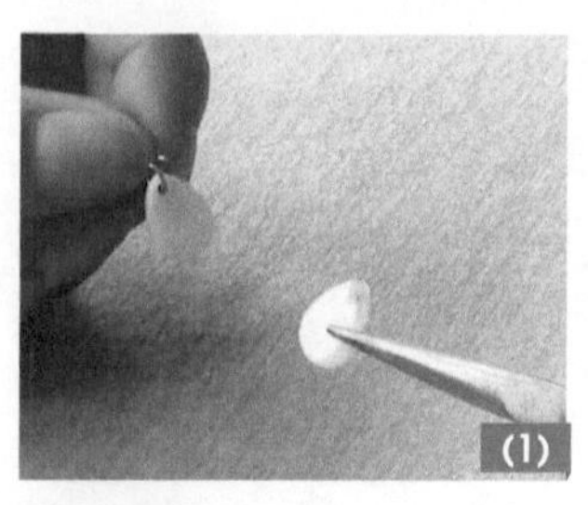

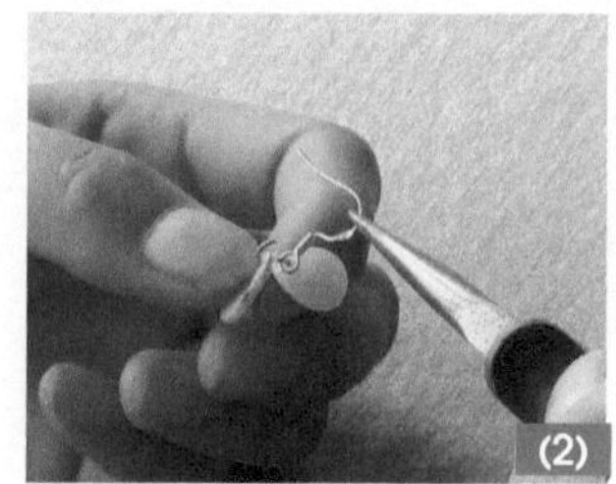

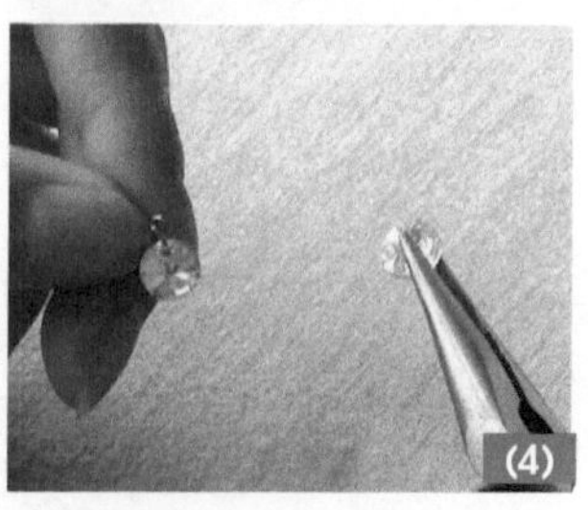

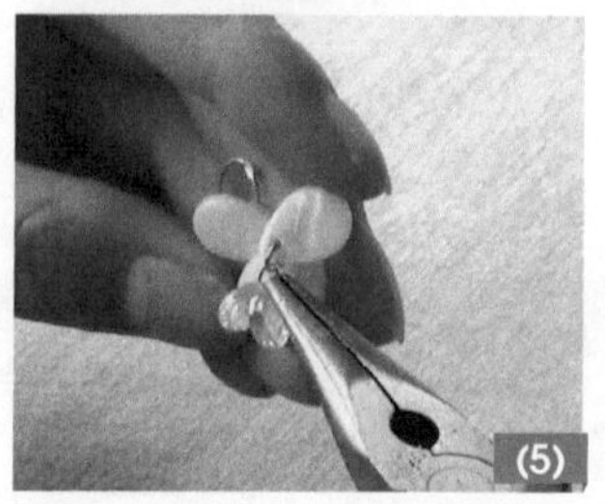

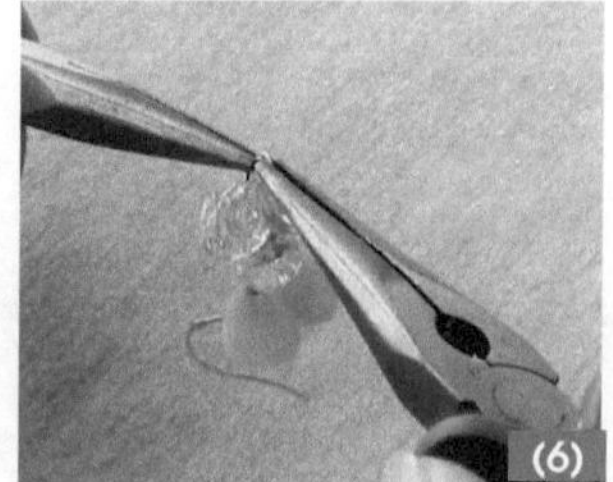

图 6-21　蜓之曼舞耳环制作

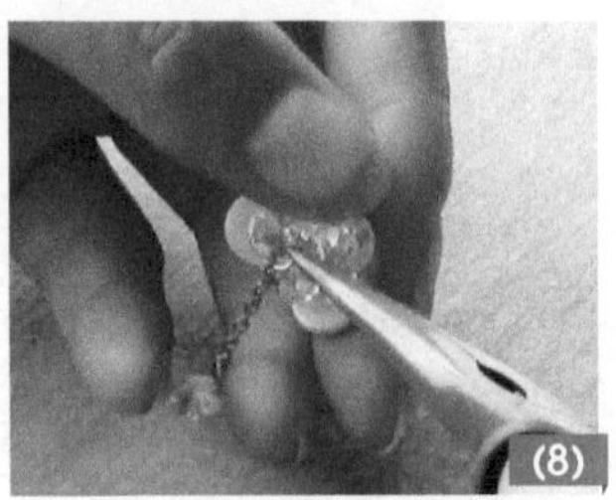

图 6-21　蜓之曼舞耳环制作（续）

（5）配件 B 连接到第二个单圈上，见图 6-21（5）。

（6）重复制作两组配件 B，用单圈相继连接，见图 6-21（6）。

（7）将金色链条剪成 2.5 cm 长，链条一端连接 1 个单圈，单圈上连接 1 个圆形水钻，见图 6-21（7）。

（8）链条另一端用 1 个单圈连接到最后一个单圈上，见图 6-21（8）。

（9）完成效果见图 6-21（9）。

（10）用相同的方法制作另一个耳环。

第二节 发饰设计制作

发饰可以装饰发型，使人变得更加美丽、有气质。发饰的种类较多，有发梳、发圈（松紧带的）、发夹、发卡、发带、发簪（一股）、发钗（两股）等。本节主要介绍常用的发卡、发夹、发钗的设计与制作方法。发卡、发夹是一种将头发夹起来以固定发型、装饰发型的简单工具，一般为具有一定弹性的塑料或金属制品。发卡、发夹的材料有很多种，如蕾丝、缎带、宽布、镶钻、毛线、珍珠、水晶等。

一　蝶舞晶耀发夹

1. 款式特点

图 6-22　蝶舞晶耀发夹款式图

本款发夹由丝带、钻、珠、金属叶子等材料组合而成，其造型优雅奇特，似飞舞的蝴蝶，在钻、珠、金属配件的映射下，既格外耀眼，又相得益彰，见图 6-22。

2. 学习要点

学习丝带与珠子类材料的组合；学会利用各种装饰材料提升饰品的外观。

3. 准备材料

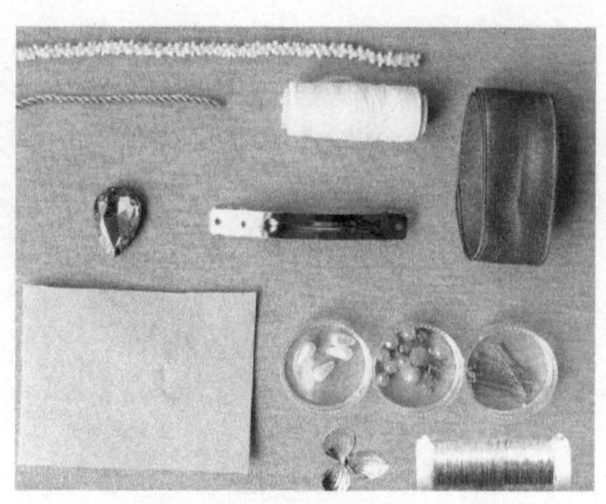

图 6-23 蝶舞晶耀发夹材料准备

见图 6-23。

水滴形粉钻：30 mm（长）×22 mm（宽），1 颗；

金属叶子：25 mm（长）×22 mm（宽），1 片；

弹簧夹：80 mm（长）×7 mm（宽），1 个；

粉色无纺布：80 mm（长）×50 mm（宽），1 块；

双色丝带：400 mm（长）×28 mm（宽）；

粉色车轮珠：5 mm，4 颗；

绿色车轮珠：5 mm，8 颗；

紫色车轮珠：5 mm，3 颗；

粉色切面珠：8 mm，3 颗；

香槟色米珠：3 mm，12 颗；

米珠绳：150 mm（长）× 5 mm（宽），1 条；

金属丝：130 mm（长）×2 mm（宽），1 条；

铜丝：1 mm×200 mm；

工具：胶枪、剪刀、铜丝、QQ 线（丝网花的制作材料，又叫弹力丝，具有直接拉断不用打结也不会散开的特点）。

4. 制作方法

（1）将水滴形粉钻粘在无纺布上，围绕边缘粘上金属丝，见图 6-24（1）。

（2）围绕金属丝外粘一圈米珠绳，然后沿着轮廓将多余的无纺布剪掉，尾端留有长方形无纺布，见图 6-24（2）。

（3）将双色丝带来回叠折呈 S 形，第一层长 5 cm，一端要一层比一层略大，另一端要平齐，见图 6-24（3）。

（4）将双色丝带平齐的一侧用 QQ 线缠紧，见图 6-24（4）。

（5）将双色丝带对应的水滴形粉钻粘在无纺布的预留位置，见图 6-24（5）。

（6）用铜丝穿过粉、绿、紫色车轮珠、粉色切面珠并相间香槟色米珠，弯折成一大一小两个圈状，并缠绕固定于水滴形粉钻与双色丝带中央，见图 6-24（6）。

（7）用热熔胶粘上金属叶子，并将结式固定到弹簧夹上，整理后见图 6-24（7）。

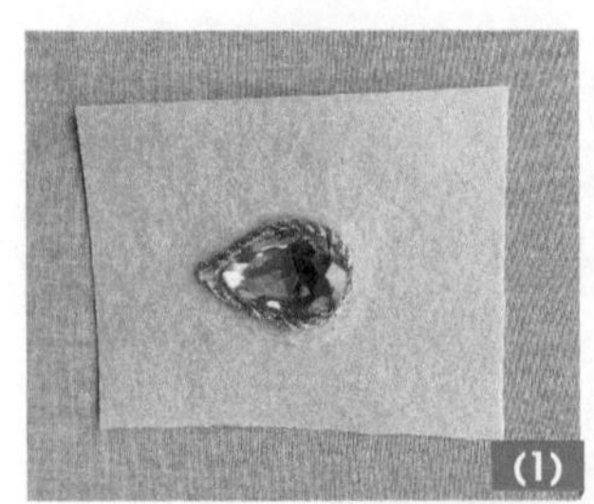

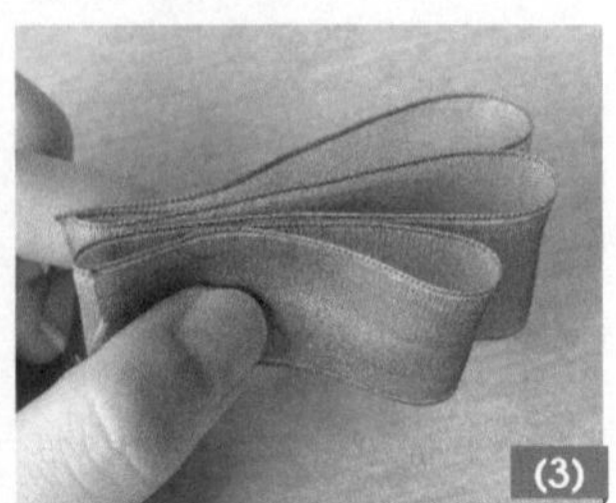
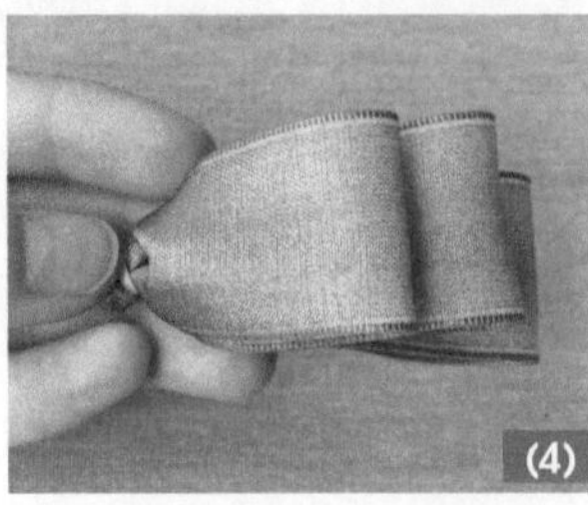
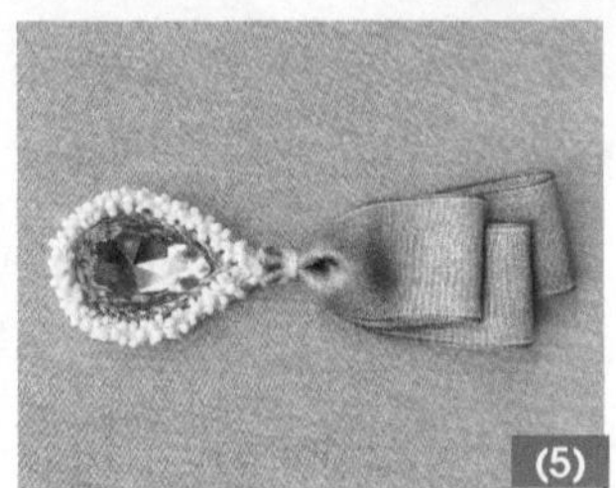

图 6-24　蝶舞晶耀发夹制作

二　蝶恋花发夹

1．款式特点

本款发夹以毛呢织带、切面彩钻为主要材料，毛呢的质感细腻，异形切面彩钻起画龙点睛的作用，整体看起来仿佛蝴蝶在花丛中飞舞。蝶与花相随相伴，交相呼应，显得大气别致，见图 6-25。

2．学习要点

熟悉各种装饰材料；学习发夹的制作方法；提高各种材料的组合能力。

3．准备材料

见图 6-26。

灰色毛呢织带：450 mm（长）×40 mm（宽）；

粉色毛呢花片：60 mm（直径），5 片；

金色花蕊：15 根左右；

异形切面彩钻：35 mm（长）×5 mm（宽），3 颗（2 粉、1 紫）；

异形切面彩钻：25 mm（长）×15 mm（宽），1 颗（红色）；

异形切面彩钻：15 mm（长）×10 mm（宽），1 颗（香槟色）；

异形切面彩钻：14 mm（长）×12 mm（宽），1 颗（白色）；

金色叶片：45 mm（长）×18 mm（宽），1 个；

发夹：80 mm（长）×10 mm（宽），1 个；

工具：胶枪、剪刀、QQ 线。

图 6-25　蝶恋花发夹款式图

图 6-26　蝶恋花发夹材料准备

4．制作方法

（1）将灰色毛呢织带来回折叠成四层，见图 6-27（1）。

（2）居中折叠并用 QQ 线固定，形成蝴蝶状，见图 6-27（2）。

（3）将粉色毛呢花片对折，见图 6-27（3）。

（4）然后再两边向中间对折，用热熔胶将折叠处粘好固定作为花瓣，按此方法做 4 个，见图 6-27（4）。

（5）将一个粉色毛呢花片剪开成一大一小两片，再粘在一起，见图 6-27（5）。

（6）将做好的 4 个花瓣粘到花片上，组成一朵大花，见图 6-27（6）。

（7）将金色花蕊居中用线绑上，固定后对折，见图 6-27（7）。

（8）在花片中间剪个孔，将金色花蕊根部穿过孔眼，并将多余的根线减掉，用热熔胶固定，见图 6-27（8）。

（9）在花瓣根部，花蕊旁用热熔胶固定金色叶片及 6 颗异形切面彩钻，见图 6-27（9）。

（10）将做好的蝴蝶结用热熔胶粘到发夹上，见图 6-27（10）。

（11）再粘上做好的花朵，整理完成，见图 6-27（11）。

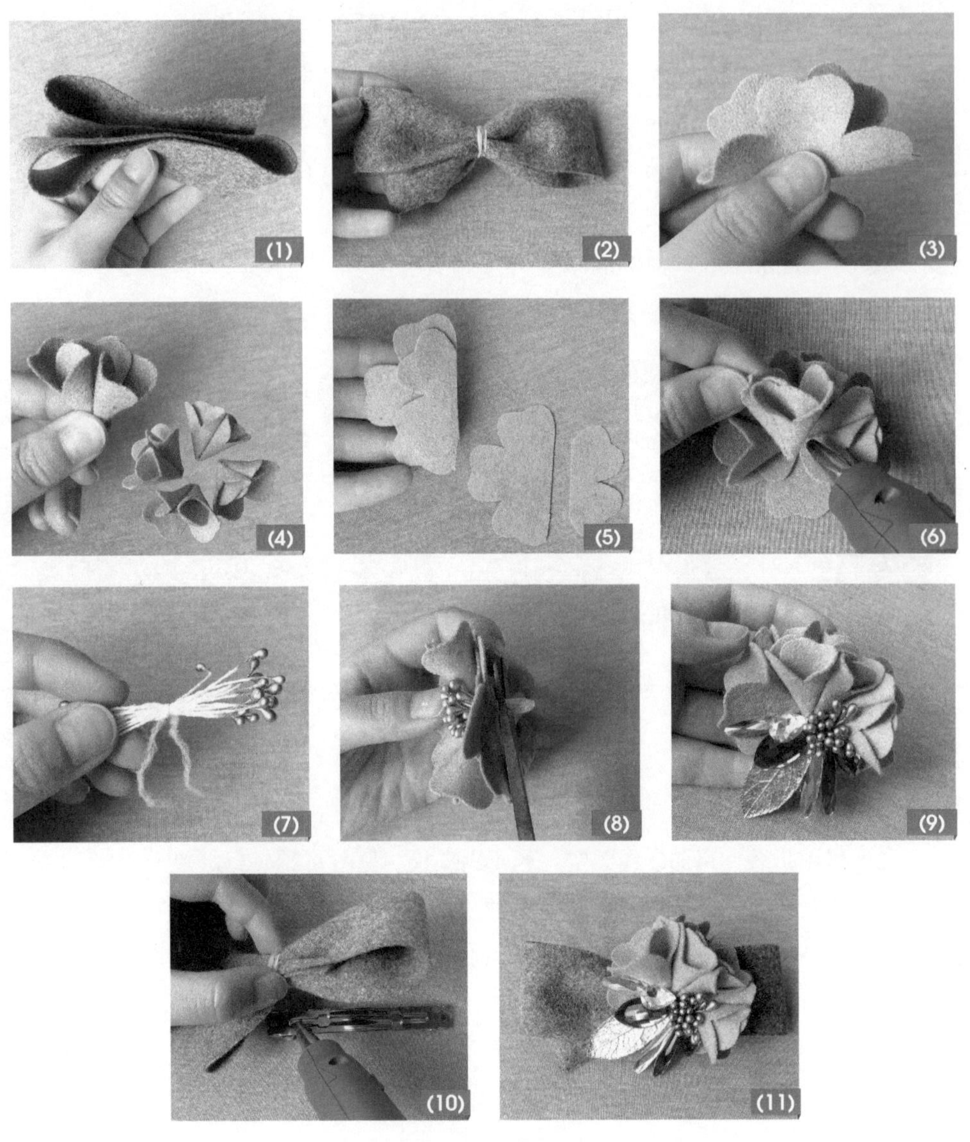

图 6-27　蝶恋花发夹制作

三　蝶恋珠发夹

1．款式特点

本款发夹由褶皱布带与各式珠子组合而成，多层蝴蝶结搭配暖色珠群，整体感觉清秀淡雅，散发着甜美、清爽的气息，见图 6-28。

2．学习要点

学习利用丝带制作蝴蝶结；学习装饰弹簧夹的方法及珠子的组合技巧。

3．准备材料

见图 6-29。

绿色褶皱布带：480 mm（长），50 mm（宽）；

粉色缎带：130 mm（长），5 mm（宽）；

豆沙色树脂花：7 mm，5 颗；

豆沙色切面水滴珠：6 mm，5 颗；

香槟色切面水晶珠：8 mm，5 颗；

香槟色扭珠：6 mm，5 颗；

白色米形珍珠：6 mm，5 颗；

香槟色珍珠 A：6 mm，5 颗；

香槟色珍珠 B：8 mm，5 颗；

花盘：20 mm（直径），1 个；

发夹：80 mm（长）×8mm（宽），1 个；

T 字针：25 mm，20 个；

鱼线：800 mm（长）×0.3 mm（直径）；

工具：胶枪、剪刀、针、线。

图 6-28 蝶恋珠发夹款式图

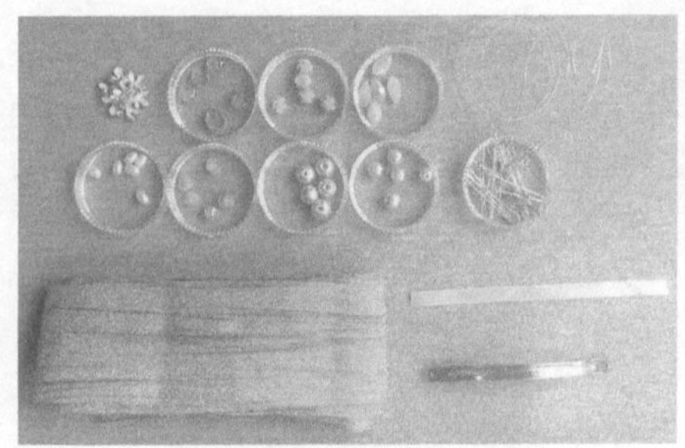

图 6-29 蝶恋珠发夹材料准备

4．制作方法

（1）将绿色褶皱布带来回折 7 层，两端均形成 3 个环形，第一层环形长 6 cm 左右，一层比一层大，见图 6-30（1）。

（2）在绿色褶皱布中间用攻针缝出褶皱并收紧固定，形成一个蝴蝶结，见图 6-30（2）。

（3）取粉色缎带，在蝴蝶结中间绕一圈并收紧固定，尾端用热熔胶固定，见图 6-30（3）。

（4）将 5 mm 宽的粉色缎带用热熔胶粘在发夹表面，两端反面要折到发夹后面粘牢，见图 6-30（4）。

（5）将香槟色扭珠、白色米型珍珠、香槟色珍珠 A、香槟色珍珠 B 分别穿过 T 字针并用圆头钳绕圈，做 5 组，见图 6-30（5）。

（6）将鱼线绑在发夹一头，并顺序穿入一组珠子，见图 6-30（6）。

（7）围绕发夹将第一组珠子绕好，固定住，见图 6-30（7）。

（8）将做好的蝴蝶结横着粘在第一组珠子的旁边，见图 6-30（8）。

（9）按组依次穿入并绕好其他 4 组珠子后，打结固定，见图 6-30（9）。

（10）最后在蝴蝶结中间粘上花盘，见图 6-30（10）。

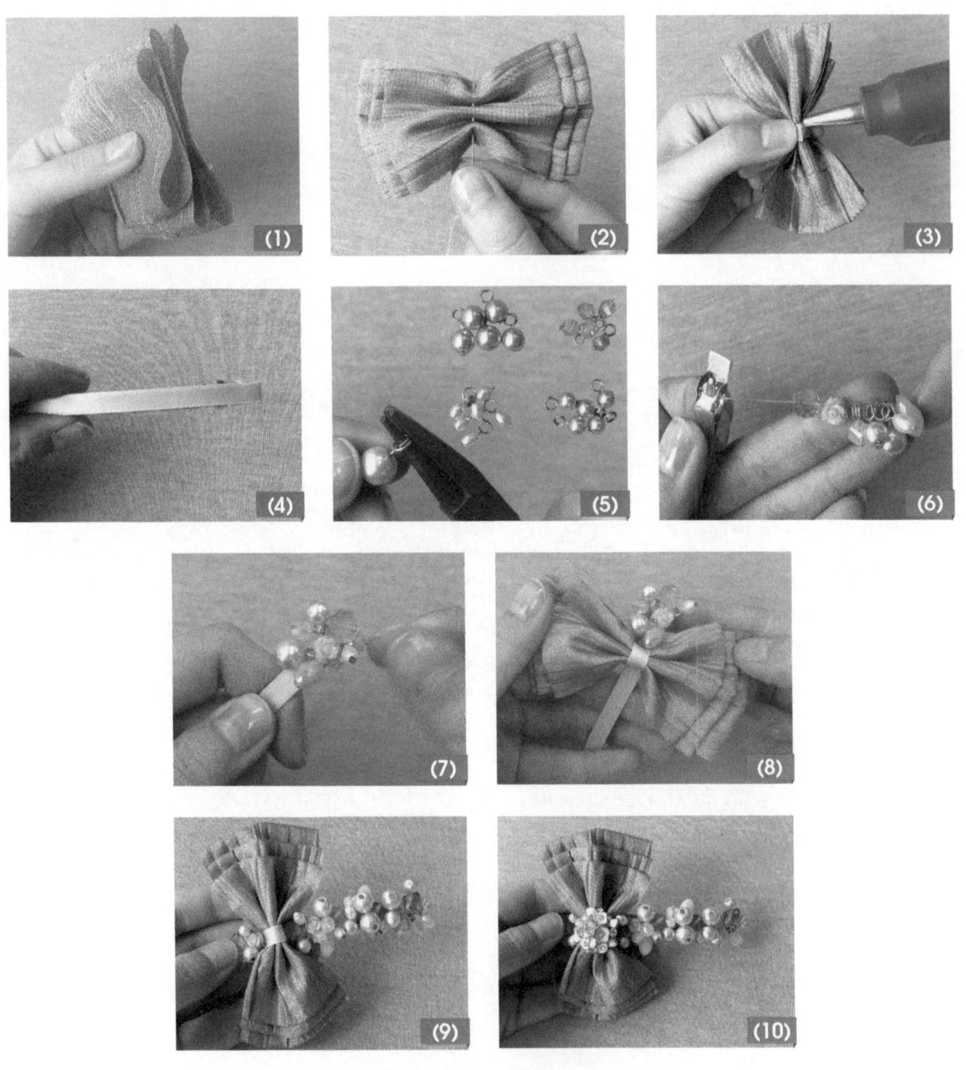

图 6-30　蝶恋珠发夹制作

四 蝶中蝶发卡

1. 款式特点

本款发卡以南韩绒、粗麻布、蕾丝为主要材料，色彩为灰橘色系，采用三层蝴蝶结叠加在一起，且巧妙搭配白色蕾丝，使整体和谐柔美，典雅时尚，见图 6-31。

2. 学习要点

学习色彩搭配；学习通过各种面料的混搭制作发饰的思路；学习装饰发卡的技巧。

3. 准备材料

见图 6-32。

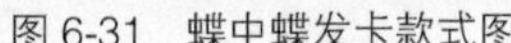

图 6-31 蝶中蝶发卡款式图

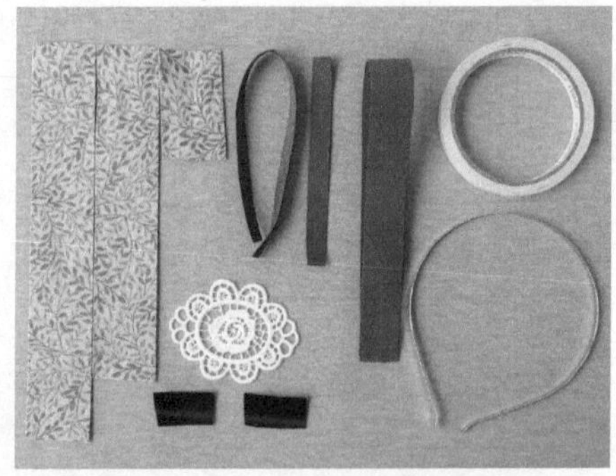

图 6-32 蝶中蝶发卡材料准备

橘色粗麻布带：240 mm（长）×40 mm（宽），1 条；
200 mm（长）×40 mm（宽），1 条；
65 mm（长）×40 mm（宽），1 条；

橘色南韩绒布带：380 mm（长）×25 mm（宽），1 条；
150 mm（长）×12.5 mm（宽），1 条；
70 mm（长）×12.5 mm（宽），1 条；

白色蕾丝片：80 mm（长）×55 mm（宽），1 个；

黑色胶布：20 mm（长）×15 mm（宽），2 块；

发箍：370 mm（长）×7 mm（宽），1 个；

工具：针、线、胶枪、双面胶。

4. 制作方法

（1）取 38 cm 长的橘色南韩绒布带包裹金属发箍，用热熔胶固定，两端粘贴黑色胶布，见图 6-33（1）。

（2）用 150 mm 长的橘色南韩绒布带折叠成一个蝴蝶结，并用针线固定，见图 6-33（2）。

（3）将 65 mm 长橘色粗麻布带横向双折成一个蝴蝶结，用针线固定，见图 6-33（3）。

（4）将做好的两个蝴蝶结叠放，且中间用 12.5 mm 宽的南韩绒布带打结固定，见图 6-33（4）。

（5）在 240 mm、200 mm 长的橘色粗麻布带中央位置贴上双面胶，左右折叠比齐粘住，注意不要重叠，做成一个 120 mm 长、一个 100 mm 长的回形，见图 6-33（5）。

（6）将折叠粘贴好的粗麻布带长的在下，短的在上重叠放置，再倾斜放置白色蕾丝片，用针线将三者固定在一起，见图 6-33（6）。

（7）将做好的双蝴蝶结倾斜粘贴在蕾丝花片上，见图 6-33（7）。

（8）将做好的花饰放置在发箍的侧面三分之一处，内侧附一块橘色南韩绒布带，用热熔胶粘贴固定，见图 6-33（8）。

（9）完成的效果见图 6-33（9）。

图 6-33　蝶中蝶发卡制作

五 雀之花发钗

1. 款式特点

本款发钗以缎带、装饰花扣为主要材料，由乳白、粉、浅蓝三色搭配，造型似孔雀开屏，又似盛开的花朵，大气而抢眼，有令人难以抗拒的诱惑，见图6-34。

2. 学习要点

学习装饰花的设计与制作；学习色彩搭配；学习制作发钗的技巧。

3. 准备材料

见图6-35。

粉色缎带：120 mm×4 mm，7条；

浅蓝色缎带：120 mm×4 mm，7条；

乳白色缎带：70 mm×3 mm，7条；

五角星珍珠装饰扣：25 mm，1个；

粉色无纺布：30 mm，3片；

珍珠：3 mm，7颗；

粉色车轮珠：6 mm，7颗；

绿色车轮珠：6 mm，7颗；

水滴形珍珠：12 mm×15 mm，2颗；

9字针：3 cm，若干；

金属花托：4 mm，2个；

发钗：130 mm（长），1个；

单圈：4 mm，2个；

工具：胶枪、剪刀、针、线、圆口钳。

图6-34 雀之花发钗款式图

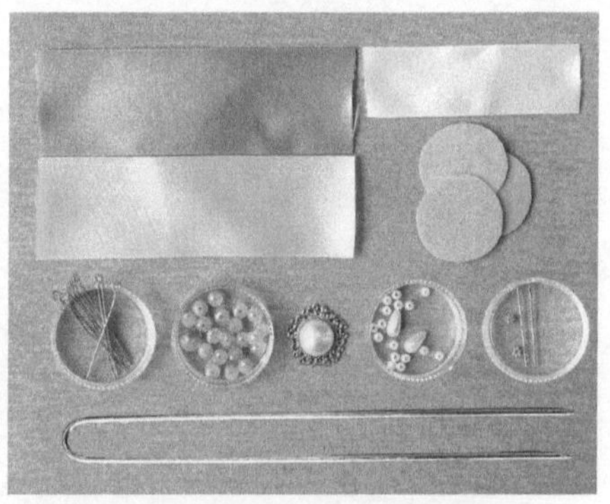

图6-35 雀之花发钗材料准备

4. 制作方法

（1）将一条粉色缎带两边向里折叠成三角形，见图 6-36（1）。

（2）将三角形两底角相对折叠后粗缝固定，同时将各色缎带 21 条都依照此方法制作出花瓣形状，见图 6-36（2）。

（3）从外向内依照蓝、粉、白的顺序将花瓣依次套入组成一个大的花瓣，见图 6-36（3）。

（4）再从花瓣尖部向下 35 mm 处斜线剪裁，剪裁时要防止粗缝部分松散。剪裁部分决定了花朵的高度，因此需要格外细心，见图 6-36（4）。

（5）用热熔胶粘贴每个花瓣的侧面，使七个花瓣连接在一起，组成一朵大花，见图 6-36（5）。

（6）将粉色无纺布粘贴在花朵中心部位，一方面盖住底下缝合线，另一方面固定上面五角星珍珠装饰扣，见图 6-36（6）。

图 6-36　雀之花发钗制作

（7）用 9 字针按绿色车轮珠、珍珠、粉色车轮珠的顺序穿入，尾端绕成 9 字状，共穿 7 组；用 T 字针穿金属花托、水滴形珍珠，尾端绕成 9 字状，共做两组，见图 6-36（7）。

（8）将穿好珠的 9 字针上下相连，尾部连水滴形珍珠，做成一长一短两串流苏（一个 90 mm，一个 75 mm），顶部用单圈相连，并将单圈缝制于花朵背后，见图 6-36（8）。

（9）将粉色无纺布粘在花朵背后，另一片贴在发钗上，即在两片无纺布中间夹一个发钗，用热熔胶固定即可，见图 6-36（9）。

六 梅玫恋曲发钗

1．款式特点

本款发钗以粉色树脂花、金属花片为主要材料，以红、蓝、绿珠点缀。造型有梅花、玫瑰花等装饰，精致而别致。将长发松松挽起，插上此枚发簪，再配上典雅的长裙，佩戴者瞬间可成为让人眼前一亮的古典美人，见图 6-37。

图 6-37 梅玫恋曲发钗款式图

2．学习要点

学习利用金属花、树脂花、珠子等材料进行设计和制作发钗的技术；学会使发钗表现立体效果的思路与方法。

3．材料准备

见图 6-38。

粉色树脂花：25 mm（直径），1 个；

红色花瓣：10 mm（直径），1 个；

金属六瓣花片 A：25 mm（直径），1 个；

金属六瓣花片 B：20 mm（直径），1 个；

金属梅花片 C：15 mm（直径），1 个；

金属六瓣花片 D：15 mm（直径），1 个；

蓝珠：8 mm，1 颗；

绿珠：6 mm，2 颗；

珍珠：6 mm，1 颗；

U 形裸钗：130 mm（长），1 个；

铜丝：0.3 mm×600 mm；

椭圆形金属镂空花片：28 mm（长）×25 mm（宽），1 个。

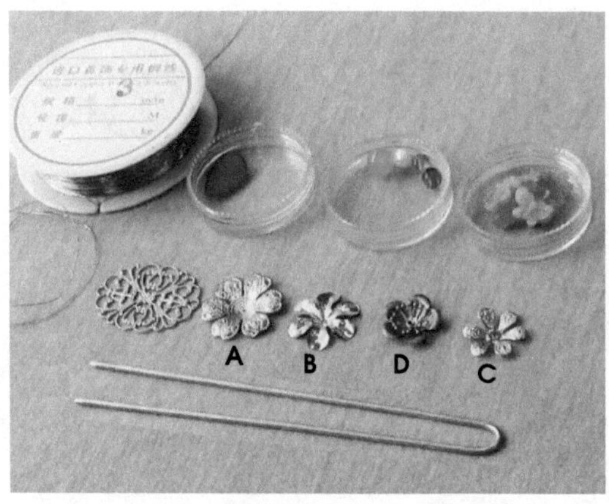

图 6-38　梅玫恋曲发钗材料准备

4．制作方法

（1）准备好 U 形裸钗与椭圆形金属镂空花片，见图 6-39（1）。

（2）取 300mm 长的铜丝，将椭圆形金属镂空花片（打底花片）缠绕固定在裸钗上，见图 6-39（2）。

（3）固定时铜丝要均匀缠绕在打底花片与 U 形裸钗的接合处，多缠绕几圈以起到加固作用，剩下的长铜丝不要剪断，见图 6-39（3）。

（4）再取 150 mm 长的铜丝，通过粉色树脂花上的孔和打底花片的镂空，将粉色树脂花用铜丝缠绕固定在打底花片上，见图 6-39（4）。

（5）缠绕时要用力均匀，见图 6-39（5）。

（6）固定好粉色树脂花后，将多出的铜丝缠绕在打底花片上，大约缠绕 3 圈，起到加固作用，见图 6-39（6）。

（7）取一颗蓝珠，用长 10 cm 的铜丝穿过，铜丝两边应长度相等，对折拧成螺旋状且将蓝珠固定，见图 6-39（7）。

（8）将蓝珠上合股的铜丝穿过准备好的金属梅花花片 C、金属六瓣花片 A 的中心孔，用两个花片可增加层次感，构成部件 A，见图 6-39（8）。

（9）将部件 A 固定在打底花片上，见图 6-39（9）。

（10）用铜丝均匀缠绕，背面缠绕的情况见图 6-39（10）。

（11）取 1 颗绿珠，用长 10 cm 的铜丝穿过，铜丝两边长度应相等，对折拧成螺旋状且将绿珠固定，将珠子和金属六瓣花片 D 固定在发钗主体的右侧，使发钗更加饱满，见图 6-39（11）。

（12）在发钗左侧空隙处加 1 颗珍珠以增加发钗的完整度，见图 6-39（12）。

（13）将绿珠和金属六瓣花片 B 以及红色花瓣固定在发钗背面，此步骤可参照步骤（7）（8），起到遮挡铜丝，增加美观度的作用，见图 6-39（13）。

（14）铜丝在穿过打底花片后再回穿，压过金属六瓣花片 B，反复回穿，使金属六瓣花片 B 和红色花瓣牢固，见图 6-39（14）。

（15）将多出的铜丝头分别藏在打底花片上缠绕三圈以加固，最后剪断余线，修整干净，见图 6-39（15）。

（16）发钗的最终效果见图 6-39（16）。

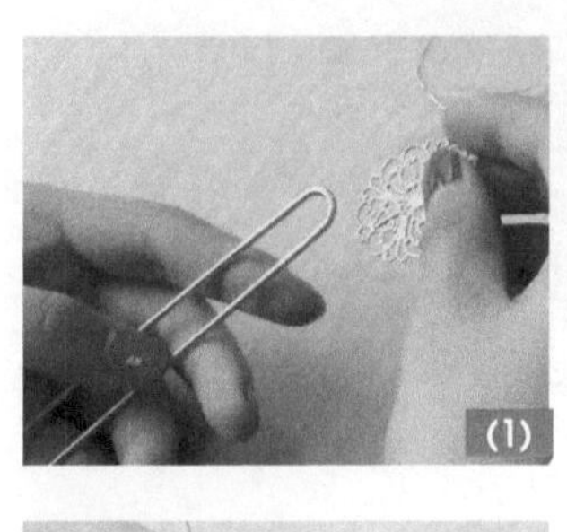

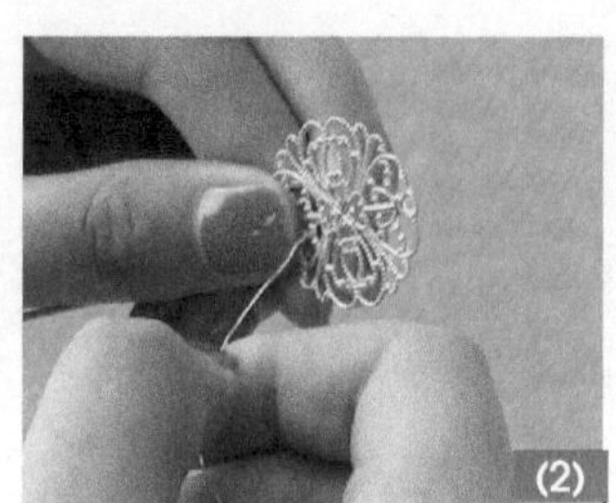

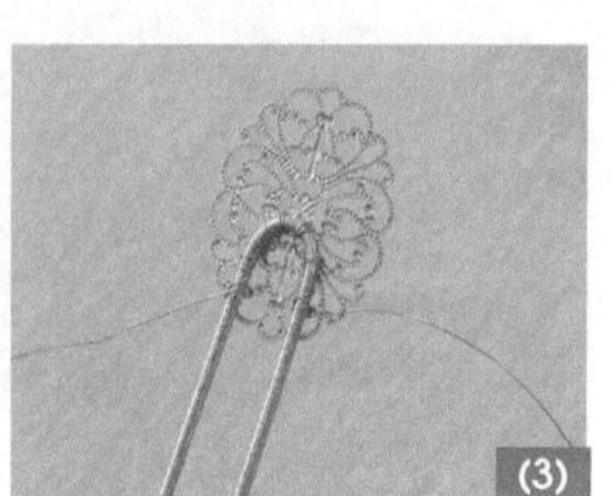

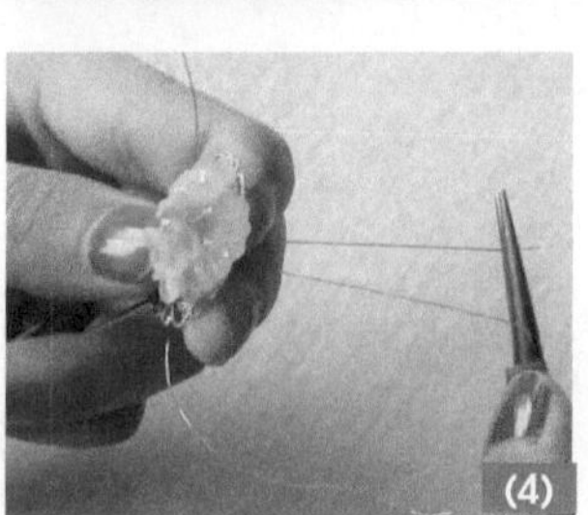

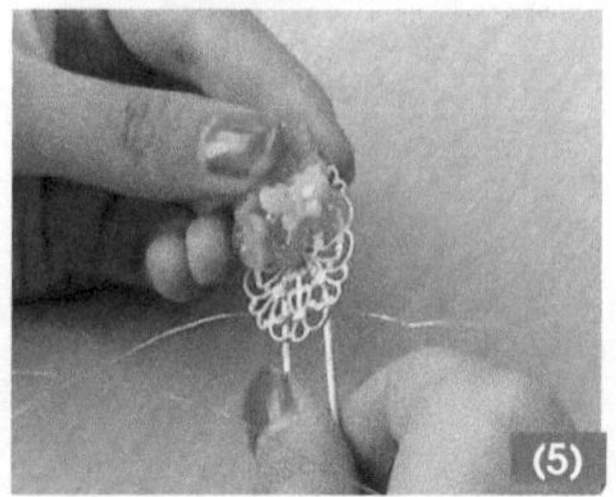
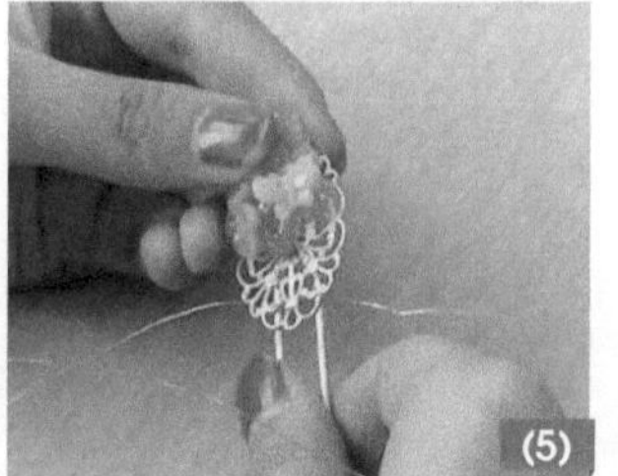

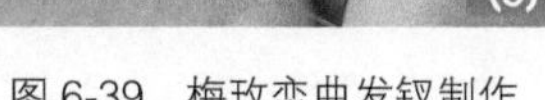

图 6-39　梅玫恋曲发钗制作

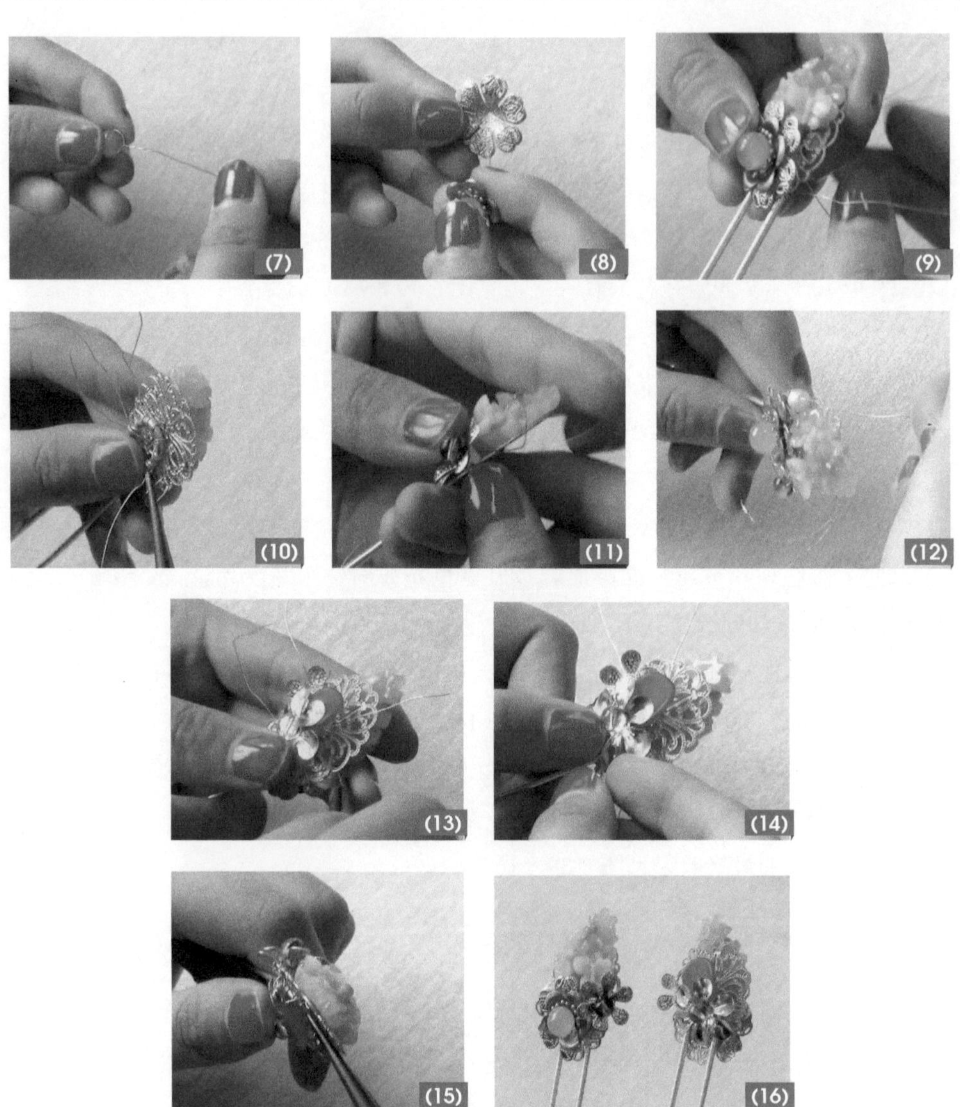

图 6-39 梅玫恋曲发钗制作（续）

教学目标

（一）知识目标

1. 掌握胸饰设计与制作的基本方法。
2. 掌握挂饰设计与制作的基本方法。
3. 掌握胸饰、挂饰的基本材料与工具的使用方法。

（二）能力目标

1. 提高胸饰、挂饰的设计能力与色彩搭配能力。
2. 提高对多种材料的组合能力与制作能力。

第一节

胸饰设计制作

胸饰的主体是胸针，是现代社会中女性常用的装饰品之一。胸针作为一种服装的点缀品，因佩戴在胸前，是人们首先注意到的饰物而具有显著地位。胸针的形制更是集各种习俗情趣和时尚元素为一体。佩戴一枚胸针，常可产生画龙点睛的效果，尤其当服装的设计比较简单或颜色比较朴素时，别上一枚或色彩鲜艳、或材质奇特的胸针，就会立即使整套造型活泼起来，并具有动感。胸针的造型主要有三种：一是以植物图案造型制作的胸针，其造型与自然界的植物、花卉非常接近；二是以动物图案造型制作的胸针，其造型常以蝴蝶、熊猫、鸟、昆虫等作为设计原型，大部分动物型胸针都是变形的、图案化的，比动物原形更可爱、更有情调、更有个性；三是以几何造型图案制作的胸针，几何造型的胸针无论是何种材料制作的，都有其独特的艺术美感。

一 珠圆玉润胸针

1．款式特点

本款胸针以珍珠、玉石为主要材料，白色为主色，绿色为点缀色，呈经典的三角形造型（珍珠部分），绿水滴玉石珠与叶形花片上下搭配，清新而时尚，别具一格，见图 7-1。

2．学习要点

学习用鱼线或金属丝编制三角形；掌握胸针托与物件的接合。

3．材料准备（图 7-2）

绿水滴玉石珠：12 mm（长）×8 mm（宽），1 颗；

叶形花片：28 mm（长）×2.5 cm（宽），1 个；

金属丝：300 mm×0.3 mm，1 条；

白色珍珠：4 mm，15 颗；

金色多面珠：4 mm，2 颗；

绿色珠：4 mm，1 颗；

金色花托：6 mm，1 个；

胸针托：25 mm，1 个；

珠头 T 字针：40 mm，1 个。

图 7-1　珠圆玉润胸针款式图

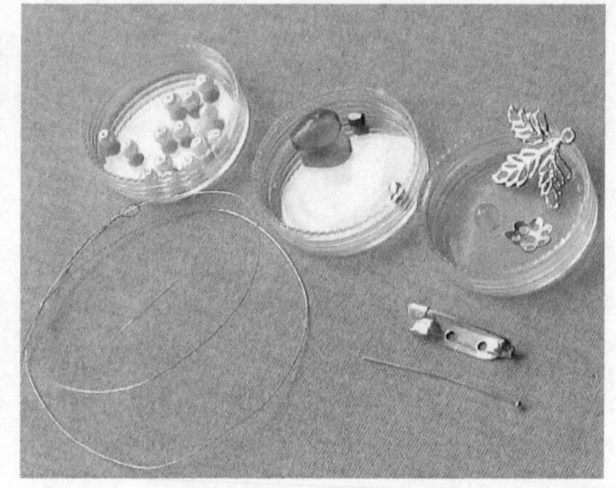

图 7-2　珠圆玉润胸针材料准备

4．制作方法

（1）用金属丝穿 15 颗白色珍珠，见图 7-3（1）。

（2）回穿 3 颗珍珠，形成两排三角形，见图 7-3（2）。

（3）再回穿 3 颗珠珍珠，形成三排三角形，见图 7-3（3）。

（4）用相同的方法，穿出第四排、第五排三角形，见图 7-3（4）。

（5）用珠头 T 字针依次穿绿水滴玉石珠、2 颗金色多面珠，构成部件 A，见图 7-3（5）。

（6）将部件 A 与倒三角形的第一颗珍珠相连接，注意把 T 字针穿回同一个金色多面珠内，构成胸针主体 B，见图 7-3（6）。

（7）将叶形花片放在主体 B 的下面，用金属丝固定，从不同的部位要反复多穿几次，见图 7-3（7）。

（8）在背面剪断余线，并藏好线头，见图 7-3（8）。

（9）用金属丝穿金色花托与绿色珠，在后面拧几圈，使两者固定在一起。再将其固定在主体 B 的中心处，见图 7-3（9）。

（10）用胶枪在主体 B 背面粘上胸针托，整理好胸针，见图 7-3（10）。

（11）整理好形状，其效果见图 7-3（11）。

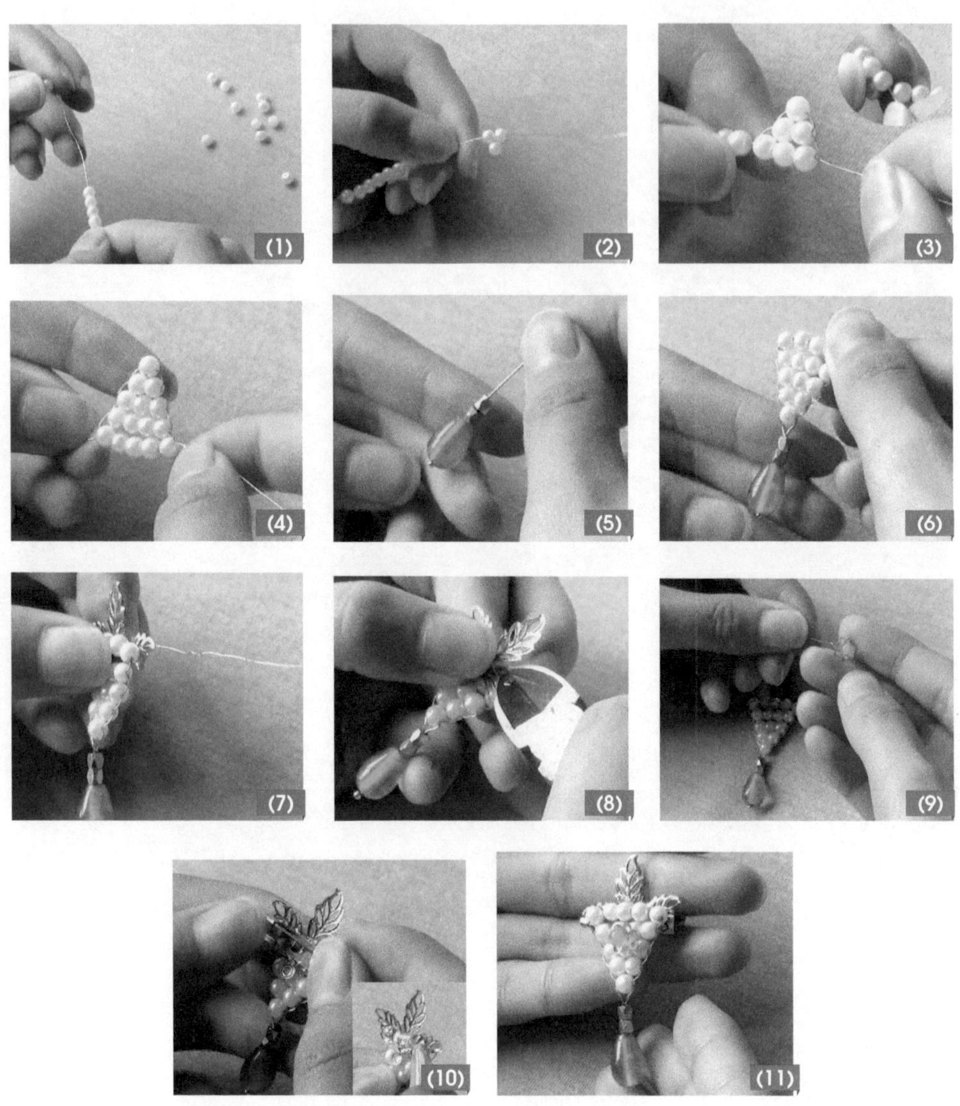

图 7-3　珠圆玉润胸针制作

二　如花似玉胸针

1. 款式特点

本款胸针以珊瑚碎石、珍珠、天河石、贝壳等为主要材料，以粉色、白色为主色调，绿色点缀色，通过不规则形状的搭配与有序排列，表现出自然、错落、协调的韵味，尽显其生动、立体、鲜明、美丽的品格，见图 7-4。

2. 学习要点

掌握各种石头的特点；多种形状与材料的组合，多色彩的运用。

3. 材料准备（图 7-5）

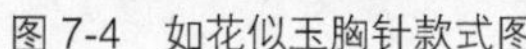

图 7-4 如花似玉胸针款式图

图 7-5 如花似玉胸针材料准备

粉色珊瑚碎石：10 mm 左右（长）×2 mm 左右（宽），若干；

不规则珍珠：13 mm（长）×8 mm（宽），2 颗；

粉色柱形天河石：15 mm（长）×4 mm（宽），2 颗；

绿色柱形天河石：15 mm（长）×10 mm（宽），1 颗；

打底花片：35 mm（长）×20 mm（宽），1 个；

鱼线：0.3 mm×30 cm；

黄色小珠：4 mm，1 颗；

贝壳花：8 mm，1 个；

银花片：25 mm，1 个；

银色小花托：8 mm，1 个；

胸针托：35 mm（长）；

珠头 T 字针：40 mm，3 个；

无纺布：30 mm（长）×10 mm（宽），1 个；

穿珠针：1 根。

4. 制作方法

（1）取一小块无纺布，将打底花片用鱼线缝在无纺布上，见图 7-6（1）。

（2）取 2 颗不规则珍珠缝在花片的左侧部分，见图 7-6（2）。

（3）将黄色小珠、贝壳花、银花片从上至下用穿珠针及鱼线固定在不规则珍珠的右侧，见图 7-6（3）。

（4）固定好的效果见图 7-6（4）。

（5）用鱼线穿粉色珊瑚碎石，固定在不规则珍珠上方，见图 7-6（5）。

（6）珊瑚碎石的多少根据整体效果而定，需反复固定几次，见图 7-6（6）。

（7）用珠头 T 字针依次穿过绿色柱形天河石、银色小花托，构成部件 A，见图 7-6（7）。

（8）将部件 A 弯成 9 字形，固定在打底花片的镂空小孔上，见图 7-6（8）。

（9）分别用球形 T 字针穿 2 个粉色柱形天河石，弯成 9 字形，固定在银花片后面，见图 7-6（9）。

（10）胶枪加热后，挤出适量胶于无纺布上，见图 7-6（10）。

（11）将胸针托按压在胶上，等胶自然凝固，见图 7-6（11）。

（12）整理好形状，其效果见图 7-6（12）。

图 7-6　如花似玉胸针制作

三 梅香扇彩胸针

1．款式特点

本款胸针由猫眼石、蝉丝带、贝壳花、玉珠等材料组成，绿色、粉色为主调，白色为点缀色，主体部分由梅花、玉珠、珍珠组合成菱形，用皱褶丝带扇面加以陪衬，彰显出丰富的色彩与层次变化，整体显得和谐、立体、大气、非凡，见图 7-7。

图 7-7　梅香扇彩胸针款式图

2．学习要点

学习镂空花盘的使用，以及珠、丝带、金属链等材料的组合与搭配。

3．准备材料（图 7-8）

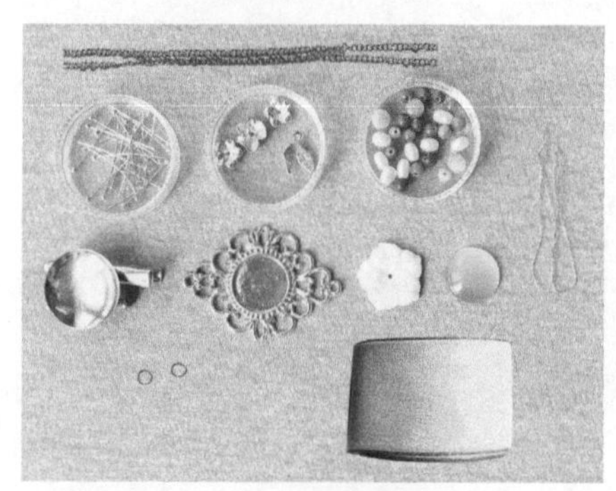

图 7-8　梅香扇彩胸针材料准备

粉色猫眼石：18 mm（直径），1 颗；

菱形合金花盘：55 mm（长）×40 mm（宽），1 个；

绿色幻彩蝉丝带：350 mm（长）×300 mm（宽）；

金属叶子：13 mm（长）×10 mm（宽），1 个；

米型珍珠：6 mm（长）×3 mm（宽）×8 颗；

贝壳花：20 mm，1 个；

金属花托：10 mm，2 个；

绿色玉珠：6 mm，3 颗；

红色圆珠：2 mm，15 颗；

珠头 T 字针：30 mm，20 个；

铜丝：3 mm×200 mm；

单圈：5 mm，2 个；

组合胸针托：1 个；

金属链：130 mm，1 条；85 mm，1 条；

工具：胶枪、剪刀、铜丝、针、线。

4．制作方法

（1）将粉色猫眼石用热熔胶粘在菱形合金花盘里，见图 7-9（1）。

（2）用珠头 T 字针穿红色圆珠、金属花托、贝壳花，T 字针多余部分在背面绕成圈，见图 7-9（2）。

（3）在贝壳花反面打热熔胶，将其粘在菱形合金花盘的左侧，见图 7-9（3）。

（4）取一段铜丝穿 6 颗红色圆珠后，拧成一个六珠花，花中间粘上一颗穿过 T 字针的绿色玉珠，减掉多余铜丝，见图 7-9（4）。

图 7-9　梅香扇彩胸针制作

（5）先将金属叶子粘在贝壳花的上方，再粘上做好的六珠花，见图 7-9（5）。

（6）用 T 字针穿绿色玉珠、金属花托后绕成圈，制作 2 个，见图 7-9（6）。

（7）将 9 颗红色圆珠、8 颗米型珍珠，分别穿 T 字针后绕个圈，见图 7-9（7）。

（8）用铜丝按顺序分别将红色圆珠、绿色玉珠、米型珍珠穿在一起，见图 7-9（8）。

（9）然后将铜丝两头穿到合金花盘后面拉紧固定，调整珠子位置，见图 7-9（9）。

（10）花盘两侧连接单圈、金属链 2 条，链条第二圈比第一圈略长，花盘部分见图 7-9（10）。

（11）将绿色幻彩蝉丝带在无纺布上缝制成扇形，见图 7-9（11）。

（12）将花盘粘到无纺布中央位置，并在后面打胶粘到组合胸针托上，整理完成，见图 7-9（12）。

第二节 挂饰设计制作

挂饰也称链坠、挂坠、吊件等，按搭配的物体不同，分为吊坠挂饰、手机挂饰、包包挂饰、汽车挂饰、钥匙挂饰以及用于家居装饰的一些挂饰等。挂饰不但显示着自己个性的一面，而且向别人传达着自己的品位。本节主要以编结（以结艺为主）与串珠两种形式阐述挂饰的设计与制作。

一 编结挂饰实例

（一）吉祥如意挂饰

1．款式特点

本款挂饰是吉祥结搭配装饰珠，讲究喜庆与吉祥，具有吉人天相，吉利祥瑞之意，体现着人们追求真、善、美的美好愿望，见图 7-10。

2．学习要点

熟练吉祥结、凤尾结的编制方法；掌握挂件组合的方法及规律。

3．材料准备（图 7-11）

结线：2 mm×800 mm；

木珠：12 mm，1 颗；

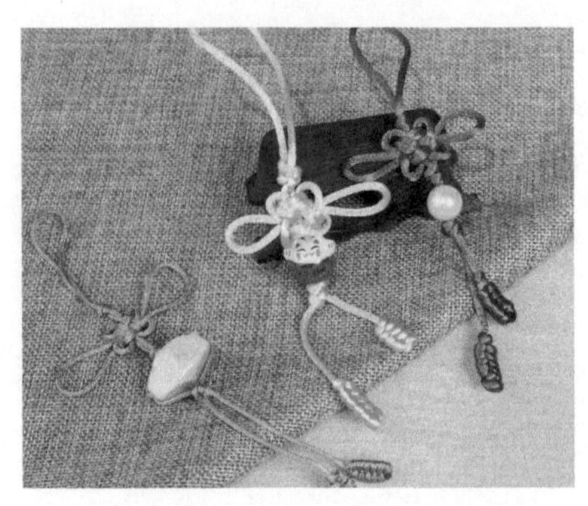

图 7-10　吉祥如意挂饰款式图

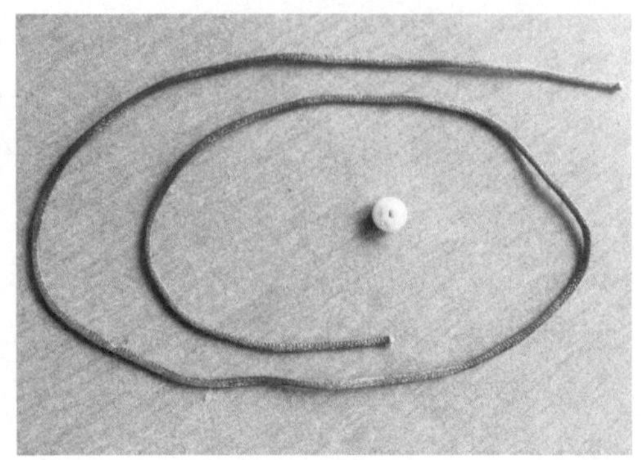

图 7-11　吉祥如意挂饰材料准备

4．制作方法

（1）结线对折取中，预留 50 mm 左右的长度编一个双联结，见图 7-12（1）。

（2）编吉祥结，见图 7-12（2）。

（3）接下来编一个双联结，穿木珠后再编一个双联结，见图 7-12（3）。

（4）在线尾处两条线各编一个凤尾结，制作完成，见图 7-12（4）。

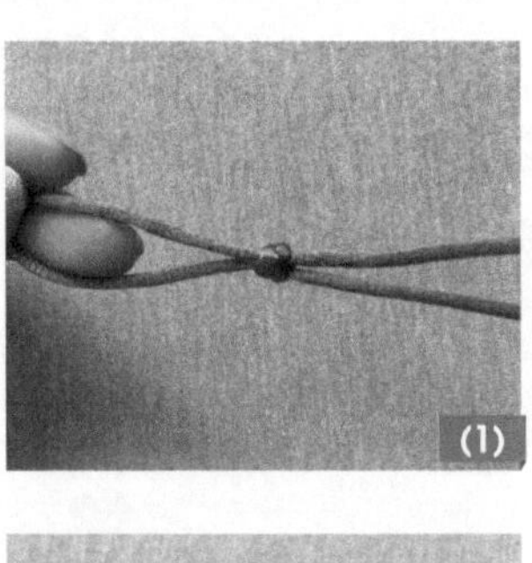

图 7-12　吉祥如意挂饰制作

（二）花团锦簇挂饰

1．款式特点

本款挂饰是团锦结连接装饰珠，整体似花团锦簇，其形态生动诱人，演绎着梦幻般的浪漫色彩，见图 7-13。

2. 学习要点

熟练团锦结的编制方法；掌握利用团锦结制作挂件的技巧。

3. 材料准备（见图 7-14）

绿色线：2 mm×800 mm；

木珠：10 mm，1 颗。

图 7-13　花团锦簇挂饰款式图

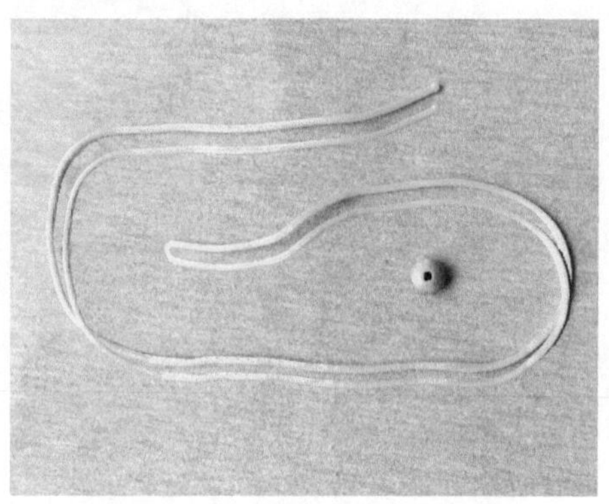

图 7-14　花团锦簇挂饰材料准备

4. 制作方法

（1）绿色线对折取中，预留 5 cm 左右的长度编一个双联结，见图 7-15（1）。

（2）编团锦结，见图 7-15（2）。

（3）接下来编一个双联结，穿木珠后再编一个双联结，见图 7-15（3）。

（4）在线尾处两条线上各打一个结，将线头烧熔固定。

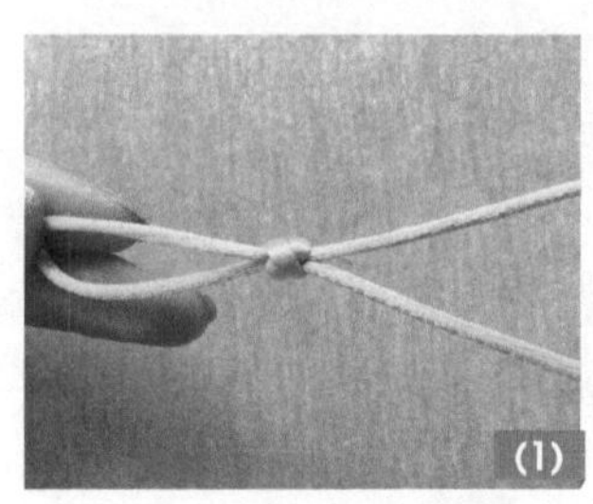

图 7-15　花团锦簇挂饰制作

（三）好运盘长挂饰

1. 款式特点

本款挂饰由盘长结连接贝壳珠而成。将其送给亲朋好友，传达出自己的浓浓祝福与美好的心愿，见图 7-16。

图 7-16　好运盘长挂饰款式图

2．学习要点

熟练盘长结的编制方法；掌握其运用的思路与步骤。

3．材料准备（图 7-17）

红色线：2 mm×1.5 m，1 条；

棱形贝壳珠：15 mm（长）×12 mm（宽），1 颗；

贝壳珠：6 mm，2 颗；

泡沫垫：200 mm（长）×200 mm（宽），1 个

工具：珠针。

图 7-17　好运盘长挂饰材料准备

4．制作方法

（1）将红色线居中对折，编一个双联结，用珠针固定双联结的位置，从右线开始编。竖向：右线做两个回形，分别用珠针固定，见图 7-18（1）。

（2）横向 1：用右线双线做挑一、压一、挑一、压一，在环的端点固定，见图 7-18（2）。

（3）横向 2：仿照步骤（2）的做法，双线继续做挑一、压一、挑一、压一，在环的端点固定，见图 7-18（3）。

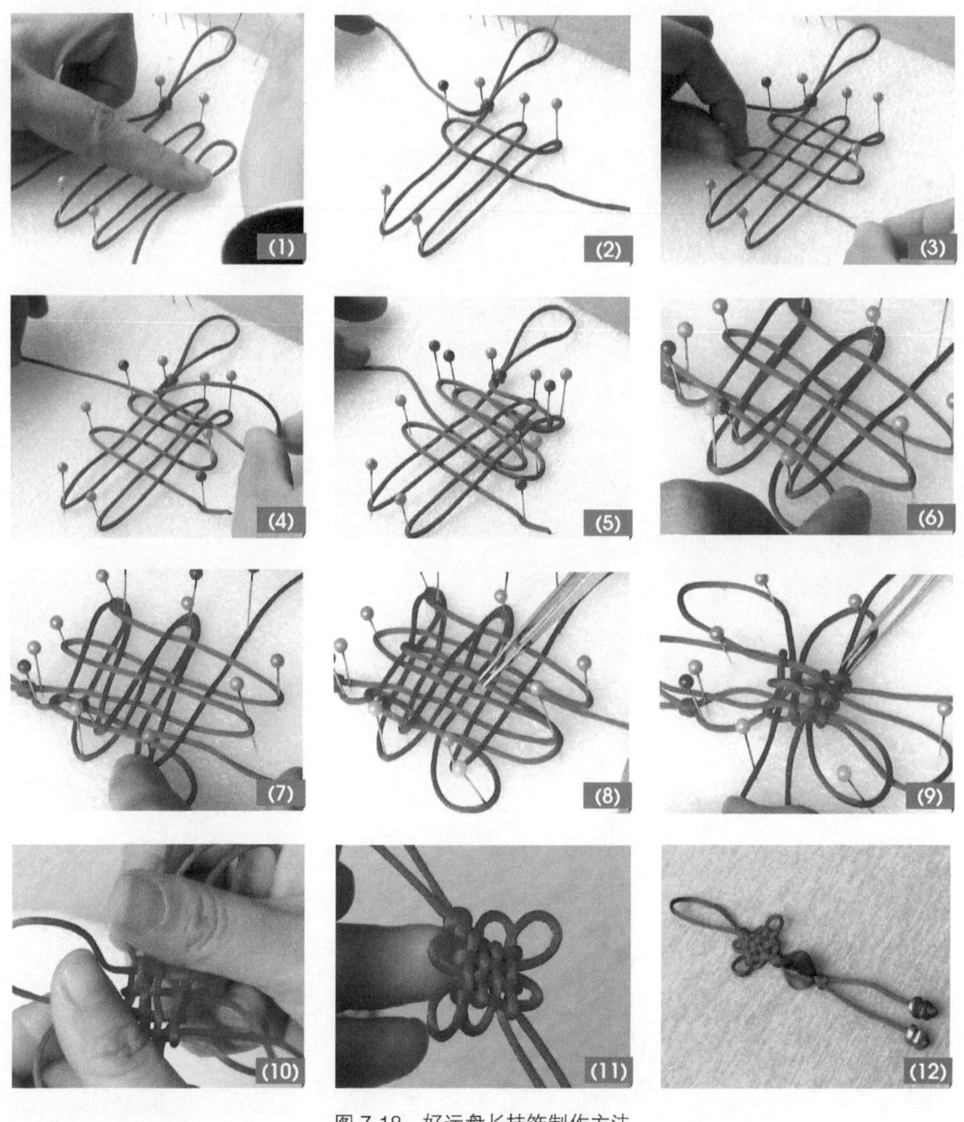

图 7-18　好运盘长挂饰制作方法

（4）左线在第一个横向环的上面全上全下一次，用珠针将线固定，见图 7-18（4）。

（5）仿照步骤（4）的做法，在第二个横向环的下面再全上全下一次，见图 7-18（5）。

（6）继续用左边的线，由下往上挑一、压三、挑一、压三出，见图 7-18（6）。

（7）回来时仍从同一个环中挑二、压一、挑三、压一、挑一出，见图 7-18（7）。

（8）仿照步骤（6）与步骤（7）的做法在右侧一栏再做一次，左边的线完成，见图 7-18（8）。

（9）先把中间的珠针拔掉，将线向外拉，将中间的结抽紧，见图 7-18（9）。

（10）将结体取下，把耳翼调整好，见图 7-18（10）。

（11）调整后的状态，见图 7-18（11）。

（12）在下面打一个双联结，两条线同时穿棱形贝壳珠，两条尾线分别穿 2 颗贝壳珠，并打结收尾，见图 7-18（12）。

（四）古色古香挂饰

1. 款式特点

本款挂饰为咖啡色调，中间为六耳吉祥结，四面搭配酢浆草结，结体呈菱形花型，下方连接木珠，精巧别致，古色古香，蕴涵着招财纳福的吉祥寓意，见图 7-19。

2. 学习要点

熟练双联结、吉祥结、酢浆草结的编制方法；发挥每种结式的特点，将其组合成更加丰富、更加生动的饰品。

3. 材料准备（图 7-20）

咖啡色线：2 mm×1.5 m；

木桶珠：20 mm×10 mm，1 颗；

圆木珠：8 mm，2 颗

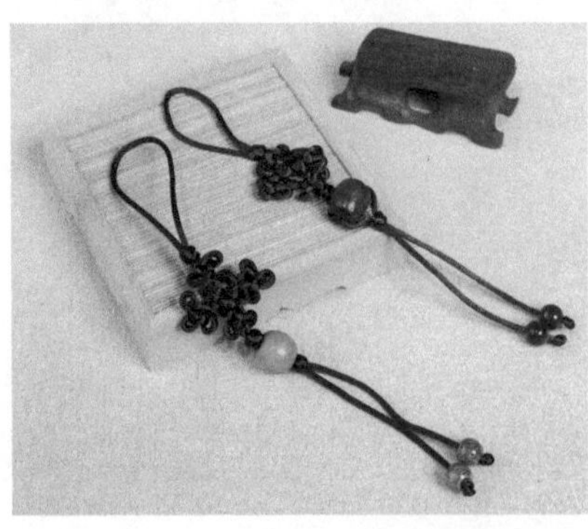

图 7-19　古色古香挂饰款式图

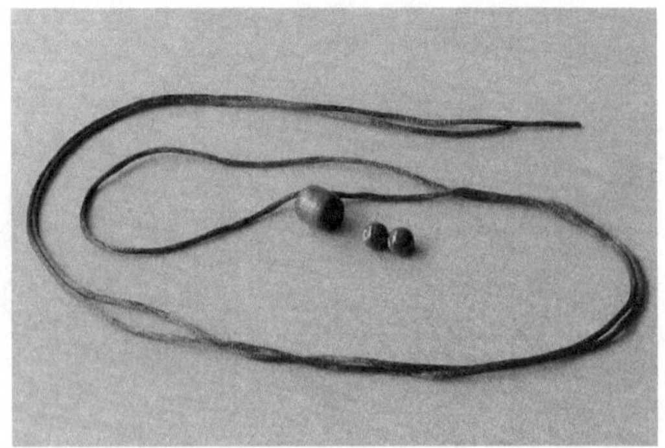

图 7-20　古色古香挂饰材料准备

4. 制作方法

（1）咖啡色线居中对折，预留 3 cm 的线环，编一个双联结；再编一个酢浆草结，见图 7-21（1）。

图 7-21　古香古色挂饰制作方法

（2）左右线各预留 6 cm 左右，各打一个酢浆草结，见图 7-21（2）。

（3）分别以 3 个酢浆草结为基础，将线交叉成“十”字形，见图 7-21（3）。

（4）打六耳吉祥结，将 4 个方向的线以逆时针方向挑、压，见图 7-21（4）。

（5）在吉祥结的下面依次打酢浆草结和双联结，见图 7-21（5）。

（6）对穿 1 颗木桶珠后再打 1 个双联结，上下双联结起固定与装饰作用，见图 7-21（6）。

（7）最后在尾端穿圆木珠收尾，打结固定，见图 7-21（7）。

二 串珠挂饰实例

（一）灿若繁星挂饰

图 7-22 灿若繁星挂饰款式图

1．款式特点

本款挂饰由红白两色相间组成，整体呈五角星状。其中的红色椭圆切面珠尤为抢眼，而白色透明米珠组成十个米珠群，灿若繁星，闪烁璀璨，有很强的形式美感，见图 7-22。

2．学习要点

学习五角星串珠的方法与步骤；掌握组合成挂件的方式。

3．材料准备（图 7-23）

红色椭圆切面珠：6 mm，17 颗；

白色圆形米珠：2 mm，40 颗；

9 字针：30 mm，1 个；

龙虾扣：8 mm，1 个；

挂件绳：1 个；

单圈：6 mm，1 个；

鱼线：0.3 mm×60 cm，1 条。

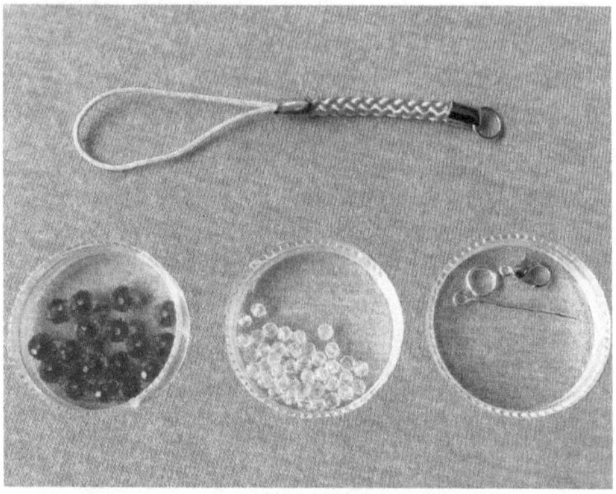

图 7-23 灿若繁星挂饰材料准备

4．制作方法

(1)第一个星角：用鱼线单穿 3 颗白色圆形米珠(米珠)，对穿 1 颗米珠，为四珠花，见图 7-24（1）。

（2）右线依次单穿红色椭圆切面珠（红珠）、米珠、红珠；左线单穿红珠，最后对穿米珠。每个星由 4 颗米珠与 3 颗红珠构成，见图 7-24（2）。

（3）衔接雪花群：左右线单穿米珠，再对穿米珠，形成四珠花状，起到连接各星角的作用，见图 7-24（3）。

（4）第二个星角：左线依次单穿 1 颗红珠、4 颗米珠，见图 7-24（4）。

（5）再回穿 4 颗米珠中的第 1 颗，形成四珠花状，见图 7-24（5）。

（6）左右线单穿红珠，对穿米珠，完成第二个星，见图 7-24（6）。

（7）重复步骤（3）～步骤（6）两次，形成第三、四个星角，见图 7-21（7）。

（8）最后一个左右线单穿米珠，对穿开始的米珠，将尾线沿大小珠子穿过，目的是为了结实牢固，见图 7-24（8）。

（9）9 字针圈的部分先挂在五角星上，再穿 2 颗红珠后，预留 7 ～ 8mm 长剪断，弯成 9 字环，见图 7-24（9）。

（10）将挂件绳与龙虾扣用单圈连接，构成部件 A，见图 7-24（10）。

（11）将部件 A 与五角星组合，见图 7-24（11）。

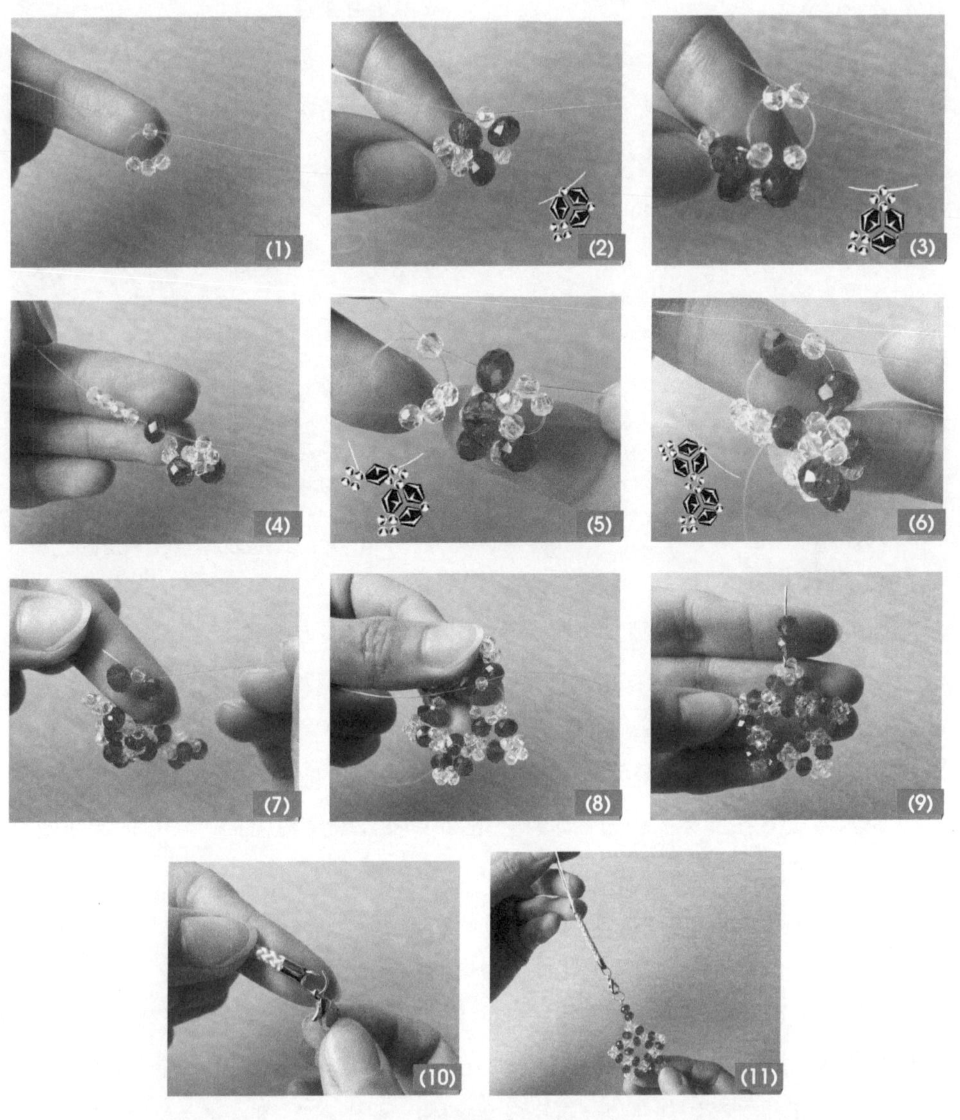

图 7-24　灿若繁星挂件制作方法

（二）彩球欢歌挂饰

图 7-25　彩球欢歌挂饰款式图

1. 款式特点

本款挂饰是在四边球的基础上，通过在球外用米珠拉网，将装饰花嵌到珠体中形成彩珠，使单调的球瞬间变得丰富多彩，精致耐看，这就是细节装饰的魅力所在，见图 7-25。

2. 学习要点

熟练四边球的编制方法，学习在球的外部拉网的技法；掌握珠子的颜色搭配。

3. 材料准备（图 7-26）

粉色亚克力珠：8 mm，12 颗；

花饰珠：6 mm，6 颗；

粉色米珠：2 mm，40 颗；

T 字针：3 mm，1 个；

单圈：6 mm，1 个；

龙虾扣：6 mm，1 个；

鱼线：60 cm×0.3 mm，1 条；

挂件绳：1 个。

图 7-26　彩球欢歌挂饰材料准备

4. 制作方法

（1）用粉色亚克力珠穿 4 个四珠花，其中最后 1 组的最后一颗珠的穿法不同，并设定第一组四珠花中的最边缘的一颗为珠 A，见图 7-27（1）。

（2）最后一组左右单穿后对穿珠 A，见图 7-27（2）。

（3）左右各单穿 3 颗粉色米珠，对穿 1 颗花饰珠，见图 7-27（3）。

（4）再左右各单穿 3 颗粉色米珠，进穿 1 颗与珠 A 对角的，使花饰珠在四珠花的中间，见图 7-27（4）。

（5）用步骤（3）、步骤（4）的方法，沿着一个方向穿花饰珠，见图 7-27（5）。

（6）直至这个方向穿完 4 颗花饰珠为止，见图 7-27（6）。

（7）将鱼线进穿到另一侧，用同样的方法将左右侧面各穿 1 颗花饰珠，再进穿几颗粉色米珠后，打结后剪断线头，再藏结，见图 7-27（7）。

（8）用 T 字针在底部穿出，再绕成 9 字环，见图 7-27（8）。

（9）在挂件绳上穿一个单圈与龙虾扣，挂到9字环中，见图7-27（9）。

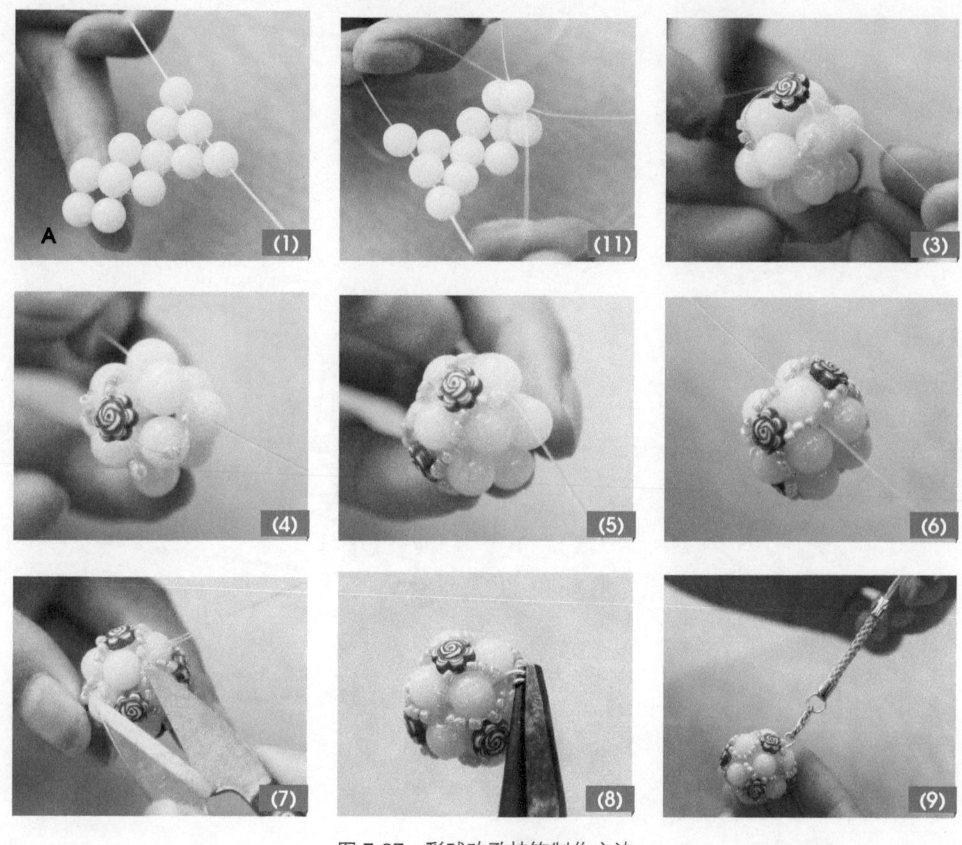

图7-27　彩球欢歌挂饰制作方法

教学目标

（一）知识目标

1．掌握系列首饰设计的概念与特征。

2．把握系列首饰设计的基本要求和制作方法。

（二）能力目标

1．提高材料组合、搭配、制作能力及审美能力。

2．能够应用首饰设计理论与方法设计系列首饰。

第一节

系列首饰设计

一 系列设计

系列设计就字面而言，它是由“系列”与“设计”两个词组合而成的，其中“设计”是中心词，“系列”是它的限制词。就“系”字而言可以引申为系统，自成体系的组织，相同或类似的事物按一定的次序和内部联系组合而成的整体。系列内部相互联系，必定有着某种延伸、扩展的元素，有着形成鲜明的系列产品的动因关系。

二 系列首饰设计

在首饰设计中，通常是将同一主题下的一组相关联的、成套的、有机的首饰群体称之为系列首饰设计。在设计中，系列首饰能比单品首饰表达出更完整的主题和更有感染力的视觉效果。每一系列的首饰在多元素组合中表现出来的次序性和和谐的美感特征，是系列首饰设计的基本要求。

三 系列首饰设计的基本特征

1. 数量要素

系列首饰必须由若干个单品首饰共同组成。数量是构成系列的基本条件，系列首饰少则两件，多则不限，可以多项组合。

2. 共性要求

共性是构成系列的必要条件，没有共性就不成系列。共性是指在一个系列的各个单品中存有共有因素。只有系列首饰中各个单品之间有了共同点，才能把整个系列联系在一起。在统一的设计理念和设计手法的指导下，通过追求相似的形态、统一的色调、共用的材料、一致的工艺方法等，从而使视觉产生连续感和统一感。

3. 个性要求

真正设计好系列首饰，必须要强调每个单品首饰的个性特征，讲究每个单品首饰的独特性和异他性，在款式形态、材料组合、颜色搭配等方面或多或少地表现出差别。这个差别是建立在相互间的关系之上的，遵循“存同求异”，在保存相同或相似的基础上，追求变化和各自的特点。

四 系列首饰设计元素

1. 造型设计元素

图 8-1 赞比亚“祖母绿大象”高级珠宝系列

首饰造型设计中的构成元素是点、线、面，造型形态有植物形、动物形、吉祥图案形、几何形等。在系列首饰设计中，选择某种造型为主题，通过排列、组合、加减、夸张等手法，使系列首饰间产生对比、韵律、节奏、比例、均衡、统一、强调等变化，达到系列造型的整体性、和谐性和完美性。以赞比亚“祖母绿大象”高级珠宝系列为例（见图 8-1），本系列以大象绿宝石为主题，以印度野生大象的侧面造型为素材，结合水滴状的祖母绿和小钻石，造型统一、协调，用意在于保护野生大象。DOLCE & GABBANA 2012 春夏首饰系列以蔬菜水果等食物造型为主要设计元素，西红柿、意大利面、辣椒、小蒜头，都统统被融入首饰的设计中，此外，加之金色和珠宝的融入，尽显其奢华本质，见图 8-2。

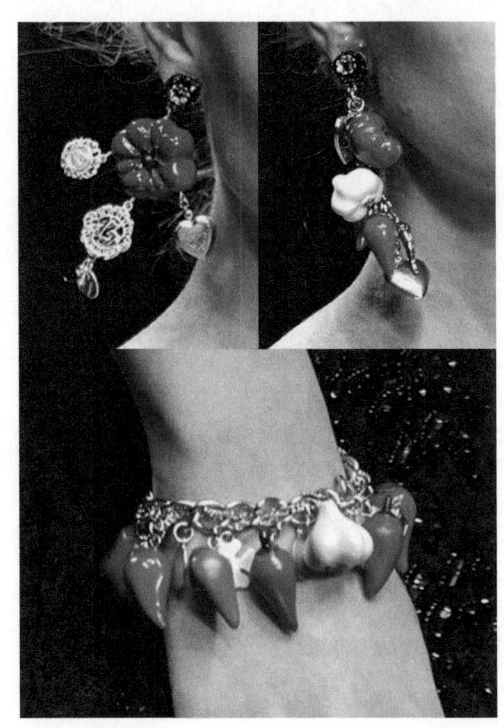

图 8-2 DOLCE & GABBANA 蔬果首饰系列

2. 色彩设计元素

在系列首饰设计中，一般选择一组色彩构成一个色系，其中的主色常会出现在每个单品首饰中，而辅助色则可以穿插、交替进行搭配，这样既统一，又富有变化。这些不同的色彩体现出“你中有我，我中有你”的呼应关系，否则容易造成色彩的混乱，影响系列的整体效果。以 BVLGARI MVSA 缪斯女神新传奇首饰系列为例（见图 8-3），作品以古希腊女神为灵感，用紫罗兰的主色来表示其神秘与高贵，搭配蓝色、红色、玫瑰金，大胆的色彩组合彰显优雅圆润的色调，为宝石谱出和谐的声韵，肆意挥洒艺术之美。设计师伊万卡·特朗普从 2011 年的电影《雪花与秘扇》中获得灵感，并设计出这套美丽的《老同》系列高级珠宝（见图 8-4）。“老同”这个词语是古代中国两名女孩之间立誓成为终生好友的古语，设计师通过色彩明丽的哥伦比亚祖母绿传达了扇子的象征意义并歌颂了女性之间的友谊。

图 8-3　BVLGARI MVSA 缪斯女神新传奇

图 8-4　《老同》系列首饰

3．材料设计元素

在系列首饰设计中，运用不同质感、不同材质的材料进行对比与组合是系列首饰中重要的设计手法。要精心选择所使用的材料，充分利用它们之间产生的或单薄或厚重、或柔软或硬挺、或光泽或暗淡等关系，通过一定的造型组合形式达到对比美的效果，通过单品材料间的统一呼应形成系列的整体感。如 Gucci 创意总监 Frida Giannini 推出的新款 Bamboo 系列首饰，采用天然竹节和纯银打造。标识性的竹节木经过切割打磨塑造成型，竹节坠饰末端装饰着优雅、细长而精致的纯银细链流苏，不同材质的碰撞组合，系列的呼应统一，营造出天然灵动的效果，见图 8-5。设计师 maria 将彩色铅笔头收集起来，挑选不同的颜色组合并切割出合适的形状，再进行打磨，将彩色铅笔芯恰到好处地露出来，展现出山花烂漫般的创意彩铅首饰，见图 8-6。

图 8-5　Gucci 新款 Bamboo 竹节系列首饰

图 8-6　maria 彩铅系列首饰

第二节

系列首饰制作

一　珠之链系列

图 8-7　珠之链系列款式图

1．款式特点

本款系列首饰采用红色陶瓷珠与金属链搭配设计，体现了简约时尚的主题。红色与银色的搭配，使其色泽鲜美，娇媚靓丽，让人爱不释手，见图 8-7。

2．学习要点

学习如何表达既有共性又有个性的理念，发挥每个单品的独特性；学习金属配件的选配与使用。

3．材料准备（见图 8-8）

1）耳环材料（图中为制作一个耳环的材料）

红色陶瓷珠：8 mm，2 颗；

红色车轮珠：7 mm×4 mm，4 颗；

金属花托：6 mm，4 个；

金属球：4 mm，4 个；

9 字针：4 mm，2 个；

T 字针：3 mm，4 个；

耳钩：1 对。

2）项链材料

红色陶瓷珠 A：10 mm，2 颗；

红色陶瓷珠 B：6 mm，4 颗；

镂空金属球：12 mm，1 个；

金属花托：8 mm，2 个；

金属吊环链：160 mm；

金属链：2 mm，14 cm；

延长链：4 mm，5 cm；

单圈：5 mm，2 个；

龙虾扣：10 mm，1 个；

T 字针：40 mm，1 个，25 mm，4 个。

3）手链材料

红色陶瓷珠 A：10 mm，1 颗；

红色陶瓷珠 B：6 mm，1 颗；

金属弧状管：35 mm（长），2 个；

金属桶珠：7 mm×3 mm，2 个；

金属花托：6 mm，2 个；

红色线：50 cm×1 mm，1 条。

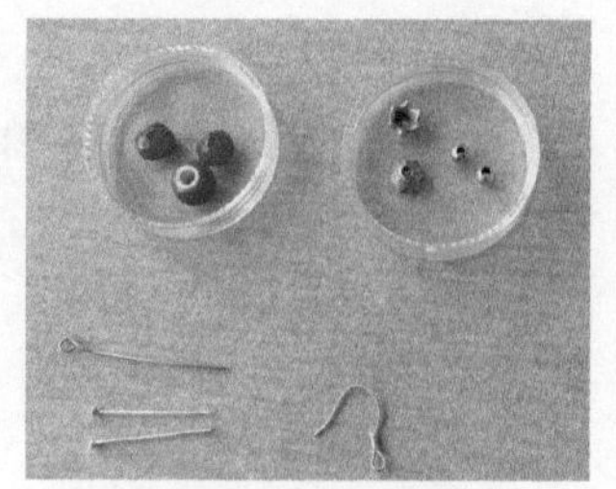

耳环材料

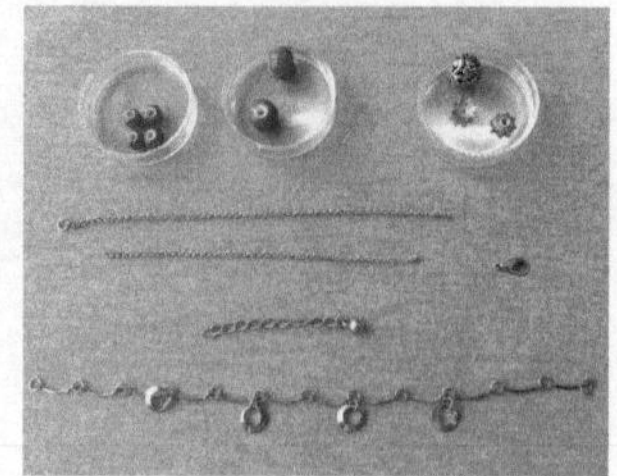

项链材料

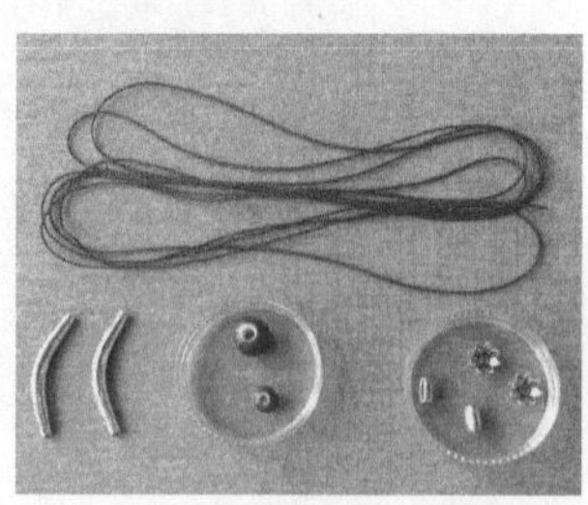

手链材料

图 8-8　珠之链系列材料准备

4．制作方法

1）耳环制作

（1）用 9 字针依次穿金属花托、红色陶瓷珠、金属花托，剪断余料，弯成 9 字形，构成部件 A，见图 8-9（1）。

（2）用T字针穿金属球、红色车轮珠，制作2个，构成部件B，见图8-9（2）。

（3）制作好部件A、B的形状，注意部件B要使T字针一个留长一点，一个留短一点，见图8-9（3）。

（4）组合：将部件A与部件B组合在一起，再挂上耳钩，耳环长度5 cm左右，见图8-9（4）。

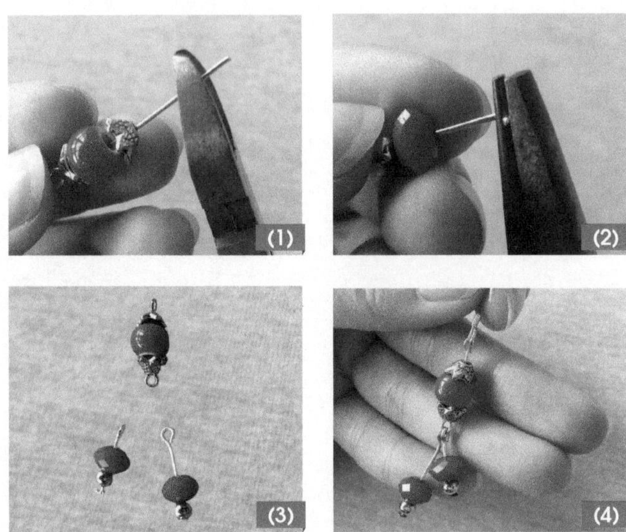

图8-9　珠之链系列—耳环制作

2）项链制作

（1）制作项坠：用T字针依次穿金属花托、红色陶瓷珠A、镂空金属球、红色陶瓷珠A、金属花托，在尾端弯成9字形，制成项坠，见图8-10（1）。

（2）用T字针穿红色陶瓷珠B，剪断余料，弯成9字形，并制作4组，见图8-10（2）。

（3）制作项圈：将金属吊环链两端的单圈打开，与金属链相连接，见图8-10（3）。

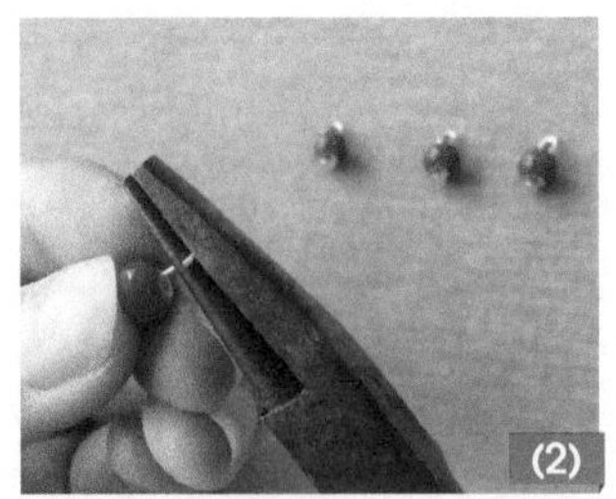

图8-10　珠之链系列—项链制作

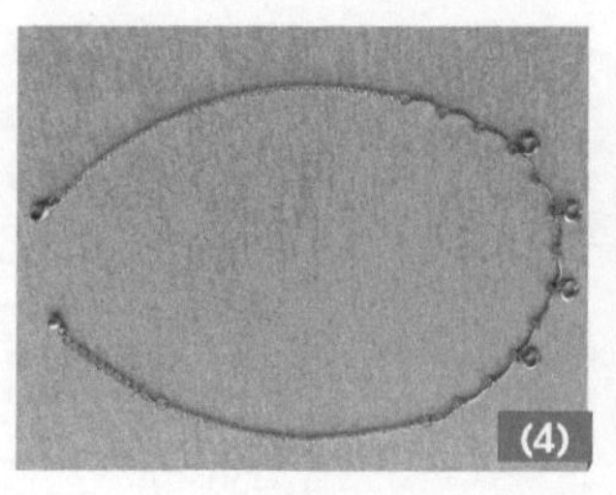

图 8-10　珠之链系列—项链制作（续）

（4）在链子的一端用单圈连接延长链，另一端用单圈连接龙虾扣，项链周长 39 cm 左右，见图 8-10（4）。

（5）将项坠与步骤（2）制作的四个小珠挂在项链上，注意左右对称，见图 8-10（5）。

3）手链制作

（1）红色线取中心对折，先编两股辫起头，长度 2 cm 左右，可以起到线环的作用。然后编长度 2 cm 的蛇结，见图 8-11（1）。

（2）穿金属弧状管，再编长度 1 cm 的蛇结，见图 8-11（2）。

（3）穿金属桶珠，编长度 2 cm 的蛇结，依次穿金属花托、红色陶瓷珠 A、金属花托，继续编 2 cm 的蛇结，见图 8-11（3）。

（4）按照相同的方法将手链的另一半编出，周长约 16 cm，见图 8-11（4）。

（5）在手链的末端，用双线穿金属桶珠、红色陶瓷珠 B，打结、烧熔、封结固定，见图 8-11（5）。

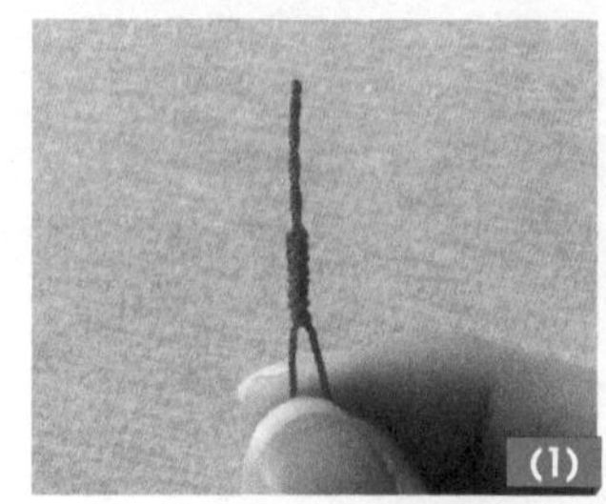
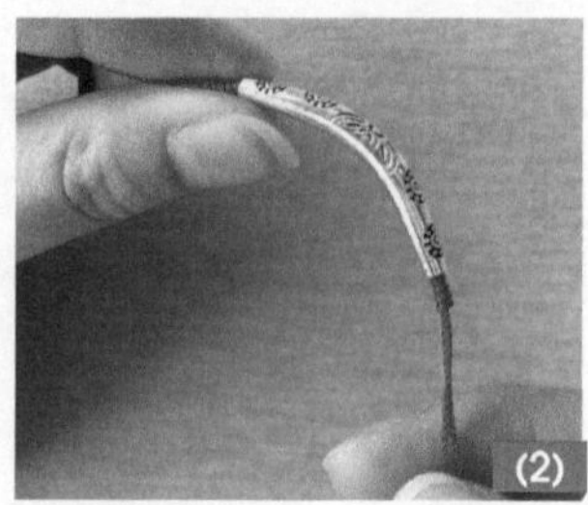

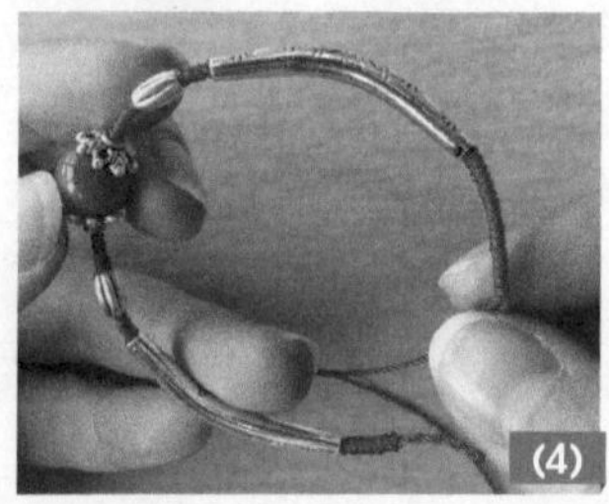
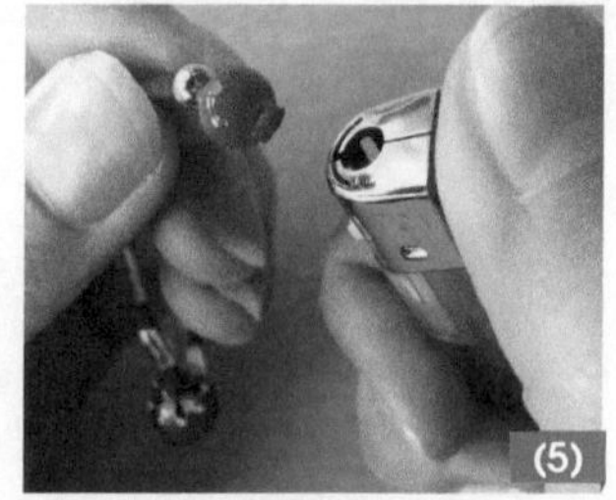

图 8-11　珠之链系列首饰—手链制作

二 五彩木珠系列

1. 款式特点

图 8-12 五彩木珠系列款式图

本款系列首饰采用皮绳与木珠组合、金属配件点缀的设计思路。皮绳具有柔软结实、风格舒适等特点；木珠色彩艳丽、质感温柔；小配件的点缀增加了情趣，三种材质软硬混搭，粗犷自然，营造出独特的视觉效果，见图 8-12。

2. 学习要点

学习整体设计与搭配的技巧；学习皮绳与金属夹片的使用方法。

3. 材料准备（见图 8-13）

1）耳环材料

黄色方珠：10 mm，2 颗；

酒红色隔片：6 mm，4 颗；

玫红色隔片：6 mm，4 颗；

褐色螺旋珠：12 mm，2 颗；

绿色方珠：4 mm，2 颗；

金属铃铛：4 mm，2 个；

9 字针：35 mm，2 个；

单圈：8 mm，2 个；

耳钩：1 对。

金属夹片：6 mm，2 个；

皮绳：120 mm（长）×3 mm（宽）。

2）手链材料

黄色方珠：10 mm，1 颗；

蓝色方珠：8 mm，1 颗；

酒红色隔片：6 mm，3 颗；

枚红色隔片：6 mm，1 颗；

褐色扁木珠：12 mm，1 颗；

红色螺纹珠：6 mm，1 颗；

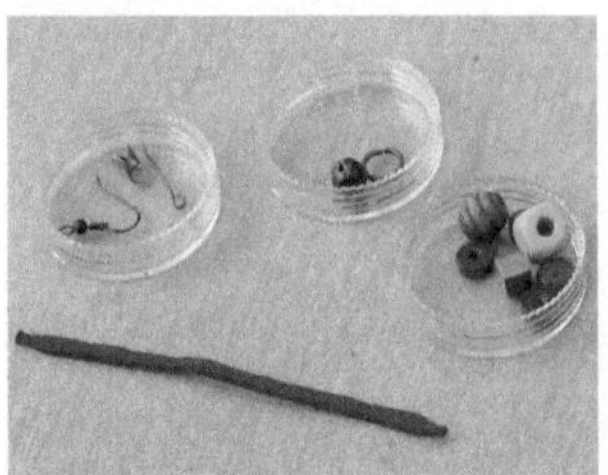

耳环材料

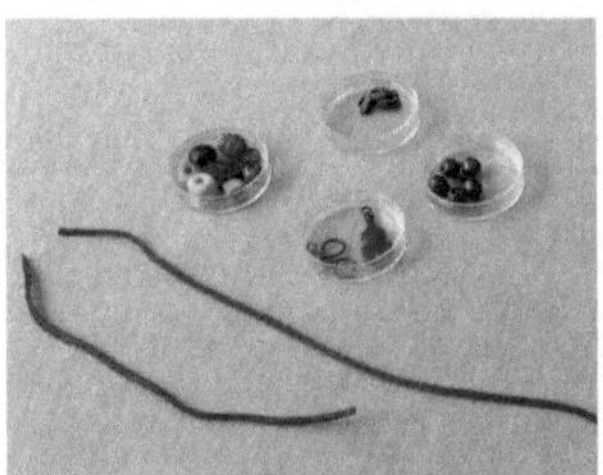

手链材料

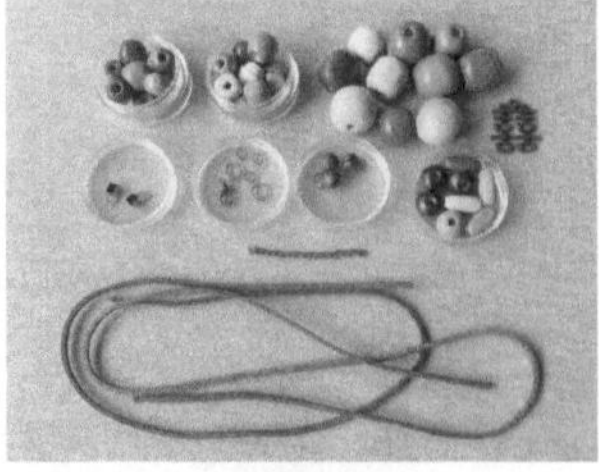

项链材料

图 8-13 五彩木珠系列材料准备

绿色方珠：4 mm，1 颗；

绿色扁木珠：8 mm，1 颗；

绿色方珠：6 mm，1 颗；

铃铛：6 mm，5 个；

小提琴挂件：20 mm，1 个；

大单圈：8 mm，2 个；

小单圈：4 mm，5 个；

金属夹片：6 mm，2 个；

红色皮绳：3 mm（宽）×12 cm（长），1 条；

褐色皮绳：3 mm（宽）×18 cm（长），1 条。

3）项链材料

木珠：不同形状、不同颜色的方珠、圆珠、木桶珠、菱形珠、螺纹珠、隔片等若干，最大圆珠 1.8 cm；最小圆珠 0.8 cm，木桶珠 1.5 cm（长）×0.5 cm（宽），方珠 0.8 cm 等；

棕色皮绳：550 mm×3 mm，1 条；

460 mm×3 mm，1 条；

铃铛：8 mm，3 个；

金属喜字配件：250 mm（长）×2cm（宽），1 个；

包扣：4 mm×4 mm，2 个；

单圈：3 mm，6 个；

龙虾扣：8 mm（长）×5 mm（宽），1 个；

延长链：50 mm（长）×3 mm（宽），1 条。

4．制作方法

1）耳环制作

（1）用皮绳穿一颗黄色方珠，两端分别穿一片酒红色隔片，见图 8-14（1）。

（2）皮绳两端分别穿一片玫红色隔片，见图 8-14（2）。

（3）用金属夹片将皮绳两端固定，见图 8-14（3）。

（4）用 9 字针钩住固定好的金属夹片，穿 1 颗褐色螺旋珠和 1 颗绿色方珠，见图 8-14（4）。

（5）将 9 字针弯成圈，并挂上耳钩，见图 8-14（5）。

（6）用单圈穿 1 颗金属铃铛，固定在两根皮绳上，见图 8-14（6）。

（7）用相同的方法制作另一个耳环。

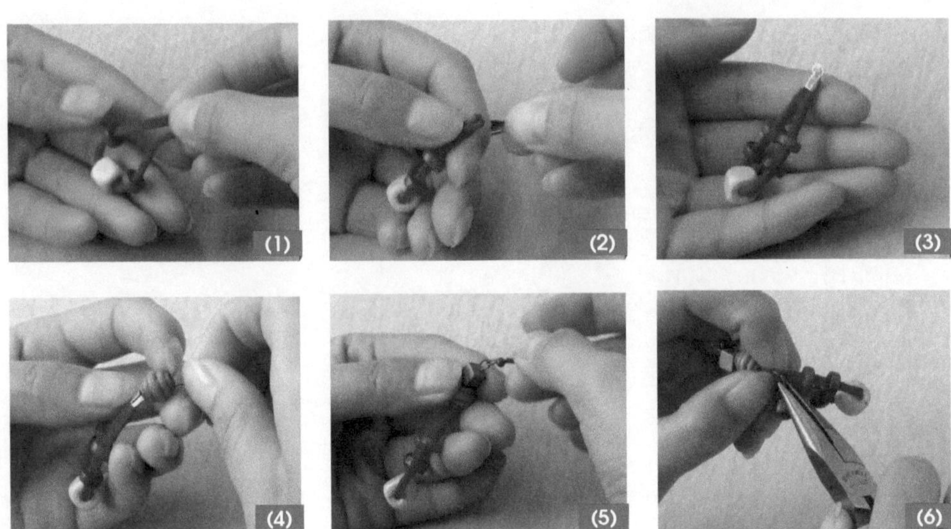

图 8-14　五彩木珠系列——耳环制作

2）手链制作

（1）取褐色皮绳，预留 5 cm 长打个结，见图 8-15（1）。

（2）在皮绳上依次穿绿色方珠、酒红色隔片、红色螺纹珠、褐色扁木珠、玫红色隔片、黄色方珠、酒红色隔片、绿色扁木珠、蓝色方珠、酒红色隔片，然后打个结，8-15 见图（2）。

（3）取红色皮绳，在左右端点处与穿好的褐色皮绳用皮头夹片夹住，见图 8-15（3）。

（4）在红色皮绳上用小单圈穿铃铛，见图 8-15（4）。

（5）用两个大单圈将两个皮绳在打结处附近固定在一起，见图 8-15（5）。

（6）手链的一端用一个单圈挂上小提琴挂件，见图 8-15（6）。

（7）另一端用单圈挂龙虾扣，见图 8-15（7）。

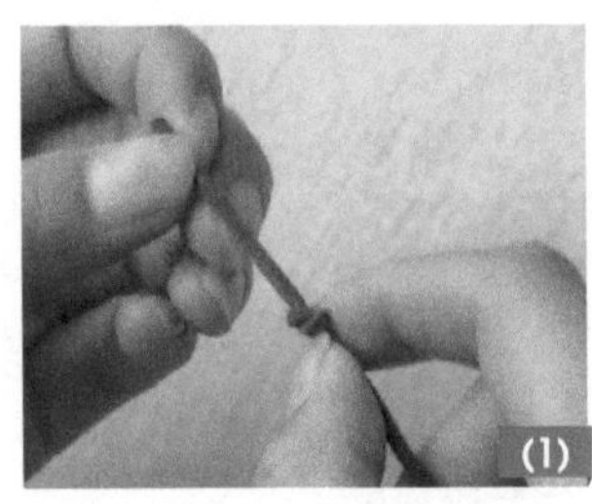
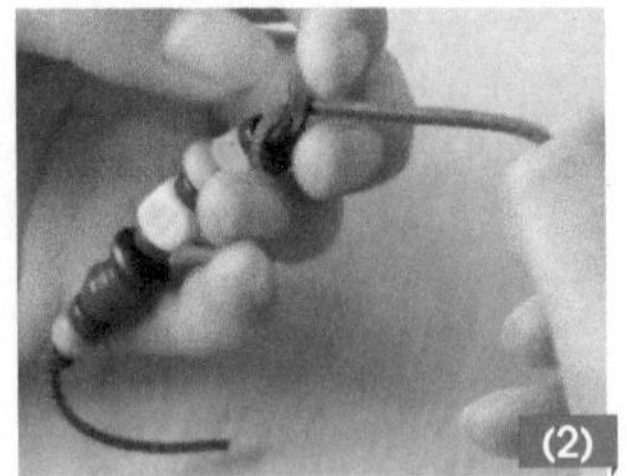
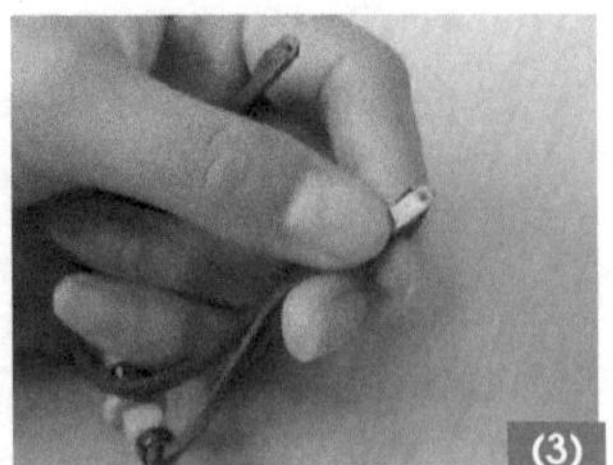

图 8-15　五彩木珠系列——手链制作

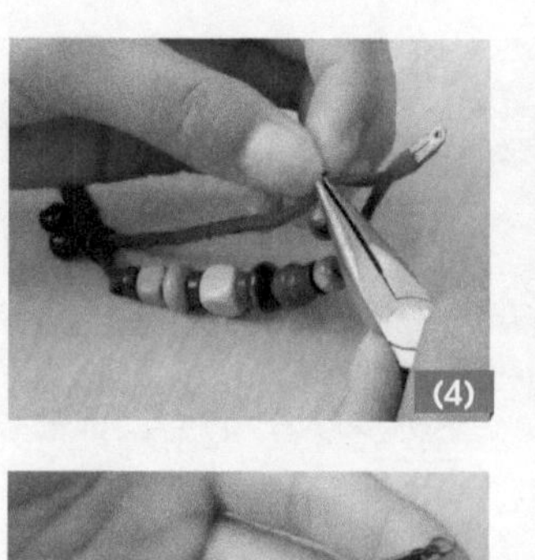

图 8-15 五彩木珠系列——手链制作（续）

3）项链制作

（1）穿上层项链：取 46 cm 长的棕色皮绳，依次穿木珠 26 颗，长度 24.5cm，整体小些，各种颜色混搭，见图 8-16（1）。

（2）穿下层项链：取 55 cm 长的皮绳，依次穿木珠 18 颗，长度 26cm 左右，整体大些，各种颜色混搭，见图 8-16（2）。

（3）将单圈与金属喜字配件相连，挂在下层项链的中心处；同时用单圈连接一个铃铛后，挂在喜字配件上面的环内，见图 8-16（3）。

（4）将上下两层项链的皮绳在端点处用包扣夹紧包住，见图 8-16（4）。

（5）在左右皮绳上挂上铃铛，见图 8-16（5）。

（6）在左右包扣上连接龙虾扣、延长线，整体完成，见图 8-16（6）。

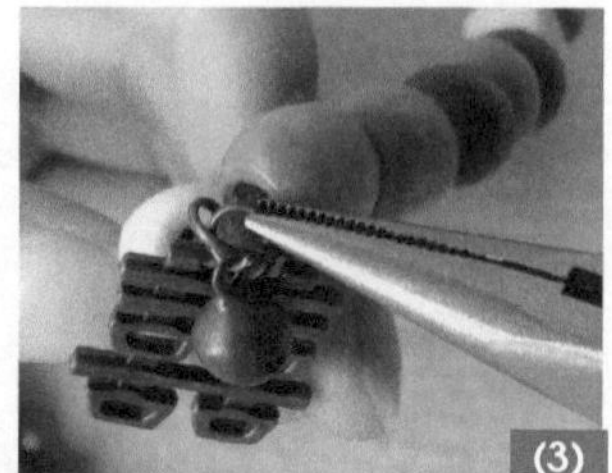

图 8-16 五彩木珠系列——项链制作

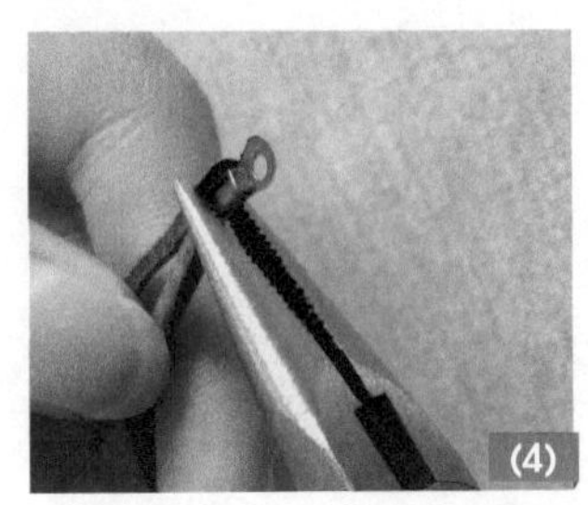

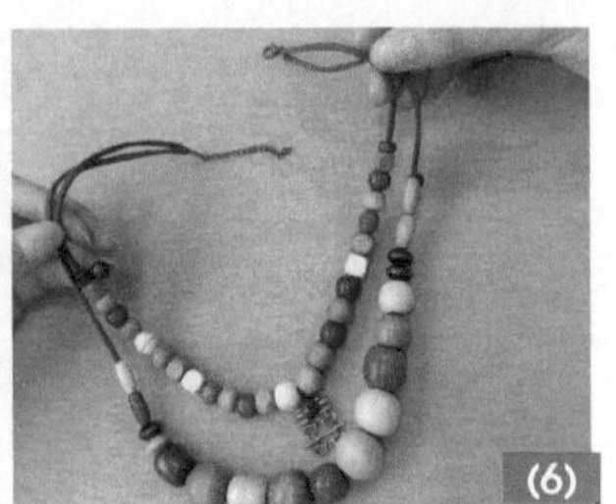

图 8-16　五彩木珠系列——项链制作（续）

三　松石梦幻系列

图 8-17　松石梦幻系列首饰款式图

1．款式特点

本款系列首饰由蜡线、松石、玛瑙石、珍珠等材料组成，以绿、白为主色调，黑色为点缀色，造型突出立体的圆形设计，整体色彩明快，简洁大方，寓意着圆圆满满，和和美美，见图 8-17。

2．学习要点

学习利用平结加线、加珠的方法；学习代替纽扣珠收尾的技巧；提高色彩搭配及整体协调的能力。

3．材料准备（见图 8-18）

1）耳环材料

黑色玛瑙珠 A：8 mm，2 颗；

黑色玛瑙珠 B：4 mm，8 颗；

蓝松石 A：6 mm，12 颗；

蓝松石 B：2 mm，4 颗；

仿珍珠：4 mm，20 颗；

白色隔片：2 mm×1 mm，8 颗；

耳圈：1 对；

珠头 T 字针：40 mm，2 个；

白色蜡线：25 cm，2 条；

50 cm，1 条。

2）手链材料

黑色玛瑙珠 A：10 mm，1 颗；

黑色玛瑙珠 B：6 mm，6 颗；

蓝松石 A：8 mm，1 颗；

蓝松石 B：6 mm，6 颗；

仿珍珠：4 mm，16 颗；

白色蜡线：120 cm，1 条；45 cm，1 条；35 cm，2 条。

3）项链材料

黑色玛瑙珠 A：6 mm，10 颗；

黑色玛瑙珠 B：8 mm，3 颗；

蓝松石 A：6 mm，18 颗；

蓝松石 B：8 mm，1 颗；

白色蜡线：400 cm，1 条；50 cm，1 条；30 cm，6 条。

耳环材料

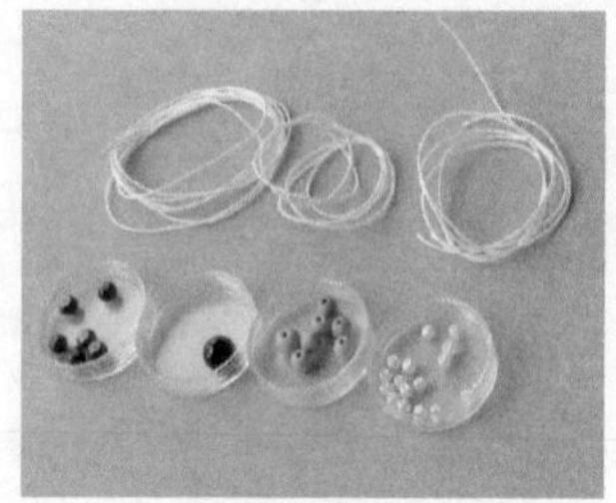

手链材料

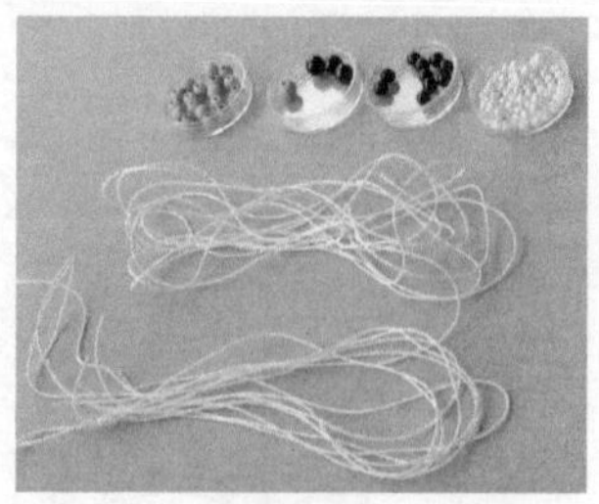

项链材料

图 8-18　松石梦幻系列材料准备

4. 制作方法

1）耳环制作

（1）取 50 cm 白色蜡线居中对折为轴线，上端预留一小孔，用 25 cm 蜡线编 3 个平结；加 25 cm 线编 3 个平结，并重复一次，使其左右各留出 1、2、3 条蜡线，为避免串珠困难，中间的两条线可以剪掉一条，见图 8-19（1）。

（2）在轴线上穿一颗黑色玛瑙珠 A，用左右第 3 条线在玛瑙珠下面编 3 个平结，剪断左右第 3 条蜡线，烧熔固定，见图 8-19（2）。

（3）用左面第 2 条蜡线穿蓝松石 A、白色隔片、蓝松石 A、白色隔片、蓝松石 A，见图 8-19（3）。

（4）右面第 2 条蜡线重复左面蜡线的穿法，然后在轴线上打 3 个平结，剪断左右第 2 条蜡线，烧熔固定，见图 8-19（4）。

（5）用左右第 1 条蜡线分别穿 10 颗仿珍珠，见图 8-19（5）。

（6）在轴线上打 3 个平结，剪断左右第 1 条蜡线，烧熔固定，整体构成部件 A，见图 8-19（6）。

（7）用珠头 T 字针连接蓝松石 B 构成部件 B，要制作 2 组，见图 8-19（7）。

（8）将耳圈穿黑色玛瑙珠 B、部件 B、黑色玛瑙珠 B，再穿部件 A、黑色珠 B、部件 B、黑色珠 B，制作完成，见图 8-19（8）。

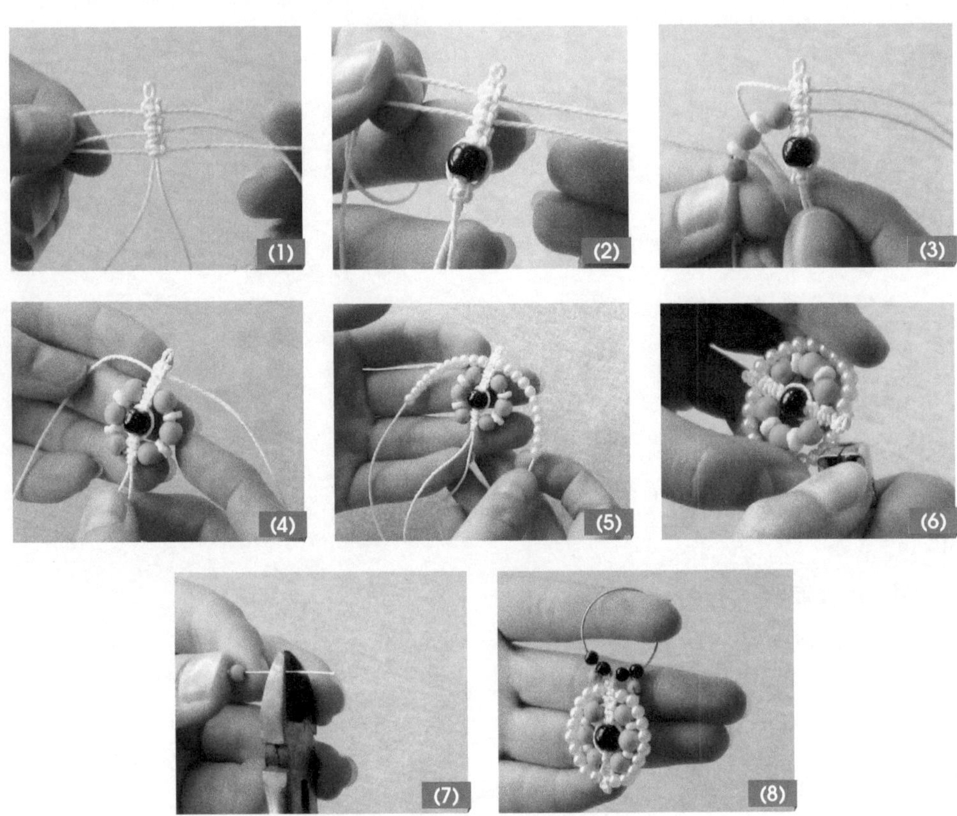

图 8-19　松石梦幻系列——耳环制作

2）手链制作

（1）对折 45 cm 长的蜡线作为轴线（对折后一条轴线长 5 cm，一条轴线长 40 cm，因珠孔大小的缘故，要剪掉一条轴线），用 120 cm 蜡线在轴线上编 3 个平结，注意上端预留纽扣大小的环，剪掉一条短的轴线，烧熔固定。且继续编 3.5 cm 长的平结，见图 8-20（1）。

（2）在轴线上穿一颗黑色玛瑙珠 B，左右蜡线打 3 个平结，加黑色玛瑙 A 珠后再编 3 个平结，且重复两次，使其穿完 3 个黑色玛瑙珠 B，见图 8-20（2）。

（3）加 35 cm 长的蜡线编 3 个平结，重复一次，左右各加两股蜡线，两端各形成 1、2、3 条蜡线，见图 8-20（3）。

（4）在轴线上穿黑色玛瑙 A 珠，用左右第 3 条蜡线在玛瑙珠下面编 3 个平结，见图 8-20（4）。

（5）用左右第 2 条蜡线分别穿 3 颗蓝松石 B，然后在轴线上打 3 个平结，剪断左右第 2 条蜡线，烧熔固定，见图 8-20（5）。

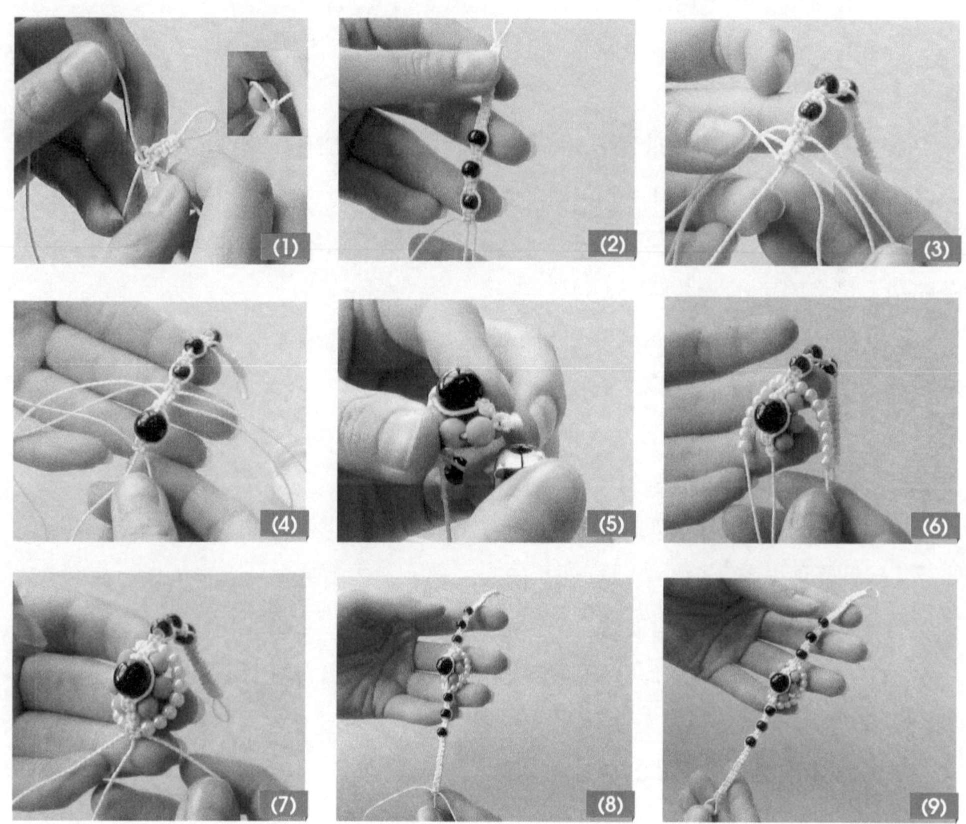

图 8-20　松石梦幻系列——手链制作

（6）用左右第 1 条蜡线分别穿松 8 颗仿珍珠，见图 8-20（6）。

（7）然后在轴线上编 3 个平结，剪断左右第 1 条蜡线，烧熔固定，见图 8-20（7）。

（8）用相同的方法编制手链的另一侧，编平结 2 cm 左右，见图 8-20（8）。

（9）用轴线穿蓝松石 A 后折回，预留 1.5 cm 左右（手链平结部分要左右对称）。这样形成两条轴线，继续编平结到珠子附近，剪断左右蜡线与轴线，烧熔固定，制作完成，见图 8-20（9）。

3）项链制作

（1）对折 50 cm 长的蜡线作为轴线（注意对折后要一长一短），居中对折 400 cm 的蜡线编平结，注意轴线上面预留能够穿进 8 mm 珠子的环，见图 8-21（1）。

（2）因珠孔穿不进去两条线，编 5 个平结后，要剪断一条短的轴线，烧熔固定。继续编 9 cm 左右的平结，见图 8-21（2）。

（3）在轴线上穿一颗黑色玛瑙珠 B，见图 8-21（3）。

（4）左右蜡线编 5 个平结再穿一颗黑色玛瑙珠 B，依此类推，一共穿完 4 颗黑色玛瑙珠 B，见图 8-21（4）。

（5）最后一颗黑色玛瑙珠 B 后编 3 个平结，开始加 1 条 30 cm 线编 3 个平结，重复加第 2 条线，见图 8-21（5）。

（6）在轴线上穿黑色玛瑙珠 B，用左右第 3 条蜡线编 3 个平结，剪断左右第 3 条蜡线，烧熔固定，见图 8-21（6）。

（7）左右第 2 条蜡线各穿 3 个蓝松石 A，在轴线上编 3 个平结，剪断左右第 2 条蜡线，烧熔固定，见图 8-21（7）。

（8）左右第 1 条蜡线各穿 8 颗仿珍珠，在轴线上编 3 个平结，剪断左右第 1 条蜡线，烧熔固定，见图 8-21（8）。

（9）用轴线穿一颗黑色玛瑙珠 B，编 3 个平结，见图 8-21（9）。

（10）重复步骤（5）～步骤（9）两次，编 5 个平结再穿一颗黑色玛瑙珠 B，依此类推，一共编 4 颗黑色玛瑙珠 B，见图 8-21（10）。

（11）编平结 7cm 左右，用轴线穿蓝松石 A 后折回，这时用左右蜡线在两条轴线上编平结 2 cm 到蓝色松后 A 附近（项链的平结部分要左右对称），剪断左右蜡线与轴线，烧熔固定，见图 8-21（11）。

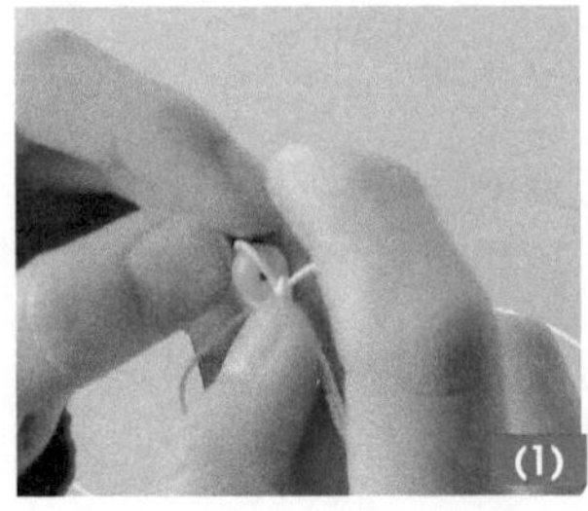

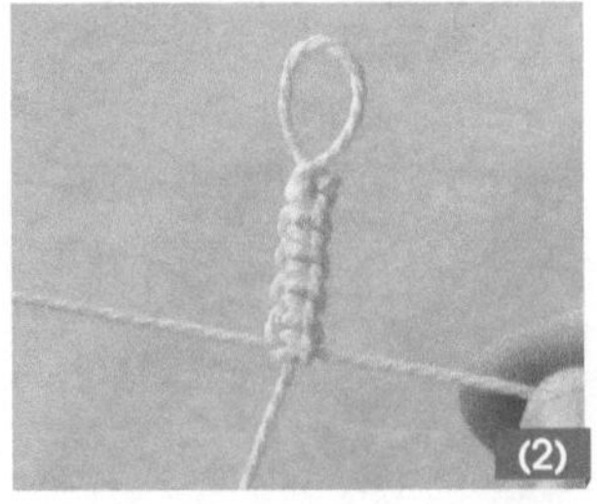

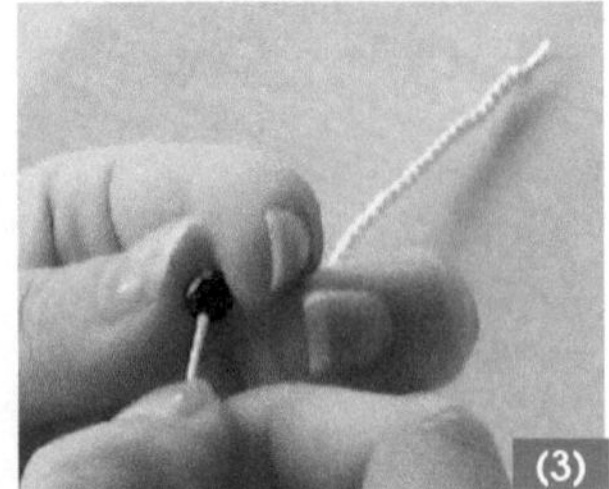

图 8-21　松石梦幻系列——项链制作

图 8-21　松石梦幻系列——项链制作（续）

四　梅之秀慧系列

1．款式特点

本款系列首饰以珍珠、油光米珠为主要材料，以白色、紫色为主色调，红色为点缀色，三朵梅花的造型体现出纯净而又精美的组合搭配以及淡雅秀慧的独特格调，见图 8-22。

图 8-22　梅之秀慧系列款式图

2．学习要点

学习梅花的基本构成及各梅花转换角度的方法；学习珍珠材料的搭配及效果表达。

3．材料准备（见图 8-23）

1）项链材料

珍珠：4 mm，220 颗；

紫色油光米珠：2 mm，若干；

红色切面菱形珠 A：2 mm，8 颗；

红色切面菱形珠 B：4 mm，6 颗；

包扣：10 mm（长），2 个；

定位珠：2 mm，2 个；

龙虾扣：6 mm，2 个；

鱼线：1.5 m×0.3 mm。

2）手链材料

珍珠：4 mm，82 颗；

红色切面菱形珠 A：2 mm，3 颗；

紫色油光光珠：2 mm，110 颗；

龙虾扣：6 mm，1 个；

鱼线：0.3 mm×1.1 m，1 条。

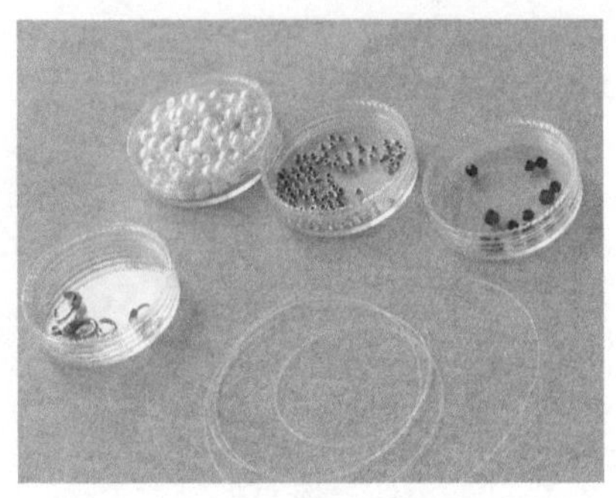

项链材料

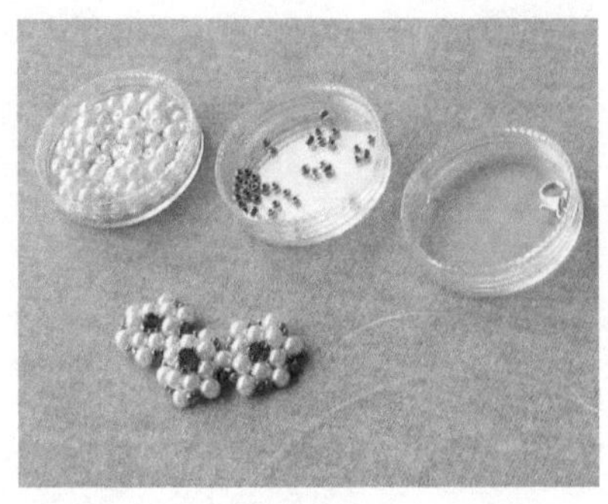

手链材料

图 8-23　梅之秀慧系列材料准备

4．制作方法

1）项链制作

（1）穿第一朵花：用鱼线依次单穿紫色油光米珠（紫米珠）、珍珠、紫米珠、珍珠、紫米珠，最后对穿一颗珍珠，见图 8-24（1）。

（2）右线：依次穿紫米珠、珍珠、紫米珠；左线穿紫米珠，再对穿珍珠，见图 8-24（2）。

（3）重复步骤（2）三次，之后右线穿紫米珠、珍珠、紫米珠，见图 8-24（3）。

（4）左线穿第一颗紫米珠，最后对穿第一颗珍珠，整个花编完一圈后合拢，见图 8-24（4）。

（5）右线可沿着图 8-24（1）的组合回穿一圈使之与左线相遇，之后打一个死结。回穿整个花体使之稳固，最后鱼线处于最外面的一颗珍珠两侧，见图 8-24（5）。

（6）穿第二朵花：右线依次穿紫米珠、珍珠、紫米珠；左线穿紫米珠，再对穿珍珠，见图 8-24（6）。

（7）左线：依次穿紫米珠、珍珠、紫米珠；右线穿紫米珠，再对穿珍珠，见图 8-24（7）。

（8）重复步骤（7）三次，之后左线穿紫米珠、珍珠、紫米珠，右线穿紫米珠，见图 8-24（8）。

（9）最后对穿第二朵花起头的珍珠，完成第二圈合拢，重复步骤（5），见图 8-24（9）。

（10）将鱼线调整到第二朵花外圈第二颗珍珠的位置（从与第一朵花公共珍珠顺时针算起），鱼线在此珍珠两侧，见图 8-24（10）。

（11）穿第三朵花。右线：依次穿紫米珠、珍珠、紫米珠；左线穿紫米珠，再对穿珍珠，见图 8-24（11）。

（12）左线：依次穿紫米珠、珍珠、紫米珠；右线穿紫米珠，再对穿珍珠，见图 8-24（12）。

（13）重复步骤（12）三次，之后左线穿紫米珠、珍珠、紫米珠；右线穿紫米珠，并对穿第三朵花起头的珍珠，完成第三朵花的合拢，重复步骤（5），最后剪掉余线，见图 8-24（13）。

（14）花芯镶嵌红色珠：用鱼线穿过花芯其中一颗紫米珠，分左右线，左线穿红色切面菱形珠 A，再从右向左穿过对面的紫米珠（隔 2 颗紫米珠），为了使红色珠稳定，可多回穿几次米珠，打结固定，见图 8-24（14）。

（15）用相同方法镶嵌另外两颗红色切面菱形珠 A，打结藏结，见图 8-24（15）。

（16）链子部分要使紫色米珠与珍珠相间，注意左右对称加红色切面菱形珠 B，并在两侧尾端安装包扣和单圈、龙虾扣，见图 8-24（16）。

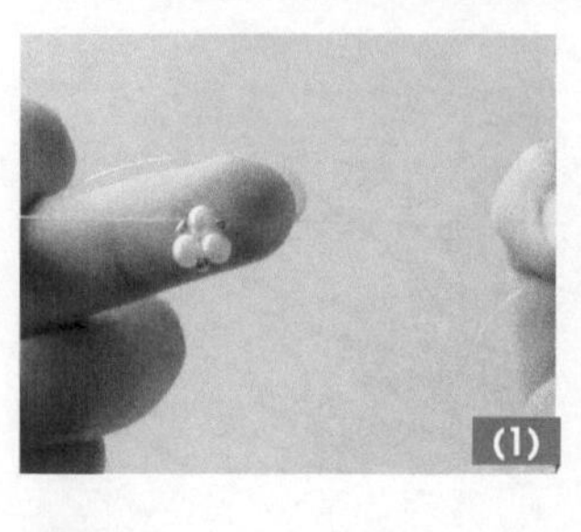
(1)
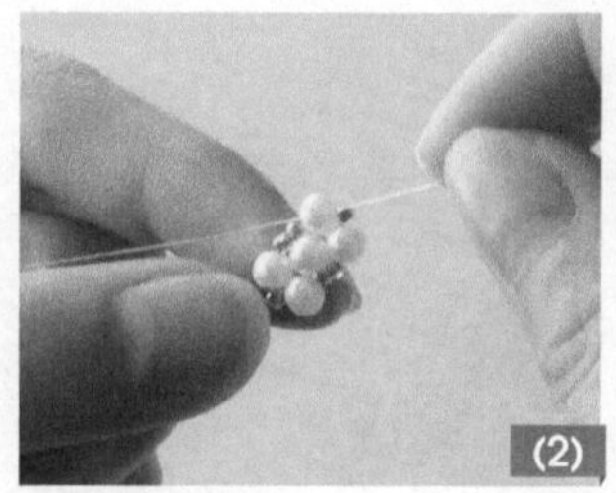
(2)
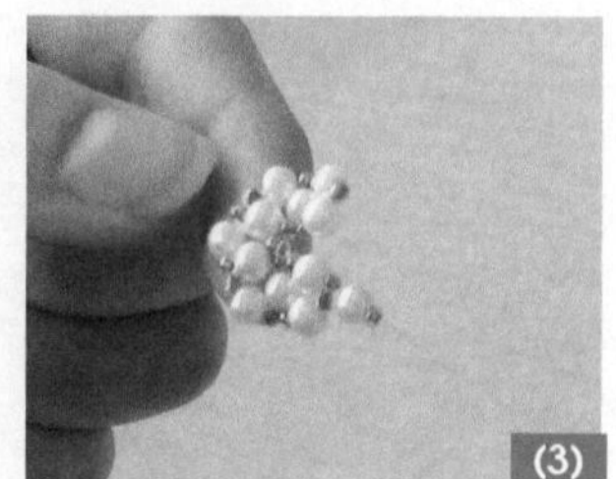
(3)

(4)
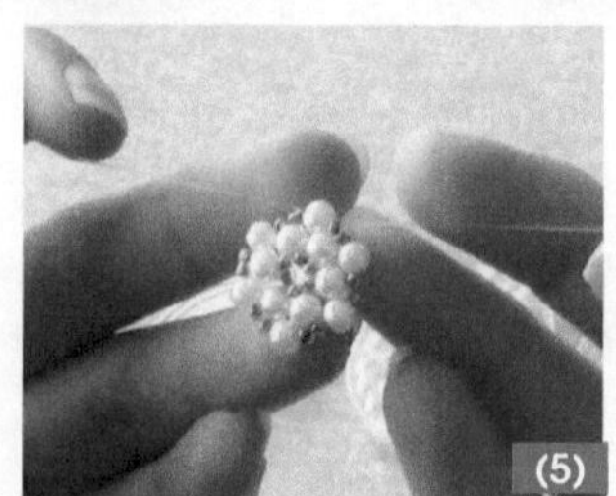
(5)
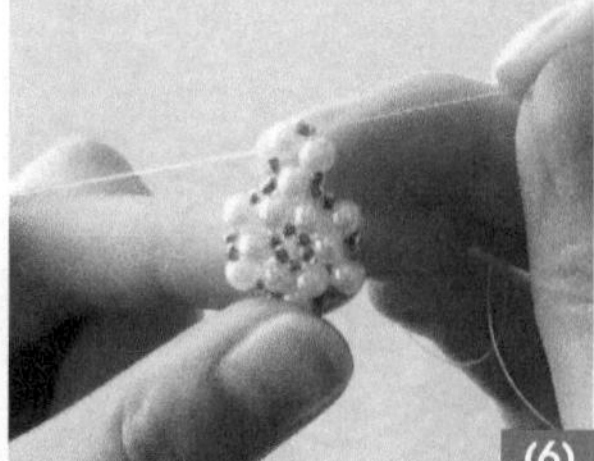
(6)

图 8-24　梅之秀慧系列—项链制作

图 8-24 梅之秀慧系列——项链制作（续）

2）手链制作

手链中心处三朵梅花的做法与项链的做法相同，从略。

（1）链子部分：用鱼线先从花朵中一端的珍珠穿起，左线穿紫米珠，右线依次穿紫米珠、珍珠、紫米珠，再对穿珍珠，见图 8-25（1）。

（2）左线穿紫米珠、珍珠、紫米珠，右线穿紫米珠，再对穿珍珠，见图 8-25（2）。

（3）右线穿紫米珠、珍珠、紫米珠，左线穿紫米珠，再对穿珍珠，见图 8-25（3）。

（4）左右线依次按步骤（3）～步骤（4）交替进行，用相同的方法穿另一端，直至合适的长度，见图 8-25（4）。

（5）收尾一侧采用龙虾扣，另一侧穿紫米珠成小环状，打结并藏结，见图 8-25（5）。

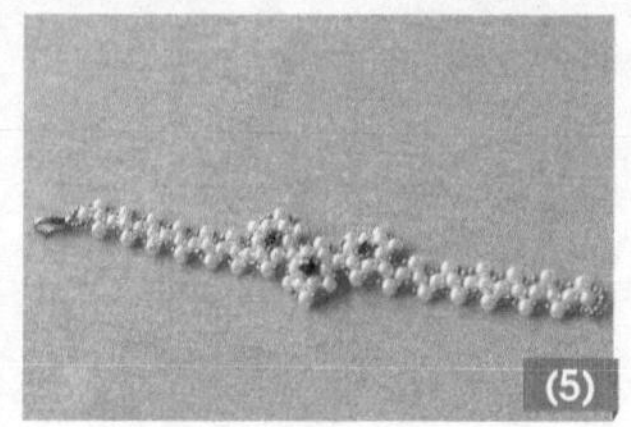

图 8-25　梅之秀慧系列首饰手链制作

五　蓝白相印系列

1. 款式特点

本款系列首饰以绿色为主色调，白色为辅助色，两种颜色的珠子相间编制而成。绿、白色搭配，淡雅清新，清纯和谐。其圆形项坠格外抢眼，不但显得立体精致，还营造出一种春深似海，唯美恬静的氛围，见图 8-26。

图 8-26　蓝白相印系列款式图

2. 学习要点

学习项坠主体部分的制作技术；学习不同大小米珠的穿法与搭配方法；学习手链主体部分的中间珠的加法。

3. 材料准备（见图 8-27）

1）项链材料

项链材料

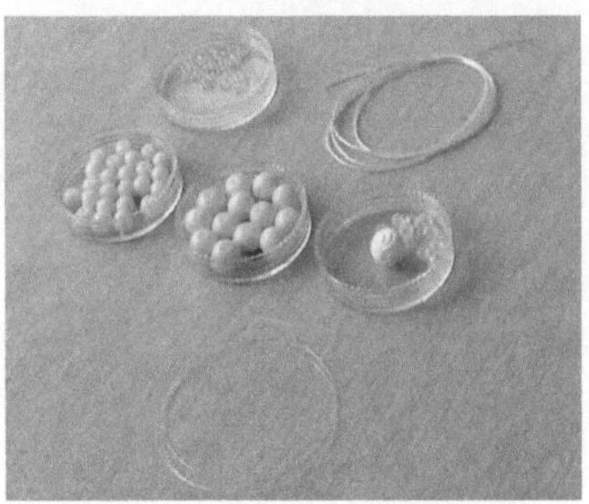

手链材料

图 8-27　蓝白相印系列材料准备

①项坠材料。

绿色珠 A：10 mm，6 颗；

绿色珠 B：8 mm，7 颗；

白色玛瑙珠：10 mm，1 颗；

透明切面珠：4 mm，6 颗；

白色米珠：4 mm，18 颗；

透明米珠 A：4 mm，24 颗；

透明米珠 B：2 mm，若干；

鱼线：0.5 mm×100 cm；0.3 mm×100 cm，1 条。

②链子材料。

绿色珠 A：10 mm，14 颗；

绿色珠 B：8 mm，12 颗；

透明切面珠：4 mm，35 颗；

鱼线：0.3 mm（直径）×50 cm（长）；

龙虾扣：8 mm，1 个；

定位珠：2mm，2 个；

单圈：6 mm，2 个；

包扣：8 mm，2 个。

2）手链材料

绿色珠 B：8 mm，12 颗；

绿色珠 C：4 mm，24 颗；

白砗磲雕花珠：10 mm，1 颗；

透明切面珠：4 mm，11 颗；

透明米珠：2 mm，若干；

弹力线：0.8 mm（直径）×30 cm（长），1 条；

鱼线：0.3 mm（直径）×60 cm（长），1 条。

4. 制作方法

1）项链制作

（1）项坠主体部分。

①用鱼线单穿白色米珠、绿色珠 A、白色米珠、绿色珠 B、白色米珠、绿色珠 A，

最后回穿绿色珠 A，拉紧鱼线移到中心处，形成三角形状，见图 8-28（1）。

②右线单穿白色米珠、绿色珠 B、白色米珠、绿色珠 A，左线单穿白色米珠，并回穿最后一颗绿色珠 A，拉紧鱼线，见图 8-28（2）。

③以步骤②的方法，重复穿 4 次，见图 8-28（3）。

④收尾：右线单穿白色米珠、绿色珠 B、白色米珠 a，见图 8-28（4）。

⑤左线单穿白色米珠、绿色珠 A（第一颗），回穿白色米珠 a，拉紧鱼线，见图 8-28（5）。

⑥项坠的主体形状做好后，形成了白色花心、绿色珠 A、绿色珠 B 与白色米珠组合的不同层次组成的立体花，见图 8-28（6）。

（2）项坠外围部分。

为了使项坠丰满细腻，在项坠花的外围加一些米珠来衬托。

①第一圈：左线单穿 1 颗透明米珠 B，形成 2 颗白色米珠之间穿 1 颗透明米珠的效果，见图 8-28（7）。

②沿着逆时针的方向，如步骤⑦穿过外围的各珠，直到起点处，一是起到加珠作用，同时也起到加固效果，见图 8-28（8）。

③第二圈：单穿 4 颗透明米珠 A，再穿花外围的绿色珠 B，如此重复直到起点处。在花的外围形成小花瓣的形状，见图 8-28（9）。

④第三圈：单穿 2 颗透明米珠 B、1 颗透明切面珠、2 颗透明米珠 B，再穿花外围的绿色珠 B，如此重复直到起点处。这样填补了外围小花瓣中间的空隙，使其更加立体、饱满，见图 8-28（10）。

⑤打结后剪断余线，花呈现出了更加饱满的立体效果，见图 8-28（11）。

（3）项坠花芯部分。

①另取鱼线穿 1 颗白色玛瑙珠，左右线分别穿过花心的白色米珠，拉紧鱼线，见图 8-28（12）。

②在花芯处的白色米珠之间加一颗透明米珠 B，直至一圈，使花心更加紧密、无缝隙，见图 8-28（13）。

③用鱼线穿若干颗透明米珠 B 后，再穿进花瓣的外端形成一个小环，用于与项链连接。透明米珠的多少与环的大小有关，见图 8-28（14）。

（4）链子及组合。

采用一颗绿色珠 A 与一颗透明珠相间的穿法，将 11 颗绿色珠 A 穿完：用一颗绿色珠 B 与一颗透明珠相间的穿法，将 12 颗绿色珠 A 穿完：然后连接左右包扣与龙虾扣，链子全长 46 cm。将项坠固定于链子上，打结、剪断余线，完成制作，见图 8-28（15）。

图 8-28　蓝白相印系列——项链制作

2）手链制作

（1）花的部分。

①用鱼线单穿 6 颗绿色珠 A，然后打结固定，见图 8-29（1）。

②用其中一根鱼线穿白砗磲雕花珠后，隔2颗穿第3颗绿色珠A，使雕花珠固定，见图8-29（2）。

③再穿透明米珠若干（即雕花珠半圈的长度），回穿雕花珠固定其米珠，见图8-29（3）。

④用相同的方式制作另外半圈透明米珠，见图8-29（4）。

⑤一根鱼线沿透明米珠继续回穿到雕花珠的另一端，再穿1颗透明米珠填补雕花珠的空缺，另一根也以同样的方式穿好。这时会看到花心被嵌进去，见图8-29（5）。

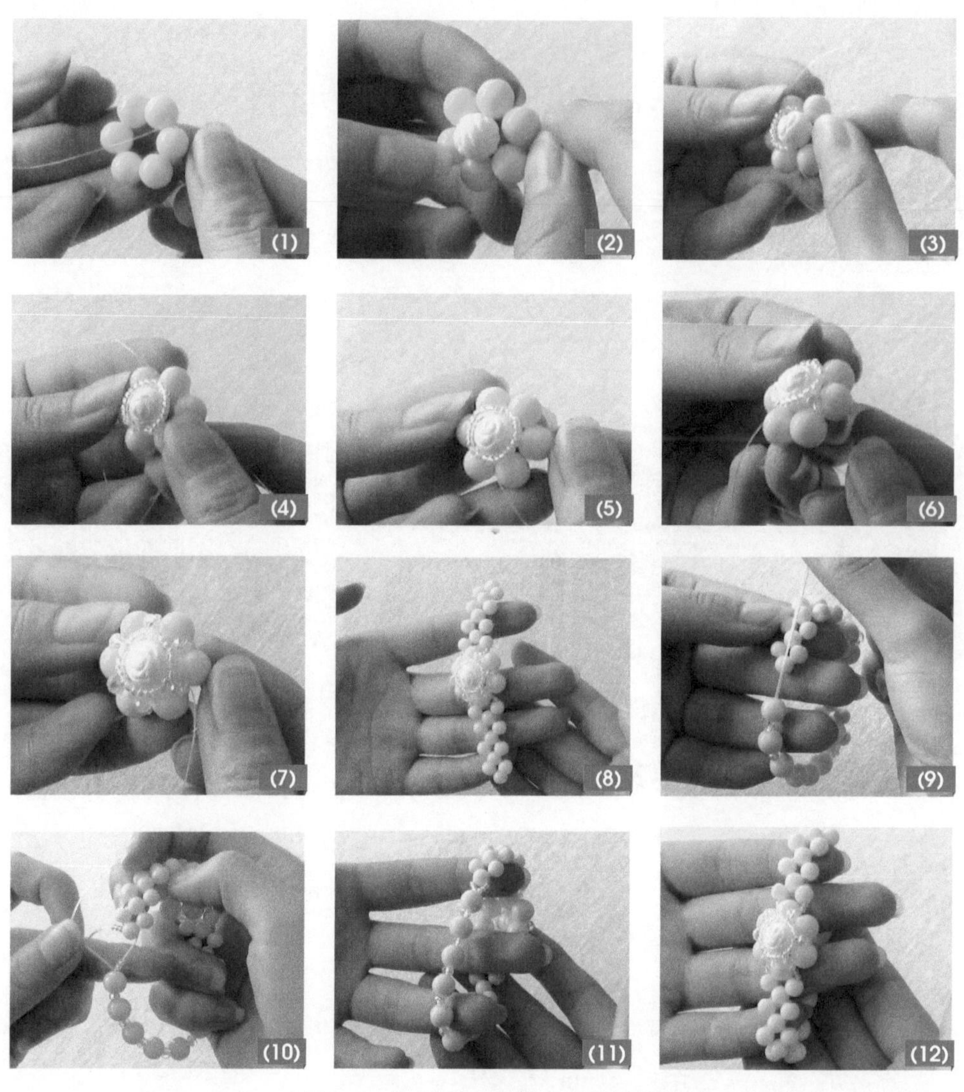

图8-29 绿白相印系列首——手链制作

⑥回穿 4 颗米珠使鱼线处在两颗绿色珠 B 的中间位置，再穿 1 颗透明切面珠、1 颗米珠后，回穿临近的绿色珠 B，以相同的方式穿完其他绿色珠 B，见图 8-29（6）。

⑦固定鱼线，花完成的效果见图 8-29（7）。

（2）链身部分。

①从花的一端开始，穿 4 组四珠花，固定。花的另一端用一条新鱼线，并以相同的方法制作，见图 8-29（8）。

②为了适应手腕的粗细变化，可以采用弹力线穿珠的方法，这里设计了用绿色珠 B 与切面珠相间的方式制作，见图 8-29（9）。

③连接部分可采用左右线穿米珠后穿的方法，见图 8-29（10）。

④穿至长度 20 cm 左右，打结并藏结即可。手链的正反面效果见图 8-29(11)、(12)。

六 花带幻彩系列

1. 款式特点

本系列首饰由缎带花、针织花、无纺布、珠子等材料设计而成。其清新甜美的花卉型设计，让人联想到大自然的美丽，犹如身在花丛中，周围散发出甜美芬芳的气息，体现出一种温润浓郁的田园风情和与众不同的清新魅力，见图 8-30。

图 8-30 花带幻彩系列款式图

2. 学习要点

学习利用缎带花、针织花设计制作反映田园主题的饰品；利用皮绳编制手链、利用花饰带制作发梳的方法，并能运用到其他饰品中。

3. 材料准备（见图 8-31）

1）项链材料

黄色玉珠：6 mm，9 颗；

粉、蓝、黄、绿色米珠：1 mm，若干；

珍珠：6 mm，1 颗；

缎带花：20 mm，4 个；

白色纱：25 cm×60 mm，2 条；

针织四叶花：50 mm，14 个；

针织浅色叶子：20 mm，4 个；

针织深色叶子：20 mm，6 个；

无纺布：25 cm（长）×20 cm（宽）。

2）发梳材料

缎带花：20 mm，2 个；

发梳：75 mm，1 个；

鱼线：30 cm（长）×1 mm（直径），1 个；

花饰带：90 mm，1 个。

3）手链材料

皮绳：20 cm（长）×2.5 mm（宽），3 条；

缎带花：20 mm，3 个；

金属皮夹：8 mm，2 个；

单圈：4 mm，2 个；

龙虾扣：10 mm，1 个。

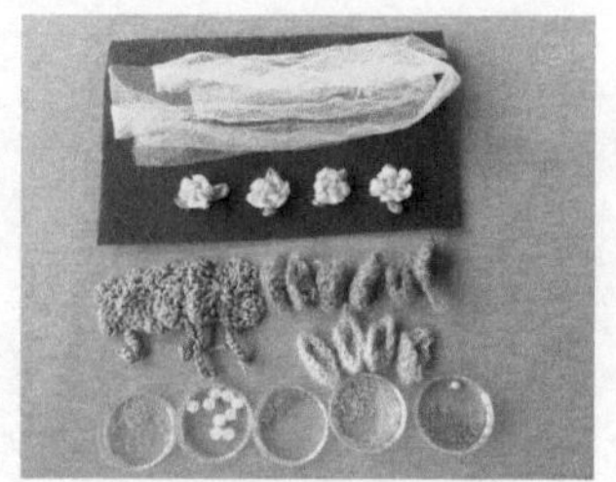

项链材料

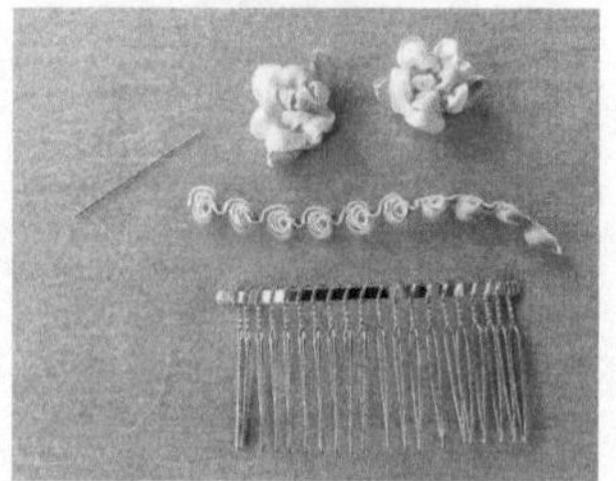

发梳材料

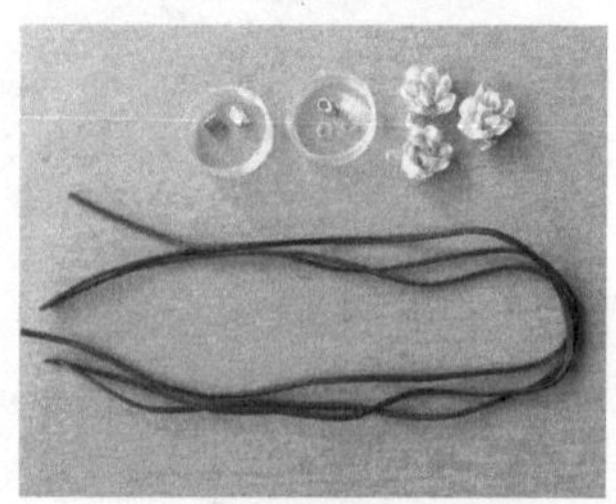

手链材料

图 8-31　花带幻彩系列材料准备

4．制作方法

1）项链制作

（1）在无纺布上设计好项链的轮廓，见图 8-32（1）。

（2）按设计线剪出其轮廓，因花边会向外伸出，故开剪时可以略小于轮廓线，见图 8-32（2）。

（3）将针织四叶花、深色浅色叶子分层次、颜色在无纺布轮廓内排列摆好，见图 8-32（3）。

（4）按其排摆的状态开始用鱼线缝制，注意要与无纺布缝在一起，加固其牢度，见图 8-32（4）。

（5）缝上四个缎带花加以点缀，见图 8-32（5）。

（6）最后用鱼线缝粉、蓝、黄、绿色米珠、黄色玉珠、珍珠加以装饰，见图 8-32（6）。

（7）用缝纫线将白纱缝到左右最上面，图 8-32（7）。

图 8-32　花带幻彩系列——项链制作

2）发梳制作

（1）分别用 2 条鱼线把花饰带缠绕到发梳上，固定好，见图 8-33（1）。

（2）在发梳的一端缝缎带花，见图 8-33（2）。

（3）两层缎带花要缝紧密，见图 8-33（3）。

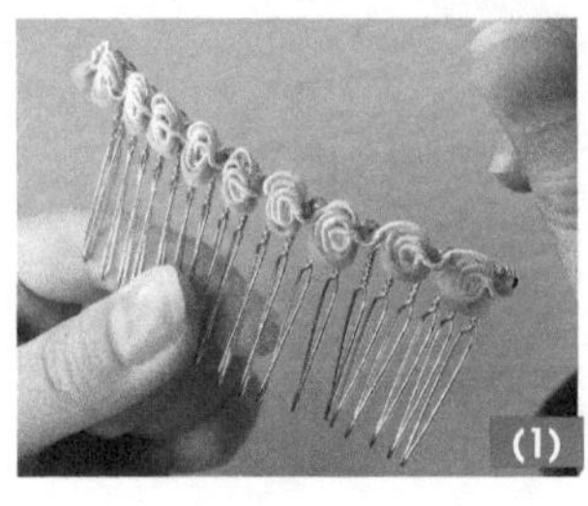

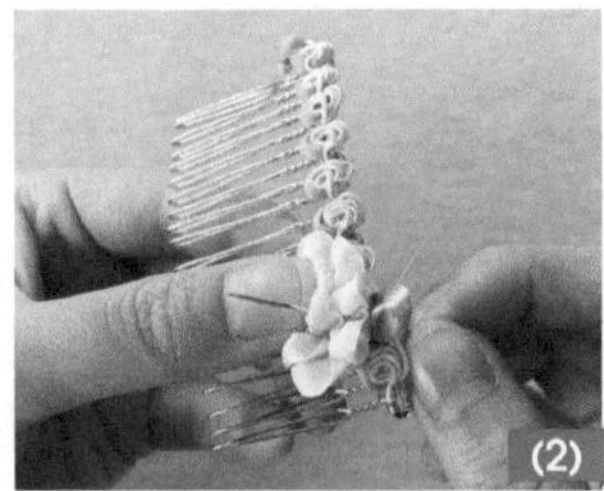

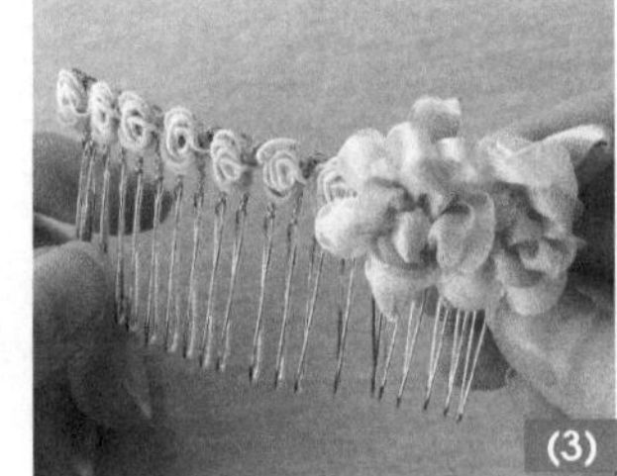

图 8-33　花带幻彩系列——发梳制作

3）手链制作

（1）用金属皮夹将三条皮绳固定住，见图 8-34（1）。

（2）用皮绳编 3 股辫，要编得细密、均匀，编至手链需要的长度，见图 8-34（2）。

（3）在皮绳的中间处缝两个缎带花，注意将线迹尽量隐藏，见图 8-34（3）。

（4）手链一端用单圈连接龙虾扣，一端连单圈，见图 8-34（4）。

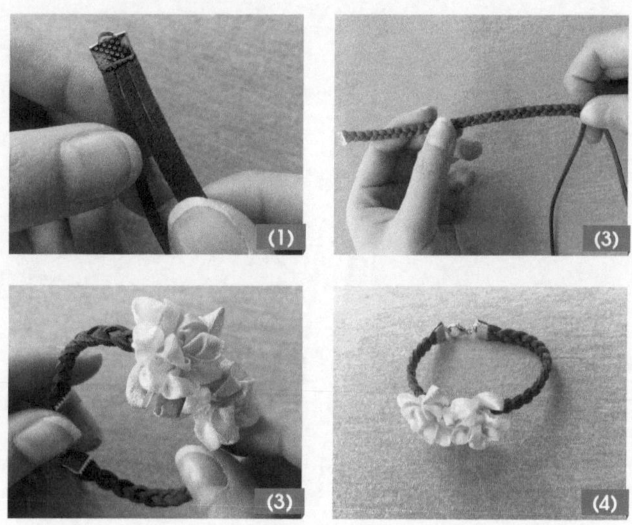

图 8-34　花带幻彩系列——手链制作

CHAPTER 9 第九章 首饰搭配艺术

教学目标

（一）知识目标

1. 了解首饰与脸型的搭配关系。
2. 了解首饰与服装、体型的搭配关系。
3. 了解首饰的色彩搭配。

（二）能力目标

提高对首饰色彩与风格搭配能力及审美能力。更好地感受美、创造美、享受美！

第一节

首饰与脸型搭配

一个人的形象，是与人初次见面留下第一印象的重要因素，也被称之为“首因效应”。良好的面部“妆饰”是展示自身美好形象，向别人展现自己的最鲜明、最简洁的社交方式。在装扮时适当搭配一些首饰来彰显自己的美丽与个性也不失为一张美丽的社交名片。但是，人的脸型有很大的差异，如何能针对不同脸型进行正确的首饰搭配，恰如其分地扬长避短、获得令人满意的搭配效果就显得至关重要。

一 脸型的分类与特征

脸型是指由面部骨骼（上颌骨、颧骨、颞骨、额骨等）构成的弧形结构轮廓，依照轮廓的不同脸型划分为鹅蛋脸、心形脸、圆形脸、长形脸、方形脸、菱形脸等。

（一）鹅蛋脸及搭配

鹅蛋脸也称之为瓜子脸，额头较宽，下巴窄而下颚较尖，脸长与脸宽的比例约为3∶2。这种脸型最符合黄金分割率，称之为完美脸型，见图9-1。

图9-1　鹅蛋脸

脸型特质：使人显得柔和、清秀、端正、典雅。

1．鹅蛋脸与耳饰搭配

鹅蛋脸的脸型属于完美型脸型，因此耳饰的佩戴可以适应多种造型，若佩戴者对搭配风格没有要求，则在佩戴过程中没有明显禁忌。

一般来讲，鹅蛋脸线条柔和，属于曲线感较强的脸型，在搭配过程中应佩戴圆形、椭圆形、花瓣形、小型坠饰等同样属于曲线感强的耳饰，可以进一步增强面部的曲线性，提升女性柔和、甜美的气质，可适用于约会、日常工作等场合。若要体现个性和特点则可以选择有线条、带棱角的耳饰。

从材质上讲，佩戴造型简洁的金属、宝石、珍珠类耳饰可以提升女性高贵典雅的气质，多适用于较为严肃的工作场合（如会议、接待等）、慈善晚宴等。木质、石制等自然属性的耳饰可以给人以至清至洁的轻松、宁静之感。

颜色艳丽、造型时尚的耳饰多用于轻松愉快的场合，结合自身的穿衣风格可适用于聚会、舞会等场合。

2．鹅蛋脸与颈饰搭配

脖颈是人体裸露在外的、除面部之外最引人注意的部位。如何正确佩戴项链以扬长避短、突显面部形象就显得非常重要。根据形状可以对项链长短、粗细、覆盖颈部面积的大小进行划分，日常生活中佩戴的项链可以分为一字形、U 形、V 形、Y 型。

鹅蛋脸的项链搭配方式与耳饰一样，适用于多种造型。如果颈部较为粗短，则可佩戴细长的 V 形项链，对颈部有拉伸作用。颈部细长的人可佩戴宽度较宽、长度较短的一字形项链。

（二）心形脸及搭配

心形脸又称之为倒三角脸，脸型上宽下窄，额头处（上庭[①]下侧约太阳穴处）最宽，脸部轮廓线由额头处均匀、柔和地过渡到下巴，发际处或有美人尖，下巴略尖。同时该种脸型的脸长略短于鹅蛋型脸，见图 9-2。

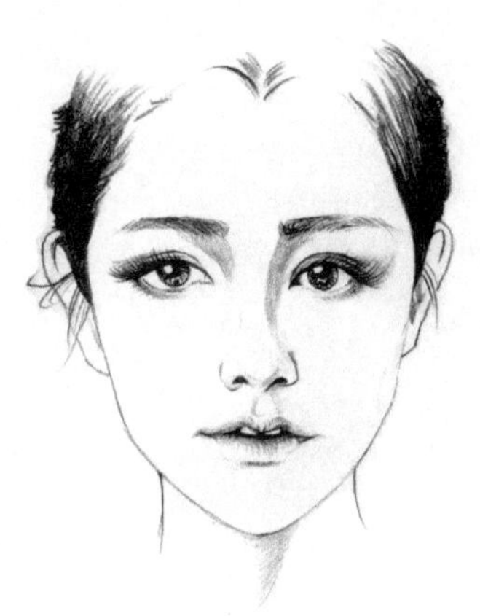

图 9-2　心形脸

脸型特质：使人显得妩媚、柔弱、楚楚可怜，但缺少稳重感，不够庄重。

1．心形脸与耳饰搭配

心形脸由于没有明显的下颌弧线，下巴较尖，在视觉效果中具有拉长脸型的作用，适用多种颜色及材质的耳饰。但由于心形脸倒三角的视觉效果，使其在脸部颧骨及下颌宽度上略有不足，因此在搭配过程中对耳饰的形状需要稍加注意。

水滴形、梨形、扇形等上小下大的耳饰可以起到增加下颌宽度的视觉效果；圆形、椭圆形、梅花形等曲线感较强的耳饰也可起到增加脸型宽度的作用，这种搭配可产生“视觉上的错觉”，使脸型的下颌处显得较为丰满，增添心形脸柔美、优雅的

① 上庭：出自古代画论“三庭五眼”，面部横向三等分，从发际线到眉线处称之为上庭。

气质。

正三角形、五角星形、方形等棱角明显、直线感较强的耳饰则使心形脸看起来个性、俏丽、时尚感十足。

搭配禁忌：心形脸不适合倒三角形、长方形、流线型、直线型等耳饰。这些形状会进一步拉长心形脸的视觉效果，使脸部下巴显得更为狭窄。

2．心形脸与颈饰搭配

心形脸的佩戴范围也非常广，长短、粗细不同的项链都可以。但因为心形脸尖下巴的原因，这种脸型不适宜佩戴 V 形项链，带尖锐下缘挂坠的项链也不适合佩戴（如倒三角形）。

（三）圆形脸及搭配

圆形脸也称之为婴儿脸、娃娃脸，外形轮廓较为圆润、柔缓，额头、颧骨、下颌处的宽度基本一致，额头及颧骨处较为柔和饱满，下颌处圆润柔和，见图 9-3。

图 9-3　圆形脸

脸型特质：使人显得可爱、活泼、健康，给人一种天真、容易亲近的感觉。但该脸型稚气过重，缺少稳重感，容易给人缺乏信任的感觉。

1．圆形脸与耳饰搭配

圆形脸由于脸部横向过宽而在视感中产生脸部长度不够的效果，因此需要选择能够弥补这种问题的耳饰。

下垂、细长的耳饰是圆形脸的首选，直线型、长方形、流线形耳饰可以起到拉长脸型、减少脸部宽度的效果，这种直线感较强的耳饰可以使圆形脸显得较为理性、成熟；流苏类、S 型、螺旋形、纵向的几何形图案等曲线感较强的耳饰在拉长脸型的基础上增加了一些时尚、个性的效果。

搭配禁忌：圆形脸在搭配时不适合圆形、椭圆形、方形等显得脸部更宽更圆的耳饰（如大圆环、五角形耳钉等）。

2．圆形脸与颈饰搭配

圆形脸适合佩戴具有拉长脸型效果的细长链型，如 V 形项链或 Y 型项链，吊坠适合选纵向的几何形图案。这种脸型不适合佩戴一字形、长度较短的U形项链，这类项链会对圆形脸的宽度进行扩张；因为圆形脸的脸型过于圆润，重复脸型的圆形吊坠、圆珠项链也不适合佩戴。

（四）长形脸及搭配

长形脸的最大特征是面部宽度与长度比例小于2∶3，因此在视觉上脸型轮廓又瘦又长，额头、颧骨、下颌三处的宽度基本相同，肌肉饱满度较为不足，颧骨较为平坦，见图9-4。

图9-4　长形脸

脸型特质：使人显得理性、冷静、成熟、大方，但缺少女人味，不够温柔，较为刚硬。

1．长形脸与耳饰搭配

长形脸由于脸部宽度不足而纵向长度过长，使得整个面部的视觉效果较为狭长，因此在搭配时要选择可以增加面部横向扩张感的耳饰。

圆形、心形、广角大的扇形等曲线感强的耳饰既可以扩张脸部宽度又可以增加脸型轮廓的曲线感，使颧骨部位较为丰满，整个面部的视觉效果也显得较为柔和。

方形、菱形、扩张感较强的其他几何形耳饰可增加长形脸的时尚感。

搭配禁忌：直线型、长方形、椭圆形等纵向线条感较强的耳饰不适合长形脸（如流苏、链条式耳环等）。同时，在束发、发型较短的情况下，如果耳朵裸露在外，也不适合佩戴细小耳钉。

2．长形脸与颈饰搭配

长形脸适合佩戴粗短的一字形项链或项圈，无吊坠或吊坠具有横向扩张效果造型的项链为佳，这样可以起到缩短脸型的作用。不宜佩戴会拉长脸型的长项链，吊坠不适合具有纵长效果圆柱形、S形等，会突显长形脸面部棱角的V形、Y型项链也不适宜佩戴。

（五）方形脸及搭配

方形脸的面部宽度与长形脸较为相似，额头、颧骨、下颌的宽度基本相同，但其纵向面部较窄，脸部轮廓线条、棱角分明，给人一种方方正正的感觉，脸部宽度与长度比例大于等于2∶3，面部额头及下颌处较为饱满，见图9-5。

图9-5 方形脸

脸型特质：使人显得坚毅、刚强、率真，给人一种意志坚定的感觉，但缺少女性的可爱、温柔气质。

1. 方形脸与耳饰搭配

方形脸由于脸部棱角过于分明，且面部长度不足，因此应搭配在视觉上能拉长面部、缓和脸部棱角的配饰。

纵向延伸的链条式耳饰可以起到增加脸部长度的作用，延伸式、有弧形、带有曲线感的耳饰既可以拉长脸型，也能够缓和面部的棱角，如长椭圆形、长水滴形、S型等。

搭配禁忌：佩戴后会使脸型宽度增加的几何形耳钉不适用于方形脸，横向扩张形状的耳饰也会使方形脸在视觉上变得方而短（如扇形），纯圆形或由纯圆造型组成的耳饰会使方形脸显得更方，方形、菱形、三角形等棱角分明的几何形耳饰也会让方形脸的线条和棱角显得更为明显。

2. 方形脸与颈饰搭配

方形脸的视觉效果是方、短，适合佩戴长项链，吊坠应选择纵长效果的椭圆形、水滴形、S形，这样能在拉长脸型的基础上缓和方形脸的面部线条。一字形、短于锁骨的U形项链不适合佩戴；吊坠为方形、三角形、菱形等造型的项链会重复脸型轮廓，也不适合佩戴；会对脸型轮廓形成反衬的大圆形、大花瓣形吊坠的曲线形项链也不适合佩戴。

（六）菱形脸及搭配

菱形脸也可称之为钻石脸，额头两侧较为狭窄，发际线向内收缩，颧骨处较宽且颧骨突出，下颌处基本无棱角，下颌线条较长，下巴尖，整体面部轮廓尖锐，立体感强，见图9-6。

图9-6 菱形脸

脸型特质：这类脸型显得有个性、理智、硬朗、聪明，但距离感较强，缺少温柔、可爱、亲切感，偏男性化，给人冷漠、孤傲、不好相处的感觉。

1．菱形脸与耳饰搭配

菱形脸上下狭窄、颧骨略宽的特征决定了这种脸型在视觉效果上的拉长作用。同时，因为菱形脸下颌线长、下巴尖的特点，使其耳饰搭配的技巧与心形脸相似，应选择可以缓和颧骨与下巴处生硬线条的耳饰。

适合菱形脸的耳饰形状主要包括椭圆形、水滴形、扇形等，也可以选择形状娇小的耳钉，还可以选择长及下颚的坠饰，尾稍梢散开的直线型流苏耳饰也可增加菱形脸的时尚感。

对菱形脸狭窄的上额可以佩戴曲线形外观的发饰或通过改变发型（例如垫发根）来进行修饰。

搭配禁忌：圆形、方形等横向造型的耳钉会增加菱形脸颧骨处的宽度，链条式直线形的耳饰则会拉长菱形脸，倒三角形、菱形、心形的耳饰因下缘太过尖锐，反而会突显菱形脸的尖下巴，所以以上这些都不适合佩戴。

2．菱形脸与颈饰搭配

菱形脸适合佩戴可以缓和面部棱角线条的一字形、U 形、串珠类项链，吊坠可以选择圆形、横向椭圆形、一字形等造型，曲线造型的项链可以使下巴轮廓看起来较为圆润、饱满。菱形脸不适合佩戴 V 形，单一链条的 U 形项链，以及下缘造型带有尖锐效果的吊坠项链（如倒三角形、心形等）。

第二节 首饰、服装与体型搭配

一 首饰搭配与体型

针对不同体型的人进行首饰搭配也有一定的技巧，通过正确的首饰佩戴来平衡与协调人的身材，可以扬长避短、掩盖身材的不足之处。

1．高大型体型

高大型体型者的骨架比较大，北方人居多，其特点是体格健壮、身材高大，肩部较宽，身材比例正常，需要选择与身材性质相互呼应的配饰。

耳饰：可选择金属质地的耳环，有厚重感；或质地轻薄但体积夸张的耳饰。不宜佩戴较小的耳钉。

颈饰：可选择线条粗长的项链，与身材相呼应，U 形与 V 形均可。

手镯：可选择木质、金属等质地厚重的手镯，或链条环绕堆积式手链，不适宜选择过细的手镯。

戒指：可选择粗细适中、简洁大方的戒指，不适合选择过粗或过细的戒指。

2．娇小型体型

娇小型体型者的骨架小，南方人居多，特点是体型娇小，脖颈、手臂、手指等都显得较为小巧，身材比例正常。在首饰搭配的时候需要与自身的形象相呼应。

耳饰：可选择造型细致、精致小巧的耳饰，不适宜选择大圆、大扇形等造型夸张的耳饰。

颈饰：可选择线条较细、吊坠精致的项链或线条简单的长链，不适宜选择颈部堆叠形态的项链。

戒指：可选择质地细腻、造型简洁大方、戒面宽度适中或较细的戒指。

3．肥胖型体型

肥胖型体型者大多身材短粗，体型臃肿，脖子短小，手臂粗壮，手指短粗，因此在佩戴首饰时要减少身体两侧的视线点，通过压缩视线在视觉上产生“减肥”的效果。

耳饰：可选择造型简单的直线型耳饰，如链条式耳坠、流苏等，不宜选择圆形、方形等横向扩张的耳环。

颈饰：可不佩戴项链，或佩戴长度略长于锁骨的 V 字形细项链，不可佩戴串珠项链、一字形项链及复杂繁琐的 U 形项链。

手镯：可佩戴造型简单的臂环类手镯，如镯面为镜面或花纹是直线造型或纵向流线型造型的手镯，不宜佩戴细小的单链条式手镯。

戒指：可佩戴戒面狭窄的戒指，不宜佩戴戒托过大的戒指。

4．清瘦型体型

清瘦型体型者的特征是脖子细长，手臂、手指纤细，身材宽度不足，没有明显的腰臀线。因此在进行首饰搭配的时候可选择较为引人注意的饰品，将人的视线向身体两侧扩移。

耳饰：可选择具有扩张作用的大圆、方形、扇形等造型的耳环，不宜佩戴耳钉或具有纵向效果的链条式耳环。

颈饰：可佩戴链条略粗的一字形项链，可选吊坠造型简单的圆形、横向椭圆形等形状的项链，不宜佩戴颈环及吊坠造型复杂的项链，否则会使人的视线过多地注意到细长的颈部。

手镯：可佩戴 2 ～ 3 指宽的手环，或相同面积的链条式手链，不宜佩戴单链条或过细的手镯。

戒指：可佩戴普通戒面宽度的戒指，戒指装饰可复杂多样，不宜佩戴戒面过细的戒指。

二 首饰搭配与服装风格

在日常生活中，首饰的搭配与职业、时间、场合等方面是相辅相成的，怎样使人、首饰、服装、场合能够和谐统一，则需要考虑到着装的整体风格。

（一）职业装首饰搭配

职业装根据场合可以分为时尚职场和严肃职场两种类型。

1. 时尚职场

时尚职场为工作环境较为舒适、对着装没有硬性要求的办公场合，例如普通公司、时尚传媒机构等，这些场所的工作氛围较为轻松、随意，因此在着装风格中可以选择优雅、时尚风格的服装。

图 9-7 职场首饰搭配范例

因职业场合为体现工作能力和个人价值的场所，在进行首饰搭配的过程中需要选择有一定价值的金属、钻石材质的项链及耳饰，首饰的风格要简洁、传统、大方，可以选择饱和度较低的彩色首饰，这样的搭配在不失时尚的同时可给人一种专业、知性的整体印象，见图 9-7[①]。在搭配时可以选择三项首饰并存，即耳坠、项链、手镯或戒指。

2. 严肃职场

严肃职场为相对较严谨的企业或者职位，例如政府、金融机构、会议场合等，这样的场所比较中规中矩，为了体现职业性和权威性，一般着高领服装时不佩戴首饰，使用领巾代替，整体造型以简洁、干练为主。如需首饰搭配，衬托出职业感，这时

① 图片选自网站 http://www.marketplace.com.tw/com/muyuwei/sell/itemid-320178.html。

所穿着的服装风格必须与佩戴的首饰相互协调。服装可以选择黑色、灰色、银色、蓝色等较为严肃的单一色调，服装整体应面料精致、裁剪合体、款式简洁大方，整体上给人一种干练、稳重、权威的感觉，见图 9-8[①]。

在首饰搭配时要选择纯金属材质或金属与宝石混合材质的饰品，首饰款式与颜色必须简洁、单一，颜色可选银色、黑色、棕色、淡金色，不宜佩戴彩色及颜色过于亮丽的首饰。首饰佩戴的数量不能过多，最多三项，一般不佩戴手镯，可使用手表代替。

图 9-8 职场饰品搭配范例

职业装首饰搭配要点：体积不能过大，颜色不能太鲜艳亮丽，色彩饱和度不能过高，材质不能粗糙，造型不能夸张，不能过于流行。

（二）日常装首饰搭配

日常休闲时，人的着装风格是多种多样的，约会、逛街、运动休闲、朋友小聚，根据不同的场合与心情可以进行多种风格的服装搭配，大致可分为浪漫风格、休闲风格、时尚风格三种服饰造型。在非正式场合，首饰的材质、颜色、形状花样繁多，可以形成不同的搭配效果。

1. 浪漫风格

浪漫风格的着装可以体现女性的妩媚和女人味，可以选择造型较为别致、曲线感强的首饰，材质可以是金属、宝石、珍珠、金银、合成材料等，形状可选水滴、堆叠、花朵等曲线感强的弧线造型。颜色要鲜艳、亮丽、有光泽、饱和度高。首饰大小可以进行混搭，如，胸前简洁的服装可以佩戴造型宽松的大、中、小号多条项链；造型简单的项链可以搭配造型夸张的耳饰等。

2. 休闲风格

休闲风格的着装可以给人一种轻松愉快的感觉，有助于放松心情、缓解压力。因此在首饰搭配的过程中，要选择自然、田园风格的配饰，材质应为木质、琥珀、石制、合成材质等。这种自然的质感可以给人一种亲和朴素的感觉。适合搭配银色、白色、青色、黑色、淡蓝色、象牙色、浅红、浅黄等饱和度较低的首饰。首饰的形状应大

---

① 图片选自国际服装设计网论坛：http://www.topsjs.com/bbs/read-htm-tid-15450.html。

图 9-9 休闲风格饰品搭配范例

小适中，不能太过小巧或夸张，样式不能有过多棱角，以古朴、松散、宽松、自然的造型为主，如原色的木质项链、藏银耳饰、石头首饰等，见图 9-9①。

3. 时尚风格

时尚风格着装的首饰搭配是多样化的，可以选择造型、大小较为夸张的首饰作为点缀，也可以选择与着装主体风格相似的配饰，例如中性化的黑白色时尚装搭配哥特式首饰，带有民族细节的服装搭配民族风首饰等。

在首饰搭配时应需要注意不能多于两个主体配饰，耳饰与颈饰、戒指与手镯饰品中每组只能有一项重点，例如造型夸张的耳饰与手镯、项链与戒指、项链与手镯等。夸张的耳饰可以把人的视觉点吸引到面部五官与头发造型方向，适宜五官精致、颈部曲线优美、发型独特的女性；颜色亮丽的手镯或手环可以起到平衡视觉中心的作用，适宜手臂修长、身姿曼妙优美的女性，这种夸张造型的首饰搭配可以将人的视觉点转移到身体中部，可以凸显女性的身材；造型夸张的项链适合颜色较为单调的衣服，不适合搭配颜色艳丽，图案繁杂的服装（如图 9-10 Marni 2009 秋冬系列）②，链条式的项链适合身材较胖的女性，坠饰面积较大的项链在一定程度上可以起到“丰胸”作用。时尚风格的着装可选用多种材质的首饰，如金属、木质、石质、玉质、珍珠、合成材料等，这种搭配主要在于造型独特、美观个性。

图 9-10 时尚个性首饰搭配范例

① 图片选自中国服装人才网：http://news.cfw.cn/v64840-1.htm。

② 图片选自翡翠物语：http://news.feicuiwuyu.com/html/2012/ssqy_0313/2123.html。

（三）礼服的首饰搭配

礼服是较隆重的一种服装，常见的有长及脚踝的晚礼服和长度到膝盖的小礼服两个系列，颜色多以深色系或浅色系为主。礼服的种类很多，有典雅、性感、可爱、个性等多种风格。在进行首饰搭配时，随着礼服款式颜色的变化，搭配的形式也显得多种多样。一般来讲，穿礼服的场合都非常隆重，因此首饰的搭配也需要凸显档次，不能使用廉价的饰品，多以价值不菲的珠宝饰品为主。项链、耳环、手镯、戒指可只佩戴单品（图 9-11）①，饰品组合搭配只能有一个主体，不能全部佩戴。一般，高领礼服的重点在手镯或戒指；一字领礼服的重点可以是耳环、手镯或戒指；V 领礼服的重点是耳环、项链、手镯或戒指；低胸礼服的重点则比较有趣，对于想要凸显胸型、体现性感的女性来说，搭配重点可以是耳环、手镯，可以不带项链或佩戴简单链条的珍珠、钻石项链；对于需要体现个性的女性，可以选择长度及胸的流苏造型坠饰项链。礼服多为单色系，如黑色、蓝色、白色、紫色等，在选择首饰时，如果场合较为隆重，建议佩戴与服装色彩相近颜色的饰品或钻石类的无色系的首饰，而轻松愉快的场合则可以佩戴色彩相近或色彩互补的首饰。

图 9-11　礼服首饰搭配范例

若礼服款式经典、材质精细，也可不佩戴任何首饰，或选择较为实用的仿真首饰。

三　首饰搭配与服装颜色

从服饰美的角度讲，整套服饰的色彩效果应该是赏心悦目而又和谐统一的，通过不同颜色首饰的搭配可以在整体服装效果中起到画龙点睛的作用。

如果服装的色彩和图案过于单调，则需要搭配明亮鲜艳的首饰来点缀，例如黑色的衣服搭配明亮的项链。如果服装的颜色和图案过于花哨，则需要选择色彩淡雅的首饰进行修饰。在选择首饰颜色时，可以选择与服装色彩临近的相近色、色彩互补的对比色以及颜色艳丽的多色组合。

① 图片选自新华网：http://news.xinhuanet.com/lady/2008-02/21/content_7639359.htm。

1. 单色服装

对于单色服装而言，最好的搭配方式是运用对比色。以项链为例，布料的颜色可以反衬出项链的装饰效果，例如黑色的衣服搭配白色或亮色的项链，白色衣服搭配深色系项链，蓝色的衣服搭配黄色项链等，这种搭配方式可以使服装和项链共同得到注意，两者相辅相成，共同作为主体。

如果在单色服装中搭配多色组合的首饰，则人们的视线点会被吸引到引人注目的首饰上，而忽视了服装。这种颜色艳丽、造型抢眼的首饰搭配会使首饰成为主体，衣服沦为陪衬。

相近色的搭配方式在近几年也较为流行，但需要注意的是要选择与服装颜色饱和度相反的配饰或临近色系的首饰，例如宝深绿色、一字领连衣裙，搭配一条长款翠绿色或淡青色项链。

2. 两色或三色服装

对两色或三色组成的图案简单的服装来说，如果要使整体色彩协调，则应选用相近色的首饰搭配；如果要突出个性和特点，则可选择对比色或多色组合的首饰进行搭配。例如白色上衣和蓝色裙装，搭配蓝色的项链可以在颜色上与服装相互呼应，搭配淡黄色项链可以突出首饰造型。

3. 色彩与图案繁琐的服装

这类服装需要选择颜色淡雅的首饰。整体上，色彩与图案突出的服装已经成为主体，首饰只起到辅助修饰的作用，不能过于抢眼。可以选择白色、银色、浅粉、浅绿等饱和度较低的首饰佩戴，不适合佩戴造型花样繁杂、颜色艳丽的首饰。

在选择不同颜色的首饰进行搭配时，要明确搭配目的，有主有次，要正确选择相应的首饰进行佩戴，通过首饰的修饰与点缀来提升服饰的美感，使服装的整体锦上添花。

第三节 首饰色彩搭配

一 色彩对人们心理的情感影响

首饰色彩具有极强的吸引力，若想让其在搭配上得到淋漓尽致的发挥，必须充分了解色彩的特性，恰到好处地运用色彩的属性与情感。色彩不仅仅是以装饰的设计形式要求，还会给人以感情上的影响，使人们生理心理产生不同的反应活动，进而影响人们的行为。

（一）色彩及其意义

色彩及代表的意义见表 9-1。

表 9-1 色彩及代表的意义

	白色 纯洁、真实、和平、天真、简洁、寒冷、死亡、婚姻（西方）、诞生、童贞、朴素等
	黑色 智慧、神秘、现代、权利、礼节、高贵、邪恶、死亡、神秘、叛乱、孤独、恐怖等
	灰色 优雅、保守主义、中立、形式、无聊、智慧、年老、污染、消亡、力量、尊重等
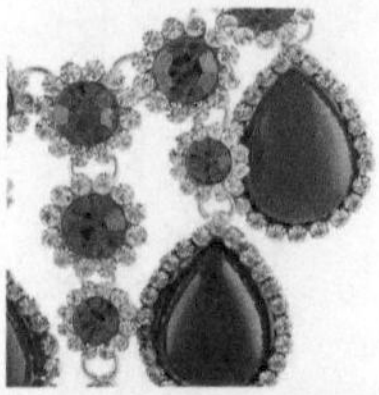	红色 激情、力量、能量、浪漫、爱、速度、危险、愤怒、革命、财富（中国）、喜悦等
	橘色 快乐、能量、乐观、平衡、热量、警告、秋天、丰裕、游戏、欲望等
	黄色 明朗、幸福、夏天、胆小、危险、疾病、贪婪、懦弱、尊贵、吉祥等

表 9-1 色彩及代表的意义　　续表

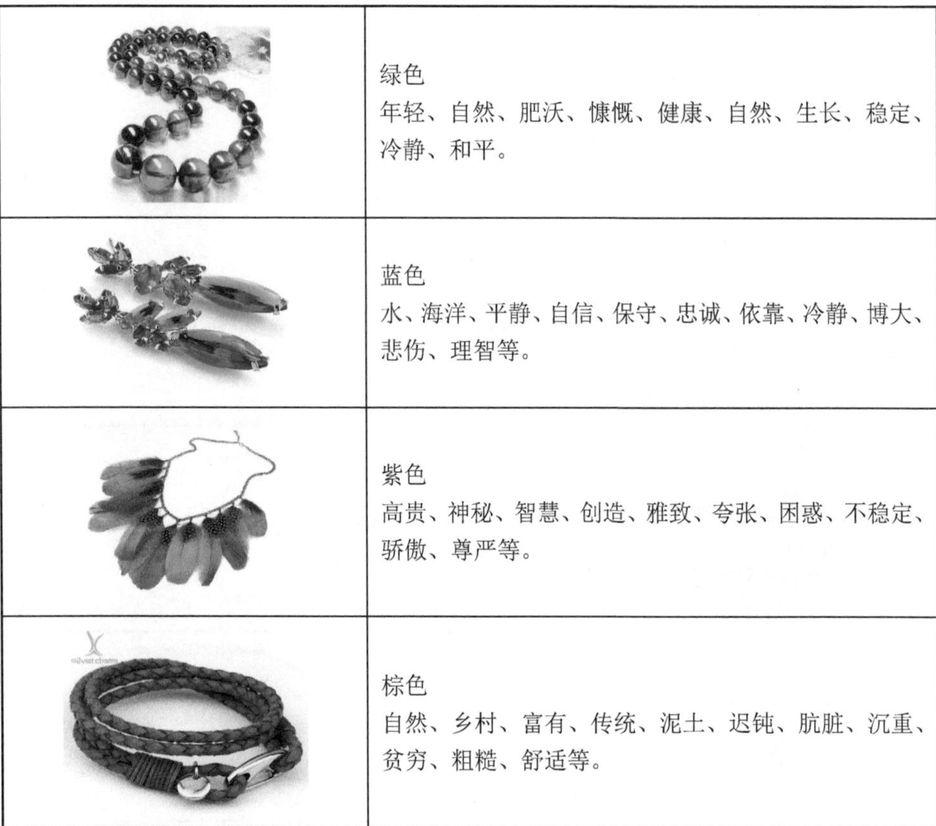

	绿色 年轻、自然、肥沃、慷慨、健康、自然、生长、稳定、冷静、和平。
	蓝色 水、海洋、平静、自信、保守、忠诚、依靠、冷静、博大、悲伤、理智等。
	紫色 高贵、神秘、智慧、创造、雅致、夸张、困惑、不稳定、骄傲、尊严等。
	棕色 自然、乡村、富有、传统、泥土、迟钝、肮脏、沉重、贫穷、粗糙、舒适等。

（二）色彩对人的心理和生理产生的作用和影响

1. 色彩的冷暖感

能让人感觉温暖的颜色叫作暖色，暖色包括红、橙、黄、黄、绿等，暖色能表现生动活泼、积极有力之意，这些颜色的饰品搭配在一起会给人以温暖柔和的感觉。能让人感觉寒冷的颜色叫作冷色，冷色包括靛青、紫、蓝、绿等，冷色能表现平静镇定、舒缓淡泊之意。冷色系的饰品让人感到安静、沉稳、踏实，适合与低调一些的服装搭配。

2. 色彩的轻重感

轻重感这种视觉心理感受取决于色彩的明度。明度高的浅、淡颜色感觉轻，明度低的深、暗颜色感觉重。在相同的明度下，冷色一般比暖色感觉轻些。首饰设计搭配中，轻重感的应用在处理人体平衡和稳定方面有重要的意义，它可让笨重的形体、服装显得轻巧，也可使轻柔的形体、飘逸的服装变得稳重。

3. 色彩的软硬感

首饰的颜色还能给人以软硬感。明亮的颜色感觉软，深暗的颜色感觉硬。这种软硬感觉对于人物的性格、风格的表现影响很大。带有硬调色彩的首饰给人以冷漠、坚硬的感觉，能强调男性的刚毅，能改善女性的柔弱；带有软调色彩的首饰给人以亲切、温柔的感觉，突出女性的妩媚，改变男性生硬、尖锐的特点。

4. 色彩的远近感

不同的颜色能在人的心理上产生进退和胀缩的作用，不同的首饰颜色能使佩戴者产生膨胀或收缩的效果。首饰颜色的远近感可用于改善人体的体形，胖的人应采用暗、冷色首饰，使人感觉退缩；瘦的人应佩戴明、暖色首饰，使人感觉突出、膨胀，较为引人注目。

5. 色彩的华丽、质朴感

色彩的华丽、质朴感主要是颜色的明度和纯度产生的作用。一般明亮而鲜艳的颜色呈明快、华丽的感觉；深暗而浑浊的颜色带给人忧郁、不安的感觉；深色和灰色的颜色使人感到质朴无华。首饰的这种作用可被用来表现佩戴者的情绪和风格，进而影响他人感觉。

二 饰品色彩的搭配

完成一件好的饰品，除了造型、材料设计得当以外，色彩的搭配也是非常重要的，色彩搭配将直接影响着整件饰品的风格和氛围。

1. 同类色搭配

同类色搭配是一种最简便、最基本的配色方法。同类色是指一系列的色相相同或相近，由明度变化而产生的浓淡深浅不同的色调组合，如墨绿与浅绿，深红与浅红。同类色搭配显得柔和文雅，可以取到端庄、沉静、稳重的效果。图 9-12 中不同明度的粉色搭配在一起，色彩统一和谐又不失层次感。

2. 类似色搭配

类似色指在色相环上相邻分布（夹角 <90°）的几种颜色，例如红色与橙色或紫色相配，给人的感觉比较柔和、统一，和同类色相比，类似色更加富于变化。类似色组成的首饰，色彩之间相似度比较高，但是微妙之处又有变化，可以体现出温和细腻的效果。图 9-13 中蓝色与黄绿色搭配，其视觉效果饱满华丽，让人觉得欢乐活跃。

图 9-12　同类色搭配

图 9-13　类似色搭配

3．对比色搭配

对比色是指在色相环上相距 120° ～ 180° 之间的两种颜色，特点是既搭配和谐，又对比鲜明，运用在首饰上能起到鲜丽明快的效果，对比强烈，会让人有惊艳的感觉。图 9-14 中紫色与绿色对比搭配，使色彩更加突出醒目、活泼秀美。

4．互补色搭配

在色相环上每一种颜色对面（180° 对角）的颜色，称为“互补色”，如红与绿，蓝与橙，黄与紫互为互补色，特点是高度对比，凸显强调，色彩间形成鲜明的对比，有让人耳目一新的感觉，但难以驾驭，不适用于大面积的等量对比。在首饰设计里，互补色的搭配会让每种颜色更突出，如图 9-15 中红色玛瑙珠与绿色松石搭配在一起，对比强烈，色彩效果明显，适合一些古典民族造型及现代夸张造型。

图 9-14　对比色搭配

图 9-15　互补色搭配

5. 金属色搭配

首饰的设计制作通常都离不开金属配件的连接与装饰，金属色通常有银色、金色、古铜色、镍色等。不同的金属色具有各自鲜明的风格特征，如银色精致、细腻，适合于表现一些时尚简约风格，见图 9-16；金色富贵、华丽，通常用在一些高贵气、典雅的饰品当中，见图 9-17；古铜色与镍色相对比较低调，适合搭配休闲文艺及古典怀旧的风格，见图 9-18。一件首饰的设计一旦确定其风格，应选用一种金属色来完成，而不是多种混搭，以免显得杂乱。

图 9-16　银色金属首饰

图 9-17　金色金属首饰

图 9-18　古铜与镍色金属首饰